本书受国家社会科学基金项目资助，为最终成果
国家社会科学基金项目：川渝地区传统街道空间文化和意义研究（17BSH037）

Chuanyu Diqu Chuantong Jiedao
Kongjian Wenhua He Yiyi Yanjiu

川渝地区传统街道空间

文化和意义研究

魏　柯◎著

项目策划：曾　鑫
责任编辑：曾　鑫
特约编辑：张栋才
责任校对：孙滨蓉
封面设计：墨创文化
责任印制：王　炜

图书在版编目（CIP）数据

川渝地区传统街道空间文化和意义研究 / 魏柯著. — 成都 : 四川大学出版社, 2021.11
ISBN 978-7-5690-5071-4

Ⅰ. ①川… Ⅱ. ①魏… Ⅲ. ①城市道路－建筑设计－四川 Ⅳ. ① TU984.191

中国版本图书馆 CIP 数据核字（2021）第 208359 号

书名　川渝地区传统街道空间文化和意义研究
CHUANYU DIQU CHUANTONG JIEDAO KONGJIAN WENHUA HE YIYI YANJIU

著　　者	魏　柯
出　　版	四川大学出版社
地　　址	成都市一环路南一段 24 号（610065）
发　　行	四川大学出版社
书　　号	ISBN 978-7-5690-5071-4
印前制作	成都墨之创文化传播有限公司
印　　刷	四川盛图彩色印刷有限公司
成品尺寸	170mm×240mm
印　　张	22.5
字　　数	343 千字
版　　次	2021 年 11 月第 1 版
印　　次	2021 年 11 月第 1 次印刷
定　　价	99.00 元

◆ 读者邮购本书，请与本社发行科联系。
电话：(028)85408408/(028)85401670/(028)86408023　邮政编码：610065
◆ 本社图书如有印装质量问题，请寄回出版社调换。
◆ 网址：http://press.scu.edu.cn

四川大学出版社
微信公众号

Q I A N Y A N

前言

中华文明源远流长，各类历史文化名镇承载着数千年传统文化，犹如璀璨的明珠散落在中华大地。历史文化名镇具有独特的建筑景观和乡土特色，它们通过环境、建筑、山、水等形成了古镇特有的传统韵味。

时代的发展，也体现在人们对中国优秀传统建筑文化体验的迫切需求上。各种历史文化名镇成为人们体验传统文化的重要目的地，历史文化名镇的传统街道空间成为体现优秀传统建筑文化和意义的主要场所。

各个地区的历史文化名镇反映了我国不同地域、不同民族、不同经济社会发展阶段的聚落形成和历史演变过程，历史文化名镇中的传统街道空间是展示我国社会文化、优秀建筑风貌、优秀建筑艺术和建造记忆、传统空间形态、民俗风情的真实载体。传统街道空间贯穿着历史文化名镇，必定会反映聚居模式、空间形态、建筑形式、语言等社会文化表征。它们维系着历史文化名镇的文化意义、空间尺度、风貌特征，使之具有一种持续的生命力。因此，立足地域特点，对本土传统街道空间进行研究具有极高的学术价值。

我国的城镇建设正处于城市化的巨大浪潮中，历史文化名镇也不例外，很多传统街道因不能适应当代生活的需要而被拆除，或者因年久失修而逐渐破败、损毁，还有部分因过度开发失去了传统的生活场景，但它们所具有的文化与意义却值得我们去发掘和研究。鉴于传统街道空间的文化、社会意义、美学等都有较高的研究价值，因此对它们进行保护、研究、利用更具有重要的理论意义。

川渝地区（四川和重庆）地处中国西南，作为中国西部历史悠久、人口众多的地区，孕育了丰富多彩的地域文化。川渝历史文化名镇在我国传统城镇中占有重要的地位，以其独特的地域文化特征和营建规律，构建特有的传统街道空间。它们不仅类型丰富，空间构成形态独特，与环境结合紧密，而且传递着川渝地区丰富厚重的社会、历史、文化信息，记录并见证了各历史时期人们物质文化与精神文化生活。立足川渝本地，探寻川渝传统街道空间中的文化、哲学、社会学、美学等深层次的涵义，具有重要的现实意义。

迄今为止，对川渝地区传统街道空间的社会文化与意义研究不够系统。西南交通大学的张先进教授、季富政教授等对四川地区历史文化城镇的保护提出了很多有意义的看法。李先逵教授的《四川民居》较详尽地介绍了川渝地区的传统城镇和民居，涉及了街道类型、形态、功能等内容。赵万民对重庆山地古镇有深入的研究。这些都为本著作的研究提供了宝贵的资料。尽管众多学者对当地历史名镇及建筑的调查工作也有一定基础，但研究方法多为记录描述，成果很难转化，因此一直停留在物质表象研究阶段。本书将以建筑学为基础，综合社会学、文化人类学、规划学、哲学等学科，采用定性研究与对比研究相结合的方法，探索其中的社会文化与意义。这对传承保护传统街道空间、指导川渝地区城镇化、建设有中国文化的地方特色小镇等方面，具有一定的学术价值。

在城乡统筹的背景下，新农村小镇如雨后春笋般涌现，但这些小镇缺乏对社会文化、意义的深入把握，小镇建设往往千篇一律，缺乏地域特色。同时伴随着西部开发与城镇化建设，许多历史文化名镇的街道空间有日渐式微之势。因此，对典型的川渝地区历史文化名镇街道空间展开系统调查

与记录，对于今后本地区历史名镇的保护有着重要参考价值。在此背景下对历史文化名镇街道空间的文化、意义进行研究，凸显出对于今后指导新型小镇建设的重要价值，有助于建设有川渝地方特色的小镇，对于将来川渝地区新型小镇规划、设计和建设有着重要的指导意义。同时，方法与结论可以以点带面地扩展到全国其他地区传统街道空间的研究中。当前全国城镇街道空间建设缺少特色，普遍存在千篇一律、场所单一、空间呆板、界面生硬、识别性不强等问题，本书有助于指导地域特色传统街道空间的设计与建设。

一直以来，对传统街道空间的研究是笔者系列研究的重要组成部分。迄今为止，笔者已经完成了《四川地区历史文化名镇空间结构研究》《四川古镇现象学——场所与知觉的意义》两部关于传统城镇方面的研究专著，为笔者从事建筑设计教学提供了理论基础，也为笔者从事建筑设计提供了丰富的思想源泉。笔者在前期理论研究的基础上，又对地域性历史文化名镇中的街道空间进行研究，力求从文化和意义上对川渝地区传统街道空间进行解释，使之成为笔者研究体系中的重要组成部分。

回顾研究历程，多年的投入有喜有忧。喜的是看着自己的成果一点点积累，逐渐形成了研究系列；忧的是时间和精力的投入过程中，品尝各种苦辣，常面临一个人独撑的局面。当然，坚持也有回报，课题先后获得了省社科基金重点项目和国家社科基金项目的支持，为研究提供了保障。

川渝地区历史文化名镇众多，本书主要对保存相对完好的历史文化名镇街道空间进行调查研究。少数川西以及川南少数民族地区大多以传统村落为主，其道路一般为交通通路，还没有达到“街”的标准，因此不在本书研究的范围内。本书调查研究了川北、川南、川西南、川东以及重庆的传统街道空间。因为笔者水平有限，在研究过程中肯定存在不足之处，恳请各位专家学者指正。

目录

CONTENTS

第一章 概论

第二章　川渝传统街道的组成与特征

第三章 传统街道空间的分类与意义

第一章 概论

G GAILUN

川渝地区包括四川和重庆，位于中国西南部，长江流域的上游，是构成四川盆地的主要区域。其地域辽阔，民族众多，历史悠久。

宋代的行政区划“川陕四路”是今名“四川”的源头。川陕四路管辖的行政区域包括四川大部分，重庆全境，陕西汉中，湖北恩施，贵州的安顺、遵义、铜仁等区域，以及甘肃文县。

先秦时期，古巴蜀地区建立了很多国家，其中最强大的有两个，一个是川西地区以古蜀部落为中心建立的蜀国，一个是川东地区（今天的川东和重庆）以古巴部落为中心建立的巴国。因此四川自古称“巴蜀”，是中国西部的一个重要区域。

四川位于秦岭以南，整体属于南方气候，但区域差异较大。川西北高原为高寒气候区，寒冷、冬长、基本无夏，日照充足，干湿季分明，气候随海拔增高变化明显，类型多样。四川盆地大多属于亚热带湿润气候，全年温暖湿润，气温日差较小，年差较大，日照少，雨量充沛。川西南山地为亚热带半湿润气候区，全年气温较高，年差较小，日差较大，四季不明显，降水少，日照时间长，部分河谷地区形成典型的干热河谷气候。

四川北连青海、甘肃、陕西，南接云南、贵州，西衔西藏。其中青海、西藏为藏族聚居区，地处高原地带，聚落表现为村寨形式。北部的陕南地区，属于南方气候，风土人情、文化习俗与四川接近，其建筑风格与形态与四川基本一致，以木构穿斗为主，轻盈剔透，且也形成了具有交易属性的场镇。陕西秦岭以北地区为北方气候，建筑厚重，且多用土石，与四川建筑风格特点迥异。云南位于四川南部，属于南方地区，民居以木构居多，但夯土和砖墙的数量明显多于四川地区，街道中的檐廊、柱廊较少。因为云南少数民族众多，聚落以村寨为主要特征。贵州西北与川渝接壤，其建筑与聚落特征与川渝基本一致，例如，赤水河因为航运，其沿线形成了土城、大同、丙安、复兴等为航运而生的场镇。贵州少数民族众多，形成了大杂居、小聚居的村寨，多依山就势，以木、石、土等为基本建筑材料形成特色的侗族、苗族等聚落。湖北、湖南与重庆紧邻，其民居多为土木结构，其中鄂西、湘西为土家族吊脚楼，与重庆东部建筑风格

接近。

四川周边的云南、湖北、湖南、贵州以及陕西南部均为南方，建筑风格与形态有很多接近的地方，聚落及传统街道空间也非常类似。从文化上看，四川与重庆原本属于同一行政区划，文化非常接近。四川南部及重庆地区因为出产盐，与湘、鄂、黔的交界地区共同形成了川盐古道，形成了很多交易场镇，文化上具有一定的关联性。而川渝地区因为移民文化，又使传统街道空间不同于周边省份，具有一定的特殊性，这主要表现在分散居住（以林盘方式定居）而形成的交易赶场，从而进一步激发场镇街道空间的生成。

川渝地区的气候特点与自然环境决定了其建筑特征。大多数川渝传统街道空间都具有南方小巧通透的特征，四川盆地及周围山地的汉族聚居区域，建筑大多具有典型的南方木穿斗特点。穿斗建筑组合成各种位于平原和山地的街道空间，形成了以“线状”为主要特点的空间形态。在平原地带，穿斗建筑形成多个小天井，组合成为自由舒展的空间，而在山地，以干阑式民居为主体，形成有紧张感同时又有丰富高差变化的街道空间。川西南山地的彝族地区，以传统的木穿斗建筑在取水方便、向阳而又容易放牧的地方形成村寨，在建筑中还加入了民族特有的色彩和雕刻，整体空间松散，布局相对随意，没能形成真正的街道空间。川西北高原地区气候寒冷，为藏、羌等少数民族地区，建筑材料多为当地石材，墙体厚重，城镇比较少，以少数民族传统村落为主，村落中以道路为主，没有形成建筑学、社会学意义上的“街道”，因此这些未能形成街道的少数民族村寨不在本书中研究。

一　研究概况

在研究传统街道空间之前，对相关的研究做一个简述。在对各类传统街道空间或者建筑文化与意义的研究中，国内外的专家学者做了不少的探

讨，相对而言，国外理论起源早，体系相对更加完备。国内学者在最近数年中，分地区开展了一些的研究工作，取得了阶段性的成果。从成果的分类来看，主要存在于以下几个方面：

第一，建筑学界关于传统街道空间的研究是最为集中的。在世界各国建筑、规划学者对传统村镇和聚落的研究中，传统街道空间居于非常重要的地位。第二，是哲学家、建筑文化学家对建筑、街道、城镇等空间哲学意义的研究。第三，涉及社会学对传统街道空间的潜在解释。第四，旅游、文化、历史等相关学科对传统街道空间的研究。下面从这四个方面来具体介绍传统街道空间的国内外研究现状与发展动态。

（一）建筑学界对传统村镇与聚落的研究

19—20 世纪，意大利学派在古城保护策略方面曾提出“城市遗产”的概念，强调要保护建筑本身和环境之间的历史文脉和最原始的关系，初步建立了历史地区整体保护的意识。传统街道作为联系传统城镇和传统建筑的重要空间也被纳入这个体系。而后在欧洲各国和美国的遗产保护与第二次世界大战后的历史地区再生重建工作以及国际性的学术研究中，不断拓展了保护的类型范围和内容，完善了空间结构体系和空间尺度层次系统，其中凸显了保护传统街道空间的重要意义。

国外关于聚落与民居的研究，日本比较系统。日本学者从 20 世纪 30 年代便开始着手聚落调查，相关著作有《聚落地理》。20 世纪 60 年代，有学者关注聚落空间调查，陆续发表并出版了相关读物。60 年代至今的相关论著有《集落计画》《集落之旅》《图说集落：空间计划》《集落再生》等，其间或多或少地描述到聚落中的街道。近期原广司的《世界聚落教示100》和藤井明的《聚落探访》对聚落中街道空间的各种元素以及意义都作了一定的研究分析。

国外对街道空间的研究起步相对较早，芦原义信的《街道的美学》对多个国家的街道、广场等外部空间进行了深入细致的分析比较，归纳了东

方和西方在社会文化体系、空间观念、哲学思想等方面的差异。[1] 雅各布斯的《伟大的街道》通过对世界数百条街道的测量、绘制与对比，得出街道具有生命力标准。[2] 马歇尔的《街道与形态》提出了以街道为基础的"规则体系"作为城市构建的方案。[3] 芒福汀的《街道与广场》研究了街道和广场的功能、形式、长度、比例等内容，说明了街道与广场空间是城镇空间最重要的组成因素。史蒂文·蒂耶斯德尔等所著的《城市历史街区的复兴》认为传统街道空间保护主要体现在几何美学、建筑多样性、环境多样性、功能多样性、文化记忆[4] 等多个方面。在当代最新的国外研究成果中，迈克尔·索斯沃斯与伊万·本－约瑟夫所著的《街道与城镇的形成》提出了"共享街道"的重要概念，实质上指出了街道空间应该具有"多元化"的行为。[5]

沙里宁在 1934 年发表了《城市——它的成长、衰败与未来》，书中提出了有机疏散理论，他从生物生长过程得到启示，认为城市由"细胞"组成，必须给它留有间隙，以提供其生长扩展的空间。[6] 这种留有余地的发展模式很有参考意义，特别是在传统街道空间中的过渡空间，否则会形成生硬的街道界面。

英国著名建筑师吉伯德认为城市是具有艺术性的。他在《市镇设计》中阐明了怎样把城市中的各种美学要素组成适合人居住和工作的美学环境。[7] 他认为对优秀的历史文化传统应该保留与发展，特别是对其中的多样化空间、界面特征等的探索对传统街道空间保护与研究起到了一定的指导作用。

---

1 芦原义信．街道的美学 [M]．尹培桐，译．天津：百花文艺出版社，2006.

2 阿兰·B　雅各布斯．伟大的街道 [M]．王又佳，金秋野，译．北京：中国建筑工业出版社，2012.

3 斯蒂芬·马歇尔．街道与形态 [M]．苑思楠，译．北京：中国建筑工业出版社，2011.

4 史蒂文·蒂耶斯德尔，蒂姆·希思，塔内尔·厄奇．城市历史街区的复兴 [M]．张玫英，董卫，译．北京：中国建筑工业出版社，2006.

5 迈克尔·索斯沃斯，伊万·本－约瑟夫．街道与城镇的形成 [M]．李凌虹，译．北京：中国建筑工业出版社，2006.

6 伊利尔·沙里宁．城市——它的成长、衰败与未来 [M]．顾启源，译．北京：中国建筑工业出版社，1986.

7 F·吉伯德．市镇设计 [M]．程里尧，译．北京：中国建筑工业出版社，1983.

西特对西方古典城镇和传统聚落进行过研究，认为要以确定的艺术方式形成城市建设的原则。[1]他对街道和广场的空间进行了讨论，认为应该按照艺术的规律以及适宜的尺度进行布局和设计，进而建立起丰富多彩的城市空间和有机构成的活动空间，最主要也体现在街道空间中。川渝地区的传统街道空间中，仍然存在着隐形艺术构成原则，但与西方相比，街道空间的表达形态却差之千里。艺术的原则在西方和东方存在着差异，因此也导致了传统街道空间形态与文化内涵的区别。

20 世纪 70 年代，美国著名建筑师阿摩斯·拉普卜特在他的《宅形与文化》中谈道，空间的形态在一定程度上受到气候与自然环境的影响，而潜在的文化因素则具有决定空间结构的作用。[2]这说明街道空间也同样受到潜在文化的影响，这对街道空间形态与意义的研究提供了重要借鉴。20 世纪 80 年代，他的《建成环境的意义——非言语表达方法》一书以人的行为与环境之间的关系来研究空间的意义，认为不同行为会产生不同场所与感知。[3]他运用了哲学上的非言语表达方法分析出环境具有文化性，并体现在文化环境、社会交流、脉络和记忆功能上。他对环境构成的物质要素进行了分类，认为其中非固定特征因素所造就的环境意义可变性较大。

凯文·林奇在《城市的印象》中从街道的角度对城市的元素进行了分析。城镇形象中与外形有关的内容有五种：路径、边界、区域、节点和地标。在街道空间中它们是可以被感知和觉察的，并体现出街道空间的特征和规律。[4]

美国的简·雅各布森在她发表的《美国大城市的死与生》中，对现代主义奉行的功能分区规划原则进行了无情的批判，指责现代主义和柯布西

1 卡米诺·西特．城市建设艺术——遵循艺术原则进行城市设计 [M]. 仲德崑，译．南京：东南大学出版社，1990.

2 阿摩斯·拉普卜特．宅形与文化 [M]. 常青，徐菁，李颖春，等译．北京：中国建筑工业出版社，2007.

3 阿摩斯·拉普卜特．建成环境的意义——非言语表达方法 [M]. 黄兰谷，等译．北京：中国建筑工业出版社，2003.

4 凯文·林奇．城市的印象 [M]. 项秉仁，译．北京：中国建筑工业出版社，1990.

埃对城市传统文化的破坏，认为街道必须要有多样性，沿袭传统城市的特点，街道空间才能保持活力。[1]

“Team10”对现代主义功能分区提出了改进的方法，它建议层次丰富的明晰的空间交叉，形成“有变化”空间。这种空间隐含了“过渡”空间的意义，传统街道空间中常有半私密空间出现，与这种“过渡”空间有类似之处。

罗杰·特兰西克的《寻找失落空间——城市设计的理论》中指出当代城镇有很多消极的街道空间，需要物质和精神的营造来促使其变成积极空间，其中包括人的行为、界面的围合、连续性、内外空间的贯通等。[2]这也反衬出传统街道空间经常作为“积极”空间存在。

后现代主义建筑师罗伯特·文丘里在他的重要著作《建筑的复杂性与矛盾性》中认为，墙彻底分隔了外部与内部的空间，造成了二元对立，这是在现代主义手法的重要特点，表达出建筑的矛盾性。因而建筑中的元素不仅应具备功能，还应该体现出历史文化或者其他“隐喻”特点。[3]在川渝地区的传统街道空间中，很多建筑通过木板或者轻质隔墙区分了内外，但在行为和功能上不能以内、外断然分开，内与外只对街道而言，具有可变性，在一定前提下可以相互转换。

意大利建筑与城市设计师阿尔多·罗西在《城市建筑学》中引入了类型学的概念，[4]以哈布瓦赫集体的记忆为基础，认为建筑是有“类型”的，说明由建筑组成的传统街道空间也存在着“类型”上的区别。城镇中具有”经久性纪念性”建筑物，说明建筑承载着传统文化。而这种纪念物正如同林奇提到的“标志物”一样，成为某种中心。川渝传统街道中存在的

1 简·雅格布森．美国大城市的死与生 [M]. 金衡山，译．南京：译林出版社，2006.

2 罗杰·特兰西克．寻找失落空间——城市设计的理论 [M]. 朱子瑜，等译．北京：中国建筑工业出版社，2008.

3 罗伯特·文丘里．建筑的复杂性与矛盾性 [M]. 周卜颐，译．北京：中国水利水电出版社，知识产权出版社，2006.

4 阿尔多·罗西．城市建筑学 [M]. 黄士钧，译．北京：中国建筑工业出版社，2006.

寺庙、会馆等重要的建筑物正是这种“纪念性”的表达，成为街道空间的精神中心，说明了传统街道空间的经久性与历史感。

扬·盖尔的《交往与空间》主要说明了人的行为能形成场所，在不断交往的过程中，空间也随之发生变化。人的行为受到物质和文化的影响，它又促成空间场所的生成。在川渝地区的传统街道空间中人的行为会营造多种临时的空间场所。

1975 年，罗伯·克里尔指出除建筑物之外的空间都应该属于城市空间，因此确定了广义城市空间的概念，且城市空间由不同类型的界面所围合。[1] 因此街道和广场是城市中最重要的空间。他归纳了建立在美学和形态基础上的街道空间的特征，这对川渝地区传统空间形态组织与美学规律的研究提供了一定的借鉴。

查尔斯·摩尔在《人体、记忆与建筑》中认为边界是人类认识周围空间的唯一起点。[2] 因此认识街道空间的边界，有利于探析街道空间的延伸特点。街道空间可以用建筑空间、路径、边缘组成的结构来表达，街道空间的秩序是用来适应环境、身体行为和文化记忆的。同时他也谈到了建筑构件对街道的影响。街道空间的边界与构件也是本书涉及的重要内容。

芒福汀的《绿色尺度》中提出了街道空间的长度要有一定的限制，过长会导致单调，过短不容易形成街道的氛围，并且街道最好能有一个弯曲度或者转折，形成视线的遮挡和变化，表现出空间感。

黑川纪章在他的著作《建筑中的新陈代谢》中指出，城市与建筑都进行着新陈代谢。因此路和街道具有不同的意义，路只是让交通工具通行的通道，而街道是具有复合功能的空间，也是日常生活空间重要组成部分。他提出了“灰空间”的概念，灰空间在各种功能空间中存在，属于半开放体系。而在川渝传统街道空间中，街道中的私人空间和公共空间相互交融，形成檐廊、柱廊，成为“灰空间”。

---

1 Rob Krier. Urban Space [M]. Trans Christine Czechowskiand George Black. Academy Editions, 1975.

2 Kent C Bloomer, Charles W Moore. Body, Memory and Architecture [M]. Yale University Press, 1977.

美国建筑师史蒂文·霍尔在《锚固》中指出，任何空间是和空间所在地的经验联系在一起的，[1]主要体现在历史、文化上，与人的行为上的关联、抽象相关。这实际上说明了街道也与所在的环境密切联系，不仅仅包含物质上的环境，更主要的是精神上的环境。街道与现象学发生了紧密的联系，街道空间理论向多学科发展。

中国传统街道的空间发展常常受到多种因素的影响。中国古代城市规划建设历史悠久，制度严明，规模宏大，《诗经》《周礼》《管子》《史记》等都有记载，特别讲求功能合理和布局的严整统一。因此在经过规划的城市中，街道空间整体布局有序，特别是《考工记》记载的“九经九纬，经涂九轨”清晰反映了街道的布局。[2]吴国的伍子胥提出了“相土尝水，象天法地”城市规划与建设的理念，因此街道也必然与地势地貌、气候等相结合。而在自发形成的古镇中，街道顺应自然环境的特征更为明显。汪德华在《中国古代城市规划文化思想》中提到中国古代城市规划形态主要体现出三大特征：其一是理性特征，体现出天人合一的特点，表达了对真、善、美的追求。其二是整体规划布局的特征。[3]在《考工记》记载中，城市本身主次分明、对称排列、左右呼应、中轴明显，街道网格清晰，形成了长安、大都等北方城市；《管子》提倡与自然环境的充分结合，形成了自然山水城市，比如南京、苏州等南方城市。其三为特有的空间组合观念。自给自足的小农经济造就了相对封闭的空间和向往自然的心态。中国特有的哲学、文化理念对古代城市规划产生了重要的影响，一是“天人感应”的思想，这是中国传统文化和哲学观的核心；二是“易”学说，主要提供传统文化中一个共同性的思想方法；三是“相土、形胜与风水说”，是对传统文化思想核心和思想方式结合具体环境的进一步丰富和

1 Steven Holl. Anchoring [M]. NewYork:Priceton Architectural Press, 1989.

2 周礼·考工记·匠人

3 汪德华. 中国古代城市规划文化思想 [M]. 北京：中国城市出版社，1997.

发展。[1]川渝传统街道空间都是基于这些思想而发展形成的。

20 世纪 80 年代，我国学术界才开始关注、研究传统民居和城镇。单德启在 1984 年对徽州的古村落做了环境的分析，[2]魏挹澧在 1988 年“中国民居学术会议上”发表了《风土建筑与环境》。[3]20 世纪 90 年代至今，我国的民居研究进入聚落与民居空间研究的阶段。

20 世纪 90 年代，彭一刚的《传统村镇聚落景观分析》涉足村镇群体空间的价值，分析了村镇与自然环境的关系，认为传统村镇空间与自然环境巧妙地结合成一个整体，[4]同时也认为街道景观是群体空间的重要组成部分，为进一步研究街道空间打下了基础。段进等对徽州古村落——西递村[5]、宏村[6]等进行了系统研究，获得了大量的测绘资料。通过这些数据分析研究了徽州古村落空间，不仅包括建筑空间，而且包括了建筑外部的街巷空间，从多个方面概括了街巷空间的特点，这些研究为徽州古村落保护开发提供了一定的理论依据，也为其他地区传统街道空间的研究提供了参考。

2009 年由陆元鼎总主编的“中国民居建筑丛书”分地区介绍了我国的传统民居，其中涉及街道类型、形态、功能等内容。其中李先逵的《四川民居》提供了大量有关四川民居、街道、空间特征的研究成果，是近年来研究四川古镇的重要著作，对四川古镇有提炼、概括的作用。他认为传统街巷是一种商业型的主体空间。[7]但该著作没有从深层次的原因以及哲学上去研究街道空间属性，也没有进行意义上的分类。

---

1 庄林德，张京祥．中国城市发展与建设史 [M]．南京：东南大学出版社，2002.

2 单德启．村溪·天井·码头墙——徽州民居笔记 [J]．建筑史论文集第六辑，1984(6)．北京：清华大学建筑系．

3 魏挹澧．风土建筑与环境 [J]．中国民居学术会议，1988.

4 彭一刚．传统村镇聚落景观分析 [M]．北京：中国建筑工业出版社，1992.

5 段进，龚恺，陈晓东，等．世界文化遗产西递古村落空间解析——空间研究 (1)[M]．南京：东南大学出版社，2006.

6 段进，揭明浩．世界文化遗产宏村古村落空间解析——空间研究 (4)[M]．南京：东南大学出版社，2009.

7 李先逵．四川民居 [M]．北京：中国建筑工业出版社，2009.

赵万民对重庆山地古镇有深入的研究，著有《松溉古镇》《宁厂古镇》《罗田古镇》《龙潭古镇》《安居古镇》《走马古镇》等书籍，涉及重庆地区传统山地街巷空间的特点，具有重要参考价值。

季富政调查了上千个川渝古村镇，出版了《巴蜀城镇与民居》《三峡古典场镇》《四川民居散论》等专著，记述了大量历史文化名镇、街道空间和传统民居。其中充分调查了传统城镇的选址、环境、宫观寺庙以及社会形态、空间结构，总结了一定的规律，在一定程度上从文化与民俗方面进行了街道空间场所意义的解释。他认为前店后居的民居形式是传统街道空间中数量最多的一类，实际上表达了这类街道空间的商业交易属性。[1] 在重庆地区，季富政分析了重庆三峡场镇的风尚、社情、建筑、美学，认为其体现了传统街道的移民文化、码头文化。[2] 他的研究为川渝地区传统街道空间的研究打下了坚实的基础。

清华大学顾朝林教授的《中国城镇体系——历史·现状·展望》研究了中国城市的起源和产生。[3] 在封建社会的后期，特别是明、清时期随着商品农业的发展，草市大量产生，不断向集镇转变，因此农村集镇大量兴起，形成大量传统街道空间。他的研究论述了传统街道空间随着古村镇的兴起而逐渐出现，具有重要的学术意义。

近年来，对传统街道空间的研究也出现了少量量化的分析方法。其中包括：杨大禹将空间句法运用到街道空间形态的研究中，通过对河西传统街道网络空间形态的定量研究，探索其深层次的形态规律；他在整体把握街道网络形态的基础上，进一步探索其街道空间特征，为古村镇的保护与开发提出了建议。[4] 周钰、张玉坤通过对街道界面的形态、相关度、界面的密度和界面心理认知进行过函数分析与量化研究，认为小尺度街道轮廓是

1　季富政 . 巴蜀城镇与民居 [M]. 成都 : 西南交通大学出版社，2000.

2　季富政 . 三峡古典场镇 [M]. 成都 : 西南交通大学出版社，2013.

3　顾朝林 . 中国城镇体系——历史、现状、展望 [M]. 北京 : 商务印书馆，1992.

4　孙朋涛，杨大禹 . 历史文化村镇街道网络空间形态研究——以通海县河西古镇为例 [J]. 华中建筑，2014(9).

形成优秀街道空间的必要条件，具有一定的客观性。[1] 邹广天通过语义网络、拓扑结构的方法，从概念、形态和属性的角度对中华巴洛克街道空间进行了量化的分析研究。[2] 饶小军等通过空间句法对泉州古城区的街道空间进行研究，量化了街道具有活力的特征。[3] 苑思南对城市街道网络空间进行定量分析，通过几何形态与拓扑结构两方面论述，以定量的方式揭示了城市街道网的形态规律。[4] 学者阮平南和耿超运用模糊数学方法对城市魅力系统构建的测度与评价进行了研究，对城市街道中的文化与旅游进行了一定的量化分析。[5]

常青用人类学的方式分析过我国传统城镇街道空间界面与街头文化的空间基础，是我国较早的街道空间研究。[6] 朱文一在《空间・符号・城市——一种城市设计理论》中分析了街道空间的路径属性、领域属性和场所属性，并具有语言的含义。[7] 王建国在《城市设计》中专门提到了城市街道空间，研究了其组织形态与空间景观。[8] 虞大鹏、吕品晶对北京旧城街道空间进行了一定的梳理，并提出了相应的保护与更新原则。[9] 管玥对西安老城区的街道空间形态进行了物理类型的研究，具有一定的借鉴意义。

总体看来，建筑与规划界对传统街道空间的研究主要集中在对传统聚落的研究中。

1 周钰，赵建波，张玉坤．街道界面密度与城市形态的规划控制 [J]. 城市规划，2012(6).

2 董君，邹广天．基因的重组与更新——中华巴洛克街区的语义网络分析及策划 [J]. 建筑师，2014(6).

3 曹凯中，饶小军，陆毳．基于空间句法理论对泉州古城区街道空间组织研究 [J]. 华中建筑，2015(3).

4 苑思楠．城市街道网络空间形态定量分析 [D]. 天津大学，2011.

5 阮平南，耿超．基于模糊数学对城市魅力系统构建的测度与评价 [J]. 职业时空，2007(9).

6 常青．建筑学的人类学视野 [J]. 建筑师，2008(6).

7 朱文一．空间・符号・城市——一种城市设计理论 [M]. 北京：中国建筑工业出版社，2010.

8 王建国．城市设计 [M]. 南京：东南大学出版社，2011.

9 虞大鹏，吕品晶．旧城街道的生与死：北京旧城特色街道空间形态研究 [J]. 建筑创作，2008(3).

（二）对建筑、街道、城镇空间的社会学、哲学意义的研究

国外对建筑空间场所意义中最重要的理论基础是海德格尔的场所论。他在《艺术作品的本原》中从本质上论述了艺术、空间的特性。他的《筑居思》主要阐述了建筑与栖居的关系，从社会与哲学的角度定义建筑以及外部场所。场所论从哲学本质上对建筑内外空间进行了意义上的研究，也是对传统街道空间深入探讨的重要基础。

爱德华·瑞尔夫在其著作《场所和无场所性》中认为，在日常生活中，场所是在场景的明暗度、地景、仪式、日常生活、他人、个人经验、对家的眷恋以及与其他地方的关系中被认知到。段义孚的《经验透视中的空间和地方》从人文主义的角度去关注这样的场所。美国西蒙的著作《住所、场所和环境》比较全面地展现了哲学在讨论人类“生活世界”的重要意义。他们三人在一定程度上涉及了外部空间—街道空间的哲学意义。

克里斯蒂安·诺伯格－舒尔茨在《建筑中的意象》中采用西方哲学研究了建筑的内涵特点，他认为建筑空间是历史文脉意义的重要表现对建筑围合的外部街道同样适用。[1]在《存在空间建筑》中，他认为“存在空间”是一种抽象的空间，主要是人与环境、空间的关系，并带有哲学意义。[2]他在《场所精神》中认为“存在空间”具体体现在建筑与室外空间中，表现在“聚集”和“事件”两方面，正好解释了街道空间聚集和发生事件的场所。海德格尔认为“居住”的意义是城镇各类空间的最终目的，传统街道空间就是以居住的意义而形成的，其间又形成了多样场所意义。[3]因此“场所精神”实际上是人们日常生活息息相关的空间和其围合物与人之间的感知。他强调“场所”的精神意义强于物质元素表达的“空间”，“场所精神”建立于物质空间基础之上。他在后来的《居住的概念——走向图形建筑》中进一步强调街道空间是具有哲学意义的居住场所。他的一系列著作

1 Christian Norberg-Schulz. Intentionsin Architecture [M]. MassM.I.T.Press, 1965.

2 克里斯蒂安·诺伯格－舒尔茨．存在空间建筑 [M]. 根据日本加藤邦男自译本转译，1976.

3 Christian Norberg-Schulz. Genius Loci [M]. NewYork: Rizzoli International Publications, Inc., 1979.

涉及现象学、符号学、历史学等相关的学科，为本书有关传统街道空间的研究提供了很有价值的参考。

约瑟夫·里克沃特在《城之理念——有关罗马、意大利及古代世界的城市形态人类学》中研究了古罗马的“界石”，[1]实际上是对空间边界的探讨，说明了边界对人类活动场所的限定不只是物理上的，同时也是心理上的。

巴什拉在《空间的诗学》中认为，空间并非填充物体的容器，而是人类意识的居所，建筑学就是栖居的诗学。书中最精彩之处，莫过于对亲密空间的描绘与想象。他指出，家是人在世界的角落，反映了亲密、孤独、热情的意象。我们在家屋之中，家屋也在我们之内。我们诗意地建构家屋，家屋也灵性地建构我们。同样，传统街道空间是居所的扩展，我们诗意地建构街道，街道也灵性地建构我们，继而形成多样化亲密的事件。[2]

卒姆托的《思考建筑》《建筑氛围》通过论述人在建筑中多样的知觉，体验到了建筑空间中的多种意象。通过描述他在街道中的各种知觉感受，传达了对空间的各种知觉。帕拉斯玛的《肌肤之目》《建筑七感》认为除了视觉之外，多种感官与身体本体等都可以感知街道与建筑空间。

在国内，沈克宁的《建筑现象学》分别从场所和知觉分析了建筑空间的意义，解析了人的各种知觉对空间、场所的感知。[3]汪原的《边缘空间——当代建筑学与哲学话语》中提到本雅明对部分城市的感知，而这种感知大多在街道空间中，源于传统文化和意义，引起对“广义”居住的思考。[4]

1 约瑟夫·里克沃特.城之理念——有关罗马、意大利及古代世界的城市形态人类学[M].刘东洋，译.北京：中国建筑工业出版社，2006.

2 加斯东·巴什拉.空间的诗学[M].张逸婧，译.上海：上海译文出版社，2009.

3 沈克宁.建筑现象学[M].北京：中国建筑工业出版社，2008.

4 汪原.边缘空间——当代建筑学与哲学话语[M].北京：中国建筑工业出版社，2010.

（三）社会学对传统街道空间的潜在解释

从社会学角度看，传统街道空间是自然地理环境与人类社会文化发展相结合而形成的。

进化论的文化社会学都对传统街道空间的生成与发展起着重要的理论指导作用。斯宾塞认为，文化是由简单到复杂、由单质到异质逐渐进化的。他的《第一项原则》认为演变是个不断延续的过程，事物不断改进为复杂和连贯的形式。这与传统街道空间的生成与发展密切相关。泰勒认为，文化的分布是由自然地理环境决定的，因此传统街道空间随着地理环境的不同而变化。J. 利佩特认为一部文化史就是人类由低级野蛮状态向高级文明状态发展的历史，在一定程度上论述了传统街道空间由无到有的过程。美国的 L.A. 怀特认为工艺的发展是文化进化的基础，在传统街道空间中的建筑建造技艺正好表达出社会学意义上的“工艺技术”。

传播论的文化社会学从社会因素研究文化的传播，对传统街道空间中人的感知和人们在交往中表达出的文化属性具有解释作用。他们把文化的产生归诸单一的、一次性现象，把其他地方相同的文化现象归于传播的结果。G.H. 米德、C. 莫里斯等人把文化看作有意义的象征符号，把文化传播看作个体互动或交互作用的过程。符号互动理论建立在相互理解的主观主义基础上，越来越走向社会文化结构过程的研究。L.A. 怀特在《象征：人类行为的起源和基础》中认为，象征是人类对于事物赋予一定意义的能力。这种理论解释了传统街道空间各种元素形成的象征与符号，并涉及了其中存在的文化层级结构。

传统街道空间具有功能的作用，且是一个传统人类活动的体系，符合文化的深层结构。功能论的文化社会学认为文化的产生是社会功能的需要，文化的本质在于维护社会规范，是一种价值工具。马林诺夫斯基认为，不同的文化功能构成不同的文化布局，文化的意义依它在“人类活动体系中所处的地位，所关联的思想以及所有的价值”而定。拉德克利夫－布朗在《现代社会的人类学研究》中主张用社会学的方法研究各种文化现象。T. 帕森斯的结构功能主义理论认为，文化是社会结构体系的工具，文化功能的发挥受各种社会结构层次的制约，文化体系决定人的行为准则。传统街道空间中的各种物质与人物活动形成的各个体系不仅具有功能性，而且相互推动制约，其中社会文化是街道中事物运行的规则。

传统街道空间中必定存在着人类的活动。德国的 A. 巴斯蒂安，英国的泰勒，美国的 L.F. 沃德、F.H. 吉丁斯，法国的迪尔凯姆、L. 列维－布留尔及美国的博厄斯等人用人类心理说明文化现象的产生及其作用。M. 米德从个人心理出发研究民族文化的特性，从不同民族个体经验推导民族文化模式，为研究传统街道空间与人在其间心理和身体活动的关系提供了依据。

马克思・韦伯的《非正当性支配——城市类型学》分析了各种不同的社会因素对城市类型的影响，潜在解释了传统街道空间的形成与文化意义。他的《中国的宗教：宗教与世界》详细地介绍了宗教对我国社会的影响，认为宗教对中国的城镇与街道空间产生了不可低估的作用。费孝通的《乡土中国》提到了“差序格局”，即社会关系是通过私人关系叠加的，体现了“私”，这也是传统街道空间的一个特点。[1] 他的《乡土中国与乡土重建》指出乡村中的物资交换以“街集”形式出现，逐渐形成了今天的小型集镇或者场镇。[2] 杨开道的著作《中国乡约制度》谈了传统乡村文化问题，是传统街道空间社会文化形成的基础。[3] 苟志效、陈创生的《从符号的观点看——一种关于社会文化现象的符号学阐释》从社会现象学层面认为建筑是人类精神的物化符号，由建筑组成的传统街道空间也是人类生存的精神象征。[4] 梁漱溟的《中国文化要义》较科学地分析了中国文化的特征和意义，为传统街道空间的研究提供了依据。[5] 王铭铭的《社会人类学与中国

1　费孝通 . 乡土中国 [M]. 北京：北京出版社，2005.

2　费孝通 . 乡土中国与乡土重建 [M]. 台北：风云时代出版社，1993.

3　杨开道 . 中国乡约制度 [M]. 北京：商务印书馆，2015.

4　苟志效，陈创生 . 从符号的观点看——一种关于社会文化现象的符号学阐释 [M]. 广州：广东人民出版社，2003.

5　梁漱溟 . 中国文化要义 [M]. 上海：上海人民出版社，2005.

研究》将社会人类学本土化，形成汉学人类学，[1] 为传统街道空间的研究提供了理论基础。

总体上大量社会学的理论潜在解释到了传统街道中的多种社会学意义，但都没有进行过深入论述和具体研究。

（四）旅游、历史等相关学科对传统街道空间的研究

传统街道不仅是体现传统文化的公共场所，更是重要的旅游空间，不同专业的学者都对此有研究。

车震宇、保继刚曾经对传统村落的旅游开发与形态变化做出了系统的研究，总结了影响村落形态变化的多种因素，其中包含了街道空间形态变化的研究。[2] 他们也对国外城市传统文化街区的保护与再开发进行了一定的研究，从环境、经济、运作等方面对维护街道风貌进行了分析。

吴必虎等通过统计与计算的方式对游客在南锣鼓巷历史地段城市记忆进行研究，利用回归模型，构建了记忆认知公式，对街道空间的认知进行了量化。[3] 他们以北京大栅栏为例，提出了历史街区应该在保护与更新的基础上，与旅游业协同发展，涉及了对街道空间功能的区分。

谢彦君等的旅游体验理论及其建构、旅游场和现象学、心理学与传统街道空间中的场所意义、建筑知觉现象学产生了紧密的结合，为本课题中定性研究传统街道空间的意义提供了重要参考。[4] 樊友猛、谢彦君通过文化记忆的理论，建立了乡村文化遗产的“文化记忆－展示－凝视”模型，为乡村街道空间文化遗产的保护与开发提供了理论基础。[5] 邹统钎、吴丽云也论述了旅游体验的本质，区分了体验的五种类型，并提出了旅游体验的本

1　王铭铭．社会人类学与中国研究 [M]. 北京：生活·读书·新知三联书店，1997.

2　车震宇，保继刚．传统村落旅游开发与形态变化研究 [J]. 规划师，2006(6).

3　汪芳，严琳，熊忻恺，吴必虎．基于游客认知的历史地段城市记忆研究——以北京南锣鼓巷历史地段为例 [J]. 地理学报，2012(4).

4　谢彦君，彭丹．旅游、旅游体验和符号 [J]. 旅游科学，2005(6).

5　樊友猛，谢彦君．记忆、展示与凝视：乡村文化遗产保护与旅游发展协同研究 [J]. 旅游科学，2015(2).

质与塑造原则。[1]

章尚正通过研究徽州古村落提出传统村落应该依托文化，努力提高游客的参与性，丰富游客的学习、审美、娱乐等体验，同时需要加强老街的地脉、文脉和商脉。[2] 周永博等通过对周庄与乌镇的比较，利用线性评价方法，计算出各自的耦合协调度，表达出不同景观意象的水平。[3]

在历史学方面，王挺之、刘耀春教授对欧洲文艺复兴中的城市进行过深入研究，他们所著《欧洲文艺复兴史：城市与社会生活卷》对意大利传统街道空间中的社会生活进行了翔实的研究。刘耀春教授对意大利传统城镇中的雕像、城门等进行过系统分析，实质上是对街道空间的节点、界面等进行研究。他们研究的方式方法都为本土传统街道空间的研究提供了有益的借鉴。[4]

总体来看，国内关于传统街道空间社会文化与意义的研究，分散于建筑、哲学、城市设计、民居研究、风土建筑、传统聚落、人居环境、城镇保护等相关领域，自身未形成完整体系，特别是从深层次社会学的文化意义上对传统街道空间进行研究更显得缺乏。

二　研究价值、内容和方法

（一）学术价值和应用价值

各个地区的历史文化名镇反映了我国不同地域、不同民族、不同经济社会发展阶段的聚落形成和历史演变过程，特别是历史文化名镇中的传统街道空间是展示我国社会文化、优秀建筑风貌、优秀建筑艺术和建造记

1　邹统钎，吴丽云 . 旅游体验的本质、类型与塑造原则 [J]. 旅游科学，2003(4).

2　章尚正 . 徽州文化的基因、特质与解构 [J]. 合肥学院学报，2014(5).

3　周永博，沙润，杨燕 . 旅游景观意象评价——周庄与乌镇的比较研究 [J]. 地理研究，2011(2).

4　王挺之，刘耀春 . 欧洲文艺复兴史：城市与社会生活卷 [M]. 北京：人民出版社，2008.

忆、传统空间形态和民俗风情的真实载体。传统街道空间贯穿着历史文化名镇，必定会反映聚居模式、空间形态、建筑形式、语言等社会文化表征。它维系着历史文化名镇的文化意义、空间尺度、风貌特征，使之具有一种持续的生命力。因此，立足地域特点，从多学科的角度对本土历史文化名镇的街道空间进行研究具有极高的学术价值。

川渝作为中国西部历史悠久、人口众多的地区，孕育了丰富多彩的地域文化。川渝历史文化名镇在我国传统城镇中占有重要的地位，它们以其独特的地域文化特征和营建规律，蕴含特有的传统街道空间。这些历史文化名镇不仅类型丰富，空间构成形态独特，与环境结合紧密，而且表达着川渝地区丰富厚重的社会、历史、文化信息，见证与记载着各历史时期人们物质文化与精神文化生活的发展与传承。

迄今为止，对川渝地区传统街道空间的社会文化与意义研究不够系统。很多学者尽管对当地历史名镇及建筑的调查工作也有一定基础，但研究方法多为记录描述，成果很难转化，因此一直停留在物质表象研究阶段。本书将综合文化人类学、建筑规划学、哲学等学科，采用定性研究与对比研究相结合的方法，试图发现其中的社会文化与意义。这对传承保护传统街道空间、指导川渝地区城镇化、建设地方特色小镇等具有较高的学术价值。

我国的城镇建设正处于城市化的巨大浪潮中，历史文化名镇也不例外。在城乡统筹的背景下，新农村小镇如雨后春笋般涌现，但由于缺乏对社会文化、意义的深入把握，各地代表新农村的小镇千篇一律，缺乏地域特色。在此背景下对历史文化名镇街道空间的文化、意义进行研究，凸显出对于今后新型小镇建设的重要指导价值，有助于建设有地方特色的小镇。

四川和重庆地处中国西南，保留了大量有地域文化特色的历史名镇，体现历史名镇文化特点的传统街道空间占有极其重要的地位。伴随着西部开发与城镇化建设，许多历史文化名镇的街道空间有日渐式微之势。因此，对典型的川渝地区历史文化名镇街道空间展开系统调查与记录，对于今后本地区历史名镇的保护有着重要参考价值。对川渝历史文化名镇街道空间的社会文化、意义进行解读，对于将来川渝地区新型小镇规划、设计和建设有着重要的指导意义，为建设有地域特色的小镇打下坚实的基础。

同时，研究的方法与结论可以点带面地扩展到全国其他地区传统街道空间的研究中。当前全国城镇街道空间建设缺少特色，普遍存在千篇一律、场所单一、空间呆板、界面生硬、识别性不强等问题，本书有助于指导地域特色传统街道空间的设计与建设。

（二）研究对象

鉴于历史文化名镇保存文物特别丰富且具有重大历史价值或纪念意义，能较完整地反映一些历史时期传统风貌和地方特色，它们的街道空间往往具有重要的代表性。因此本研究从国家级、省（区、市）级历史文化名镇目录中查找出部分保存完好、街道空间完整、具有空间特色的小镇（不包含村级聚落），调研其有重要特征的街道空间。

四川主要的历史文化名镇有黄龙溪、洛带、云顶场、昭化、罗城、福宝、尧坝、太平、龙华、李庄、街子、新场、元通、沿口、上里、望鱼、平乐、石桥、柳江、高庙、木城、华头、肖溪、恩阳等。重庆主要有磁器口、中山、塘河、白沙、松溉、涞滩、宁厂、龙潭、西沱、双江、铁山、板桥、走马、安居、龙兴、偏岩、路孔、东溪、丰盛等。

对于川西北高原藏羌地区和川西南彝族聚居区，主要是传统文化村落空间形态，未形成严格意义上的街道空间，所以不在此次研究范围。

（三）主要目标

本书主要目标是通过对川渝地区传统街道空间的调研，运用建筑规划学、社会学、人类学、哲学等知识，从街道实体元素和街道空间元素两方面入手，揭示川渝地区传统街道空间中的多种场所意义，论证街道空间与社会、文化的关联性。

探析传统街道文化与意义的本质，从各传统街道空间的共同性与差异性研究川渝地区历史文化名镇的社会意义、居住文化的多样性，以此推导适应川渝地区新型城镇化和特色小镇建设的街道空间与建筑功能布局的设计方法，这也是本书的目标之一。

本书最终的研究目标是将研究成果用于川渝地区新型城镇化和特色小镇建设中，为川渝地区历史文化名镇保护和建设世界旅游目的地提供参考。这对克服当前全国城镇街道空间存在的通病也有重要的指导意义。

（四）研究方法

本书选择典型的川渝地区历史文化名镇的街道空间作为研究对象，运用建筑学、城市规划学、文化遗产保护、哲学、形态学、类型学、拓扑学、历史学、旅游学等多学科交叉研究方法，对其进行观察、测绘、摄影、摄像、访谈、记录，研究其空间形态及社会文化释义。之后使用纵向梳理与横向比较的研究方法，找寻其所蕴含的文化与意义，比较川渝各地传统街道空间形态的相似性和差异性。

以实地调研为基础，调查采用观察、测绘、照相等记录方式，结合对居民行为活动的观察以及就相关街道、建筑和人的活动情况进行访谈，收集第一手资料。查阅收集当地与历史文化名镇有关的文献资料和图纸，通过购买或网络收集与研究对象有关的文献资料。整理采集的调查数据、部分制图，对街道空间进行分析研究。

第二章

川渝传统街道的组成与特征

C

CHUANYUCHUANTONGJIEDAODE
ZUCHENGYUTEZHENG

中国狭义的街道源于汉代，称城市干道为街，而居住区内道路为巷。街道本指四通的道路。战国以后的里坊制城市，坊间道路称街，坊内道路称巷。

本著作中所指的是广义上的街道，其一是指川渝地区传统古镇中的街巷，一般尺度相对较小，大多相当于“巷”，所以可称为街道里巷。《史记·平准书》：“众庶街巷有马，阡陌之闲成群，而乘字牝者傧而不得聚会。”[1]晋朝陆机《君子有所思行》：“廛里一何盛，街巷纷漠漠。”[2]《宋史·仪卫志二》：“凡街巷宽阔处，仪卫并依新图排列。”[3]其二是街道空间的演变形式，诸如广场、河道等，具有交通和运输功能，同时又具有某种汇聚功能。

列维－施特劳斯认为：“城镇可能还比艺术品更为宝贵，更值得珍惜，因为它就站在自然与人造物的交界点上……城镇既是自然界里面的客体，同时也是文化的主体。它既是个体，也是群体；是真实，同时是梦幻；是人类的最高成就。”[4]

我们的世界存在着多样的事物和事件，居住则是人与环境相互融合而形成的一种协调关系，狭义的居住一般被理解为人存在于屋顶下的房间。从广义上讲，居住是一种性质，它表明人对自然环境形成的认同。广义的居住意味着人归属一个环境，可能是平原，可能是山地，也可能是一个城镇。一旦人进入一个居住空间，外部各种元素随之进入。外部元素是居住的组成部分，促成和制约了居住的存在。这种关系体现在城市、乡镇、街道、建筑、房间等诸多方面。当人们进入一个环境并在此定居，说明对环境的认同，确定了自身存在于自然中的方式方法，或城镇，或村落，或建筑。

1 （汉）司马迁．史记·平准书．北京：中华书局，1982.

2 （晋）陆机．君子有所思行．

3 宋史·仪卫志二．

4 克劳德·列维－斯特劳斯．忧郁的热带 [M]. 王志明，译．北京：生活·读书·新知三联书店，2000:145.

从广义的居住来讲，只要人对环境产生认同，就会产生归属感，此时“居住”的意义就会形成。在抉择居住场所的时候，不仅仅形成了客观物质之间的联系，也形成了人与人之间的关系。居住的形式表现为五种：其一为带有人工环境的地景，即城、镇、乡、村存在于一定的环境之中。其二为城镇、乡镇构成的空间。这是一个居住区的概念，人们在这个大空间中形成各种交流的场所，这种场所主要是各种街道和广场，它们主要承载着交通、贸易、交流、游憩等多种功能，人在其间居住，形成了多种生活的交流。我们可以把这种居住形式叫作集合的居住。这里“集合”是指该词的原初含义：聚集或汇集。[1]街道空间是其最重要的表现。其三，在这种大空间下，部分生活和价值相互一致的人会聚集在一定的公共场所。这个场所常通过某种人造物来表现，这就是公共建筑。它表达出特定人群的共同生活经验。其四是普通民居，每个家庭都有自己的生活方式，因此必定会有私人空间，正是一个小族群世界观的物质体现。其五是每个人都有自己的“小宇宙”，因此都有自己的庇护之地，同时每个人在家庭中都具有“私密”“公共”“交流”等多样表现形式，决定了民居中不同房间的精神意义。这五个方面包括了自然地景空间、城镇空间、公共空间、小族群空间、私密空间的层级。城镇空间是联系大环境空间与小环境空间的中观元素，具有重要的承上启下的作用，而街道空间正是最重要的表现形式。吴良镛则认为这五个要素构成了人居环境的五个子系统。[2]

新石器时代晚期，是我国城市聚落起始的时代。距今4500年左右，也就是龙山时代到来之后，远古聚落逐渐被新兴的城邑和其周边郊野的村落取代，新兴城乡二元结构登上历史舞台。一些中心性聚落渐渐从“聚落”中脱胎而出，成为“城市”或“城邑”。[3]在城市和城邑中，形成了很多小的村镇，它们成为城市或者城邑的附属，一个城邑统有着若干村镇成

1 克里斯蒂安·诺伯格－舒尔茨. 居住的概念——走向图形建筑 [M]. 黄士钧，译. 北京：中国建筑工业出版社，2012:11.

2 吴良镛. 人居环境科学导论 [M]. 北京：中国建筑工业出版社，2001.

3 赵之枫. 传统村镇聚落空间解析 [M]. 北京：中国建筑工业出版社，2015:4.

为早期城乡关系的基本模式。[1] 城市永远是个“市场聚落”，它拥有一个市场，构成聚落的经济中心，在那儿，城外的居民及市民——基于一既存的专业生产的基础——以交易的方式取得所需的工业产品或商品。[2] 川渝古镇属于广义城市中的一种，它结合本地的特点，形成半农半商的特殊小镇。从韦伯的观点看，如果只是聚集商人、匠人，以固定的市场来满足日常生活的需要，还不能称之为真正的城市，只能叫作“市场聚落”。而川渝古镇有其特殊的特征：它除了专门的商人、匠人汇聚其间，居民也扮演着多种角色，诸如农民、商人、加工者等，这样导致整个镇不仅仅是“市场聚落”，而具有“城市”的多种特性。施坚雅认为中国的传统社会结构体系建立在民间市场和行政控制空间的联系之上，而民间市场则是基础。施坚雅强调民间交易的存在与重要性。川渝古镇属于民间的市场网络，特别是其间的传统街道空间具有民间生活的显著特征。

川渝古镇在地方性的限制下，形成了生于此、死于此的一种小社会——村镇，实际上每一个自然村都拥有极为类似、长期不变的人口结构、生产方式与生活方式。[3] 同样，镇上的街道空间也是这个社会最真实的反映。这样在人和人的关系上就发生了一种特色，每个孩子都是在人家眼中看着长大的，在孩子眼里周围的人也是从小就看惯的。这几乎就是一个“熟悉”的社会，没有陌生人的社会。[4] 费孝通认为，社会学中常有两种不同的社会：一种是并没有具体的目的，只是因为在一起生长而发生的社会；一种是为了完成一件任务而结合的社会。前者是“有机的团结”，后者是“机械的团结”。前者是礼俗社会，后者是法理社会。[5] 从川渝传统街道空间来看，它介于二者之间。因为传统的交易功能，传统街道在一定程度上表现出“机

1 李红．聚落的起源与演变 [J]. 长春师范学院学报，2010(6).

2 马克斯·韦伯．韦伯作品集Ⅵ：非正当性的支配——城市的类型学 [M]. 康乐，简惠美，译．南宁：广西师范大学出版社，2005:3,4.

3 周沛．农村社会发展论 [M]. 南京：南京大学出版社，1998:10.

4 费孝通．乡土中国 [M]. 北京：北京出版社，2005:6.

5 费孝通．乡土中国 [M]. 北京：北京出版社，2005:7.

械的团结”，特别是在交易日，外来人员的进入使这种法理更强。古镇大多自发生成，街道中的住户一般互相熟识，具有一起生长发生的特点而表达出“有机性”。在这样一个集群中，行动者常常在社会生活的具体情景中，无须特殊说明或者相互沟通就可以进行一种“实践意识”。[1]

川渝古镇的传统街道空间的存在必定具有一定的特征，从社会学上来说其间的“惯例”是它的基本要素，正是社会生活经由时空延展时所具有的例行化特征。社会生活日常活动中的某些心理机制维持着某种信任或本体性安全的感觉，而这些机制的关键正是例行化。惯例主要体现在实践意识的层次上，将有待引发的无意识成分和行动者表现出的对行动的反思性监控分隔开来。[2] 传统街道空间充满着各种“惯例”，诸如定期交易、祭祀、节庆等多种活动。在街道外部形成了耕种区，即所谓“邑”的外部环境，农业生产就在外部圈子里进行，[3] 说明了街道空间外部一般是农业生产去。因此表现出一种实践意识，是一种显性的惯例。而传统街道空间中人的相互交往、生活场所在其间的交叠则是两侧居住空间的时空延展，这些行为往往没有固定的时间和规律，呈现出自发性，实则是一种隐性惯例。

一　传统街道的界面组成与特征

街道是由传统民居或者其环境围合而成，也可认为是建筑群中分隔体现的公共空间——两边传统建筑立面与地面所形成的三面围合的空间，主要形态为线状，街道上部为开敞的天空。三个围合面的特征与它们之间的关系决定了街道空间的特点。

对古镇的整体格局而言，街道空间长宽比一般很大，呈现出“延伸”

1　安东尼·吉登斯．社会的构成 [M]．李康，李猛，译．北京：生活·读书·新知三联书店，1998:42.

2　安东尼·吉登斯．社会的构成 [M]．李康，李猛，译．北京：生活·读书·新知三联书店，1998:43.

3　贺业钜．中国古代城市规划史 [M]．北京：中国建筑工业出版社，1996:33.

状，这种“延伸”形成的街道走向或者衍生空间成为一种场所。老子说：“埏埴以为器。当其无有器之用，凿户牖以为室，当其无有室之用，是故有之以为利，无之以为用。”[1] 这充分说明了空间的实用性。传统街道空间是古镇中最重要的空间，它不仅仅是传统古镇风貌体现的重要场所，也是旅游者游览观光的主要路径。人进入传统的街道方向具有多向性，但都能感觉到连续性和导向性。不同街道空间常具有不同的形态特点，源于不同的自然与文化背景，同时也有很多传统街道形态特征类似，则可能具有相同的自然与文化因素。这些自然与文化因素决定着街道空间与围合界面的特征。

围合界面包含人为元素——建筑，自然元素——树、石、山、河等。界面主要位于两侧，形成一种围合，即街道空间。

建筑和大量自然环境元素存在于两侧，形成最主要的街道空间限定，在街道空间的控制性要素中占有主导地位。马林诺斯基指出，我们面对的都是一个部分由物质、部分由人群、部分由精神构成的庞大装置。[2] 建筑立面与自然环境是街道重要的组成物质，它们的特征对街道空间特征的形成关系很大。[3] 建筑的高度、间距、形态、凸凹、色调、封闭性、开敞性等特征直接影响着街道空间的感观，因此它们是形成街道空间的首要条件。大多数川渝街道空间两边均为建筑，部分街道空间一边为建筑，一边为自然环境。水平方向上，两侧元素的间距决定了街道空间的宽度，垂直方向上，两侧元素的高度在一定程度上决定着街道空间的开敞性。

（一）垂直界面

垂直界面指街道空间两侧的围合面，主要包括建筑、石、树等侧面元素。

1 任继愈．老子新译 [M]. 上海：上海古籍出版社，1985:82-83.

2 布罗尼斯拉夫·马林诺斯基．科学的文化理论 [M]. 黄建波，译．北京：中央民族大学出版社，1999:4.

3 凯文·林奇．城市的印象 [M]. 项秉仁，译．北京：中国建筑工业出版社，1990:47.

街道两侧的建筑，它们不仅仅营造了供人居住和休憩的空间，而且通过墙面划分界限创造出街道空间。但是建筑这种人为元素怎样去划分这种界线？这种界线的性质和特征是什么？是人们刻意利用“边界”两侧的石、树等自然物形成街道？或是被动地利用它们成为街道空间的“阻碍”？马林诺斯基指出，我们面对的都是一个部分由物质、部分由人群、部分由精神构成的庞大装置。[1]

1. 功能性

垂直界面主要有两类，其一为建筑立面（图 2-1、图 2-2），其二为自然环境。建筑立面具有功能性，简单而言，其一它主动围合建筑空间，形成建筑使用功能；其二它被动限定街道空间，形成一种公共空间体系。这主要就是指建筑立面的矛盾并存，体现在从韵律反映公共与私密、有法则与偶然的尺度等双重矛盾。[2]建筑形成从外到内，同时又从内到外，产生必要的对立面，又由于室内不同于室外，墙——变化的焦点——就成为建筑的主角。建筑产生于室内外功能和空间的交接之处，[3]建筑立面产生了。建筑立面对建筑的意义不言而喻，它是形成建筑最基本的元素。同样它成了街道空间的限定物，产生导向性，引导街道空间场所意义的产生，正是对中国传统哲学“有无相生，难易相成，长短相形，高下相倾，音声相和，前后相随”[4]的具体表达。

---

1 布罗尼斯拉夫·马林诺斯基 . 科学的文化理论 [M]. 黄建波，等译 . 北京：中央民族大学出版社，1999:4.

2 罗伯特·文丘里 . 建筑的复杂性与矛盾性 [M]. 周卜颐，译 . 北京：中国水利水电出版社、知识产权出版社，2006:57.

3 罗伯特·文丘里 . 建筑的复杂性与矛盾性 [M]. 周卜颐，译 . 北京：中国水利水电出版社、知识产权出版社，2006:86.

4 老子 . 道德经 .

图 2-1　木垂直界面（四川福宝）

2. 封闭性

建筑界面是街道空间最主要的界线，因为它作为一种人工物，表达了区分内外的意义，也是人们各种行为“会合”的重要地点。

街道两侧的建筑限定了街道空间，因此建筑对于街道空间从意义上看

图 2-2　砖石垂直界面（四川李庄）

是“封闭”的，然而边界物理上的封闭与开敞并不影响它对街道的限定。街道空间受到边界的制约，边界决定了街道空间的特征，毕竟人们可以通过边界的地方特征判断自己所处的场所。“封闭性”使得街道成为多种表现形式的连续体。地方特征往往是某种建筑母题的多种形式的表现。建筑墙面母题元素的重复出现，加强了这种界线的限定性。通过这种封闭，使得街道空间成为一种探寻的场所。人可通过这种封闭性确定自己在街道空间中的定位，这种定位又为下一步的场景提供了产生的可能。

垂直界面提供的封闭或者开敞的属性，限定了街道空间的氛围。特别是在人们视野中建筑面具有连续性，同时又有“母题”的重复，成为一种具有统一风格的连续界面。因此面对街道的建筑面可以有多样的变化，产生很多对街道空间意象有影响的因素。建筑界面的封闭程度，决定了街道空间的意象。街道的封闭性可由墙体的长短、软硬、大小、形态、厚薄等特性表现，其决定因素是材质、门窗数量和位置等。

在传统古镇中，门、窗常是“建筑母题”的重要组成部分。建筑一层的封闭程度对街道空间的意义有重要影响。随着建筑高度的增加，建筑面对街道空间的影响逐渐减弱。

在川渝部分古镇中，一层建筑界面开放性明显，由可拆卸的木板门组成，当木板门被卸下，建筑室内空间与街道空间相互融合，街道空间扩展到室内形成交易气氛，而当街道木板门被装上，则形成柔和的分隔（图2-3、图2-4）。而具有移民因素的传统古镇，部分街道中一层建筑面封闭性强，大多用砖石砌筑，体现出移民的一种防御心理（图2-5）。对于二层及以上的建筑面，因为远离地面，其封闭性常根据建筑的性质决定。民居建筑二层多为卧室，因此封闭性会较一层强，常用支摘窗，但分隔界面一般为木质或者编条夹泥墙，显得比较轻盈。而部分移民民居防御性较强，对街道开窗少（窗开向内部院落），甚至不开窗。而当建筑一层为商店，二层的卧室可能演变成储藏间，其封闭与否或许会显得较为随意，可能延续以前作为卧室的封闭性，也可能封闭性减弱变得相对开放。部分街道空间中存在着特殊的建筑，例如会馆属于移民或者同乡人聚集的区域，排他性较强，因此面对街道的建筑面从上到下几乎全封闭，例如四川洛带古镇的会馆体现出较强的封闭性（图2-6）。

图 2-3　开敞的垂直界面（四川上里）

图 2-4　柔和分隔的垂直界面（重庆李市）

图 2-5　硬分隔垂直界面（四川李庄）

图 2-6　江西会馆界面（四川洛带）

对于自然元素，石、树、河等也可能对街道空间进行限定。因为街道是一种人工元素，其围合界面至少一侧需要建筑，此时自然元素限定了街道空间的一边，因此形成了古镇中的半边街（图 2-7）。当石与建筑对街道空间进行限定时，石密不透风的厚重决定了街道空间封闭性相对较强，同时石的大小与高低也决定着街道空间的特征。树对街道空间的限定则相对开敞，光、声音、景观等都可由树干、树枝和树叶间透过，开敞性相对较强（图 2-8）。河流对街道空间的限定一般只限于平面，此时为了增强街道空间的围合与场所感，以廊子盖顶，形成三面围合，成为一种半公共空间（图 2-9）。

图 2-7 半边街（四川五凤）

图 2-8 半边街（四川元通）

图 2-9 半边街（重庆偏岩）

这类夹杂自然元素的半边街其边界感比普通街道更弱，形式也相对模糊，半边街并不表达一种新的事物，而是告诉人们限定街道空间的另一种界面组织方式：垂直界面的弱化仍然可以获得街道的封闭意向，但却把生活中的各种活动与天空、大地更紧密地联系在一起。

3. 开敞性

街道的垂直界面不仅限定街道空间具有封闭性，而且具有开敞性。其开敞性主要体现在两个维度：开口连通着室内与街道空间，垂直开口可将室内空间的部分功能引入到街道空间，同时对室内空间而言，又将街道场所的意义引入内部。

最常见的开口为门、窗，其形状、大小与比例影响着街道空间的开敞性（图 2-10）。门是人可通过的一个“洞”，单扇为门，双扇为户，“衡门之下，可以栖迟”，[1] 说明了门自古以来就有限定性。“阖户谓之坤，辟户谓之乾，一阖一辟谓之变，往来不穷谓之通”，[2] 说明了门的一开一关之间，事物与空间场所就会发生变化。门被认为是街道空间与室内空间上的“颈”，在路径上具有“关口”的意义。前面谈到传统古镇可拆卸的木板门，门一旦被卸下，垂直界

1 （先秦）佚名．衡门．

2 （周）姬昌．易系·系辞上．

图 2-10　民居对街道的开口（四川李庄）

面由封闭变为开敞，即使是普通门，其关闭与敞开都决定着垂直界面的意向，二者相互转换并对街道空间产生影响（图 2-11）。窗没有通过功能，除了形态艺术特征，其主要目的是开向大自然，获取阳光、空气等自然元素。早在人类穴居时期，为采光和通风的需要，便在住穴顶端凿洞，谓之“囱”，是最早的窗。后脱离穴居，盖起房屋居住，便在墙上开窗洞，叫作“牖”。“凿户牖以为室”[1]中的户就是门，牖就是窗。因此窗可以理解成为一种主动性的通路。在川渝街道中，木雕花窗或者隔扇居多，室内外通过各种形态的小洞相连，阳光透过窗棂，室内形成一束束光线。部分近代建筑带有透明玻璃的窗，其开敞性更强，主动通道特性更加突出。如果带有彩色玻璃，白光通过垂直界面变成有色光进入室内，导致内部场所意向上的变化，形成带有迷幻、宗教气氛的私密场所。

1　任继愈．老子新译 [M]. 上海：上海古籍出版社，1985:82-83.

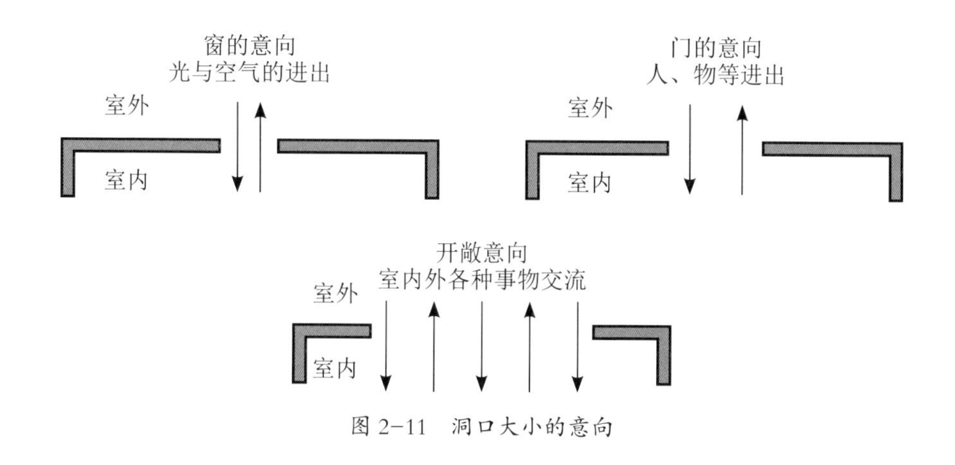

图 2-11　洞口大小的意向

垂直界面（主要是墙体）的厚度很大程度上决定着界面开敞性，当界面厚度大，在窗的部位，凹进去越深，形成浓烈的阴影越明显，则封闭感越强（图 2-12）。如果窗和垂直界面平齐，垂直界面就会表现得轻薄，封闭性减弱（图 2-13）。

图 2-12　界面的封闭感（四川李庄）

图 2-13　界面的轻盈感（四川上里）

垂直界面的材质和其开敞性也有必然的联系，木、竹等植物性材料会增强开敞性，而土、石、砖等则增加其封闭性。

4. 导向性

视觉是一种积极的探索，它是有高度选择性的，不仅对那些能够吸引它的事物进行选择，而且对看到的任何一种事物进行选择。[1] 垂直界面的导向性主要是通过视觉的感知而体验。这种导向性主要表现在元素有规律的变化、延伸或者某些元素突兀性变化。

（1）规律性变化

对于规律性变化而形成的导向性表达在公共体系——街道空间中，表达元素是“母题”。“母题”表达主要体现在两个维度，其一沿着街道方向水平伸展，其二为沿着界面垂直发展。水平伸展是“母题”的重复而产生的韵律感和檐口、路缘石、阳台等连续性元素产生的延伸感。无论哪种导向都与元素的重复与延伸有关，即通过视觉形成某种连续性。

川渝古镇中表达水平导向性最重要的“母题”为檐柱、出挑等。檐柱与出挑，主要是表达其韵律感。人们在古镇中通过感觉“母题”在垂直界面上的位置、间距、关系来体会界面的水平延伸性。“母题”通过阵列、重复形成导向的重要表达方式。檐柱沿着垂直界面形成阵列，阵列向远处延伸，因为透视原因，檐柱在视觉上密度逐渐增大，形成一种新的垂直界面，客观上引导着街道空间的走向。“挑”的主要功能是支撑挑出的屋檐，一般位于建筑开间两端柱头上，因此最容易以建筑开间为单位形成韵律感，在形态上也常具有一致性，在视觉捕捉到这种关系时，垂直界面对街道空间形成了水平上的导向（图 2-14）。

檐口在川渝平原古镇中一般都是连续性的元素，在看到它们的时候，视觉顺着它们纵深的方向移动，导向性随之而产生。檐口属于一种贯穿整个街道空间的导向性元素，它的长度很大程度上决定着街道空间的长度。在平原地区的传统街道中，建筑大多是两层，各家各户的屋顶基本连在一起，形成相对平直的屋檐线（图 2-15）。阳台处于垂直界面的二层，当多个阳台连接形成较长的体量时，对街道空间形成引导（图 2-16）。部分街道两侧建筑具有石砌台基，石台基与上部木结构形成材质上的明显差异，加之砌筑方式为沿路，形成一种水平方向上的引导。

1 鲁道夫·阿恩海姆. 艺术与视知觉 [M]. 腾守尧，朱疆源，译. 成都：四川人民出版社，1998:49.

图 2-14 挑的韵律感（四川五凤）

图 2-15 平直的屋檐线（四川渔箭）

图 2-16 阳台的连续性（四川五凤）

路缘石严格来说属于地界面上的控制性元素，但当其高度较高而产生对街道空间的限定时可认为它是一种垂直界面。

相对于水平导向性，在川渝地区坡地传统街道中，存在着向上的导向。因为地形高低的变化，垂直界面也随之起伏，垂直界面上的檐口线、石砌台阶等顺着坡度吸引着人的视线与行为斜向延伸，形成一种顺应坡度的水平导向。

部分元素在垂直方向上具有导向性，特别是垂直界面上的柱，贯穿界面高度，形成上下延伸。当立柱材质贯穿整个界面，人的视觉会不自主地在立面上搜寻“同质”之物，形成垂直导向。

（2）突兀性变化

元素突兀性变化是垂直界面某些元素的变化，引起形态与空间的改变而产生导向性。突兀性变化不同于街道交叉口空间形态的变化，也不同于公共空间中的导向性，这些元素常与垂直界面一侧的私密空间关系密切，因而形成的导向性常有穿过垂直界面而进入建筑内的意向。诸如墙体上出现与周边不同的门、窗、洞口，或者在均质的建筑元素中突然出现变化明显的建筑构件，它们的共同作用就是将人或事物导向室内空间。视觉上的“异质”感，有助于人们顺势去追寻它的目的和去向，进而形成一种路径。这种路径大多会穿过界面，形成门，成为一种私人空间的通道（图 2-17）。自古以来，门是建筑空间与形态中最重要的元素之一，它常具有一定的“诱惑性”，或者说具有“洞”的意向。亚历山大在他的设计模式研究中，发现了门户的极大重要性，将之作为他的设计原则之一：“在城市中标示每一个边界有着重要的人性意义——一个建筑组团、邻里、范围的边界——以大门标示出穿过边界的主要进入路径。”[1] 川渝传统街道空间中出现的门，特别是突兀性的门具有一定的连通性和排外性。

1 克利夫·芒福汀．街道与广场 [M]．张永刚，陆卫东，译．北京：中国建筑工业出版社，2004:105.

图 2-17　门（四川木城）

（二）水平界面

水平界面与古镇形成一种图—底关系，水平的大地作为基底，可能随坡度呈现出有形或无形。当古镇建筑在大地上凸起，基底因此而退后，形成一种容器空间。街道空间作为一种空间容器的时候，水平面成为一种典型的界面。

水平界面主要是地界面，地面可以说是古镇线形街道空间中功能性最强的元素，是古镇直接的交易地点和交通运输的承担者，交易则使其具有历史文化的内涵。而地界面不像墙界面具有那么多意义，它是一种相对“单纯”的界面。人们立即面对一个关于度量、机械的思想体系和另一个关于变化以及有机主义的思想体系，可以看到，一方面是以物理方式表现的潜在逻辑性的社会概念，另一方面是以历史方式来表现的本质逻辑性的社会概念。[1] 地界面的交通功能以物理

1　柯林·罗，弗瑞德·科特．拼贴城市[M]．童明，译．北京：中国建筑工业出版社，2003:28.

方式表达了潜在的逻辑性，交易功能以历史方式表达了本质逻辑性，这种逻辑性控制着地界面的形成，也是街道空间形成的最重要原因之一。

地界面最明显的特征是具有不间断的连续性。从地界面的部位来看，大体分为两个部分：第一部分为中间道路，它是承载通行最主要的面，它所限定的空间，一般被称为“路”或者街道，供车、马、人等通行。第二部分为靠近垂直界面的“准道路”区域，根据街道空间不同的特征与形态，以三种形式存在。

当地界面平整时，“准道路”区域以路缘石、小水沟等将“准道路”与道路分开，从广义角度上来看，路缘石、小水沟仍属于道路的一部分，可供通行，只是与垂直界面的关系更为密切，可能成为私人空间或者街道空间的扩展场所。当私人空间扩展时，在这个水平界面会放置座椅、花、自行车等生活用品，而当街道上的功能发生扩展的时候，这个区域可能会成为交通面，或者成为赶场交易的承载面——摆放物品沿街叫卖（图2-18）。

图 2-18　街道中物品的买卖（重庆丰盛）

图 2-19　地面空间上的划分（重庆万灵）

当地界面有坡度时，“准道路”与街道面形成高度上的划分，与街道的隔离增加，水平界面与建筑的关系更加密切，成为建筑的基底。因此“准道路”承载了建筑的半公共空间，因为坡地，相邻建筑的标高不同，“准道路”间形成陡峭的坎，二者之间难以相通，因此其通行功能实际已经消失，基本成为各家的私人空间，地面形成了空间上的划分（图 2-19）。

当“准道路”被屋檐或者檐廊遮盖时，形成灰空间，其水平界面上的活动与意义会变得更加丰富，这在后面关于空间的内容中继续讨论。

地界面有以下属性。

1. 功能性

水平界面——道路最主要的功能是承载水平面的流线，对川渝古镇而言，最主要的是交通。在平原地区，街道面主要用于人、鸡公车甚至牲畜的行走。古镇道路一般不宽，部分通过铺地关系来表达功能上的分区，道路中间常用条石，顺路规则铺设，主要用于牲畜行走，特别是运送货物的马帮，钉了蹄的马在条石上行走，既相对平整，又防止马的踩踏对路面的破坏。道路两边常用小一些的石块进行铺装，供人行走。地界面的材料变化也为传统街道空间的交易暗示了一个功能分区。道路两侧的“准道路”界面也因此成为可变承载面——或私人空间，或公共空间，或交易空间。

2. 连续性

地界面的连续性是最强的，沿着地面无穷无尽。地界面的延伸性质有一种统一和给予特征的作用，因为它不像垂直界面那样有着多样化的意义，具有“单一”性。在传统街道空间中，地界面所表达的限定是有限的，它和垂直界面相辅相成，当街道的垂直界面消失，地界面对街道的围合性也就会消失。川渝古镇中具有历史意义的地界面常与传统建筑立面形成呼应，表达“动”与“静”的区分，也在不同部位表达出场所的不同意义。

地界面在其产生围合的时候，地界面的连续性就会表达出来，首先在纵向上，它的延伸控制着街道的长度与走向，是其连续性的“主轴”。其次在横向上，它的延伸控制着街道的宽度，同时形成承载功能的区划，公共—半公共—私密，是其连续性的“次轴”（图 2-20）。

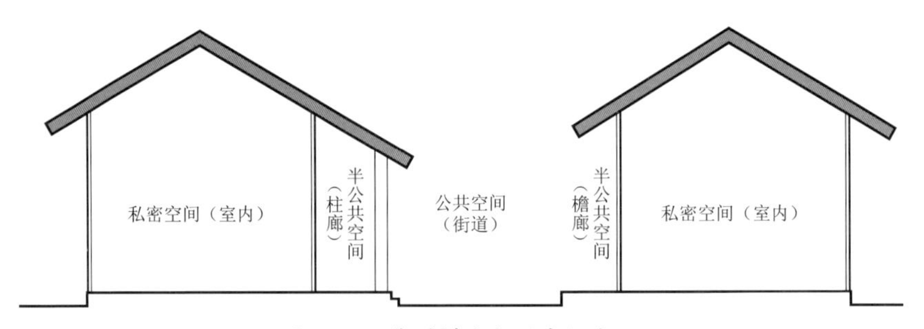

图 2-20　街道横向断面空间变化

3. 导向性

道路本来就是一种导向性的元素。但在道路中的导向性不仅体现在交通功能上，还表现在路面的铺装与肌理上。很多路面用条石顺路铺设，从近到远条石在视觉上投影由大变小，而肌理密度由小变大，形成质地梯度，在视觉领域中古镇地界面有规律的铺地随着视线的延伸而形成导向性。人的身体的视觉角度不是物体的视觉角度的一个特例，而是物体的透视呈现只能通过人的身体对一切透视变化的抵制被理解。[1] 地面铺装肌理在视觉中

1　莫里斯·梅洛－庞蒂 . 知觉现象学 [M]. 姜志辉，译 . 北京：商务印书馆，2001:129.

越远显得越密，但在人的潜意识的知觉中却是与近处视觉中的铺装肌理特征相似，这样形成一种导向（图 2–21）。当然条石的铺设可能同时存在着几种不同的肌理，形成的导向性的强弱不一致，同一道路不同肌理的功能和场所意义也会发生变化，例如前面谈到的功能性与铺装肌理有密切的关系，由此看出由视觉的可达性可感知道路的导向性。道路的导向性与垂直界面的导向性不同，道路表达出的是多分区，多维度导向。

图 2–21　地界面铺装肌理（四川望鱼）

（三）顶

一般来说街道没有独立的顶面进行围合，而通常谈论的顶是传统民居的挑檐，实际上是垂直界面的收头。顶对街道上部的天空起一个限定作用，反过来作为背景的天空，烘托出街道变化的屋檐线。

街道的顶严格来说不属于街道的围合面，它是天空，其形态受到建筑顶部檐口形式的影响。在川渝古镇中，垂直界面的顶部以相对连续的檐口线结束，使

“顶”——天空以一种图底的稳定形态出现。但在坡地上，顶部作为不同气氛的图底衬托出相对复杂的轮廓线（图 2-22、图 2-23）。

图 2-22　平地街道天空图底（四川黄龙溪）

图 2-23　坡地街道天空图底（重庆万灵）

顶部不应该仅仅被理解为存在于街道的上部，它会渗入由垂直界面与水平界面所构成的“内”部容器中。这个容器又因街道上部的开口，具备“外”部空间的意义，上部“接纳”“顶”开口的大小，影响着街道围合的感觉，两侧屋檐的接近程度决定了“内”与“外”的区别。当檐口距离较近的时候，顶对街道的限定变强，街道对天空是一种排斥的态度，而两侧垂直界面的檐口可形成相互呼应的意向，随着屋檐线向前延伸，体现出用“虚空”的元素来表达街道“可变”的品质，同时檐口形态与垂直界面的斜撑或者梁架有一定的关系。顶部构件作为一种传统街道空间的文化符号，在街道两侧产生一种映射，从格式塔心理学得知，构件的数目和位置影响一种感觉的整体性，屋檐下斜撑与梁架的不断重复，在结构上使两侧檐口成为一个整体，将两侧出檐联系起来。当檐口距离较远的时候，天空被街道接纳，街道的开敞性就会增强，顶对街道的限定变弱。当檐口距离过大的时候，天空与街道空间融为一体，便失去了“空间”的属性。

同时，垂直界面的高度也影响着顶渗透的强弱，垂直界面高，顶的渗透性会减弱，即在街道空间天的感觉会减弱，反之则增强。街道两侧的建筑立面一般为 2 ~ 3 层，上面的坡屋顶具有“半垂直界面”的意向，将天空导入到街道空间，因此顶的因素在川渝古镇中属于和谐与积极的，与中国文化中的“天人合一”[1]“恬退隐忍”等哲学观念相吻合。而欧洲地区传统城镇的建筑立面相对较高，顶与地的关系相对疏远，天对水平界面的影响也相对较小，表达出西方那种“二元独立”的哲学理念（图 2–24）。

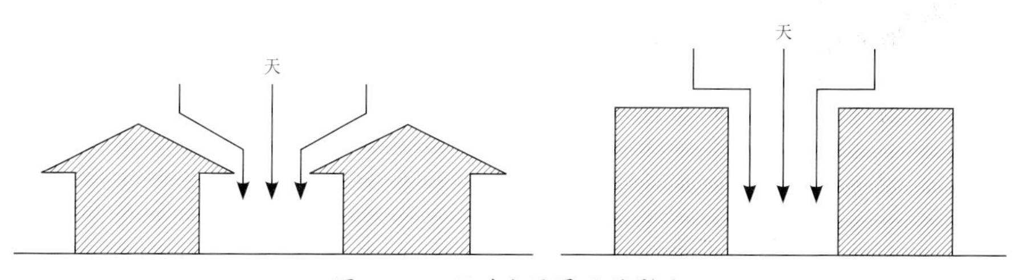

图 2–24　天对水平界面的影响

当街道上有过街楼的时候，过街楼成为一个连接体，形成部分物理的“顶”，在街道空间中形成了“门”的意向。川渝古镇中，过街楼并不多见。它们少量存在于较窄的支路上，一般不具有公共性，以私人空间的形式（大多是卧室）出现在街道的上方（图 2–25）。如果一条街道上两个过街楼距离很近，在街道中会形成天井的意向，川渝传统街道空间中极少出现（图 2–26），但在欧洲传统城镇中常出现这种情况（图 2–27）。过街楼的出现，原因在于街道两侧的建筑可能属于同一住户，为了两边联系方便而不阻断公共交通，直接在二层及以上跨街道建造房屋。部分位于街道上部的可移动遮挡物可充当临时的顶界面，例如街道边商店所用的轻质遮阳（图 2–28）。部分街道空间的顶部挂有当地的特有纪念物，形成带有标志性的空间，例如尧坝镇的街道空间上常挂具有当地特色的油纸伞，形

1　（汉）董仲舒．春秋繁露·阴阳义．

成一种文化标志（图 2–29）。还有一种顶界面在川渝传统街道中是不存在的，例如希腊岛屿上的街道空间顶部的券，它是一种跨过街道上部的构件，不仅有一定的结构功能，还具地中海拱券的符号意义（图 2–30）。

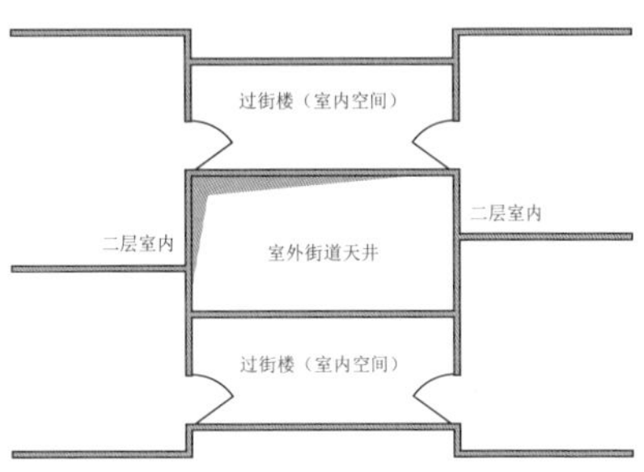

图 2–25　过街楼（四川太平）

图 2–26　街道中的天井

图 2–27　欧洲街道中的天井

图 2-28　街道中的临时顶界面（四川尧坝）

图 2-29　标志性顶界面（四川尧坝）

图 2-30　地中海拱券

当两侧檐口过于接近，顶部出檐相互交叠，甚至两边建筑以同一屋架完全遮挡住上部天空，物理顶界面阻断了天与街道空间的交流，形成了“内街”，具有“洞穴”的意向。当上部封闭形成半公共空间，形成一个能暂时遮风避雨的场所，此时人常会在中间驻足停留，通行行为可能会中断，交流交易行为增强，形成私人空间与公共空间的融合。街道空间顶部变化，能够影响街道空间场所的性质，进而影响人的行为。中山古镇的顶界面完全阻断了天空与街道的关系，形成著名的九段街道，俗称“九节镇”（图 2-31）。

图 2-31　中山古镇的内街（重庆中山）

顶的导向性与水平界面的导向性不同存在于两个方面：其一是实体元素，主要存在于垂直界面顶部的檐口；其二是“虚”的元素，即檐口所限定的空间——天空的形态。两者相互映衬，形成“实而不有，虚而不无”的特点。[1] 檐口线的连续性越强，导向性越明显。同样，檐口线所限定的天空，形态越狭长（两侧檐口线距离越近）导向性越强（图 2-32）。至于弧形的檐口线，因为透视的原因，在街道中只能观察到其中一部分。但正是这种弧形，引导着人们的视线与行为去追寻，形成具有柔和感的引导性（图 2-33）。

1　（后秦）释僧肇．般若无知论．

图 2-32　檐口线限定天空（四川高庙）

图 2-33　弧形檐口线（四川高庙）

（四）端

街道的端面，是街道空间的尽头，其功能是限定街道纵向延伸的界线。古罗马的城市中就有关于界线和界神的论述，具体体现在界石上。西方古代世界和原始社会都将界石作为一个崇拜对象。川渝地区的街道也有这种界线的特点，但一般不存在关于“神”的崇拜，而是产生一种社会属性或者心理属性上的分隔。端面主要表现在两个方面：

其一，川渝古镇地缘群体的整体功能在于为了联系和合作控制，为了居住地、领土的开发和保卫组成一个邻里组织，因此街道空间着眼于明确的“边界”定义。

其二，端面在传统街道中产生了功能与心理的界线，部分具有端面封堵的街道空间是中国传统文化意义的表现。封堵体现出街道空间内外两种社会结构的差异，两侧的人都尝试建立端面，形成一种分隔，以区分不同的社会组织结构。川渝传统街道的端面一般位于通向乡镇外的分界之处，将纯农业结构区隔离在乡镇之外，镇内主要是居住人口、商业人口或者商业兼农业人口。一条街的端面隔离出生活方式或者商业服务内容的不同，当然这种隔离并非强制性的，强制性隔离的端面一般出现在具有防御性的古镇中。

1. 端面的类型

端面主要分为两种类型。

第一种为明显或不明显的综合物质体系，多处于具有交易性的街道空间中。川渝古镇因交易而形成的过程决定了街道空间性质，大多呈现出一种相对开放的姿态，因此端面并非建筑类的实体物质构成，而是一种看似无目的但在潜在结构中又有目的的物质表达。例如街道口的一棵树或者一座桥，形成了一个场所空间体系，在一定程度上限定了街道空间的起点或者终点。一旦人通过这个体系，就过渡进入另一种社会组织结构（图2–34）。

第二种为隔离性很强的物理端面，体现在防御性很强的古镇中。这类古镇常以城墙进行防御，城墙内的街道与城墙外的环境多以城门或者栅子门进行分隔（图2–35），端面成为一种目的明确的客观物质。这类街道对外形成相对封闭的空间（其内部可能仍然比较开敞）。

图2–34　桥的端面（四川华头）

图2–35　栅子门端面（四川龙华）

孔子在“仁”的基础上，认为个人的心理欲求同社会伦理规范两者交融统一，从而把事物限制在伦理道德所划定的狭隘范围之内，川渝传统街道端面就是这种思想的部分体现，这也是导致自古以来我国城乡二元结构特点的原因之一。

2. 端面的意义

端面所表达的意义主要体现在隔离性的物理层面上。当端面为栅子门的时候，说明了对街道空间的一种临时限定。典型的是客家移民文化，四川客家人在分布上形成大分散、小集中的特点。其中成都平原周边浅丘地带是聚居区之一，特别是“东山区”最为集中，即成都附近的龙泉山、邛崃山交界一带，如金堂、新都、成都的龙泉驿区等。[1] 例如，典型的客家小镇洛带，街道形成了“一街七巷子”的格局，因为客家人的防御心理，到了晚上在各个街道与镇外相通的地方用木栅子与外界分隔，形成“门”的意向。街道不仅体现出一定的防御性而且限定了自己的空间领域，街道仿佛成为自己家的“院子”，可在中间驻足、聊天，甚至进行舞水龙、火龙等民俗活动，明确了自己对所生活的场所及家意义上的认同与限定。类似于客家传统民居中的“围龙屋”。[2] 当街道端面是固定的城门时，城门成为典型的“颈”。城门是镇内连通外部的唯一通道，位于镇主街道与城墙的相交之处，形成“洞”的意向。城门作为“颈”，同时也如同前面谈到的建筑的出入口一样，具有一定的“标志性”意义。如果说城墙的围合表达了一个聚居区域，那么城门就是一个“通道”，它不同于城墙那种均质性的展开，它在一定的部位产生形态上的突变，或凸出或凹进，有的甚至在门上建造门楼，其目的就是凸显“通道”这个节点，表达出重要性。城门一旦开启，形成的“开口”与外部相通，表达出“关口”性，一旦关闭，则表达出类似城墙的封闭性（图 2-36）。亚历山大认为，街道应为驻留所设，而非像今天一样为通过

1　孙晓芬 . 四川的客家人与客家文化 [M]. 成都：四川大学出版社，2000:21.

2　丘桓兴 . 客家人与客家文化 [M]. 北京：商务印书馆，1998:28.

所设，应该在道路中部设置一个凸起物，并使其末端窄一些，这样在道路上形成了一个可供停留的附件，而不是只作通过之用。这充分表达出端面在街道场所意义中的重要性。同时他也提到了街道中部“元素”的功能和意义，例如罗城船形街中部的戏台，成为街道中可停留的场所，并一定程度上阻止了通过式的交通（图 2-37）。戏台将街道分成两部分，成为两段街道空间共用“端”面。

图 2-36 城门关口（四川阆中）

图 2-37 戏台端面（四川罗城）

3. 纪念性

端面往往具有较强的标志性，使街道空间具有某种特征。标志物作为街道空间中的突出元素，常为重要的建筑物，比如寺庙、码头、会馆、戏台等。它们与周围背景相比显得突出，或者在空间中显得突兀，它们多为街道空间中纪念性元素，具有“经久性”特点。[1] 端面中的城门、门楼等常

1 阿尔多·罗西. 城市建筑学 [M]. 黄士钧，译. 北京：中国建筑工业出版社，2006.

具有显眼的形态与位置，它们实质上形成了一种“类型”，莫内欧认为类型解释了建筑背后的深层原因。在街道空间中，端面以一种有意义的姿态限定街道的纵深。在传统街道空间中，一旦看见城门，就会意识到街道空间内外的区分，同时具有标识的作用。

在部分街道空间中，楼阁具有纪念意义。例如，阆中古城的中天楼和华光楼，位于街道空间的交叉口，不仅仅是街道空间的划分，也是整个阆中古城视觉导向中心（图 2-38、图 2-39）。人们对这种街道空间建筑物的概念不同于对普通民居的概念，这种限定街道空间的端面，是城市有机体的指示标志物，同时作为端面也提供了传统街道空间可以被感知的准确形态。

图 2-38　阆中华光楼（四川阆中）

图 2-39　阆中中天楼（四川阆中）

“经久性”作为端面纪念性的特点，是街道空间布局的重要“存在”，这种存在又是街道空间生成的触发器，通过对纪念性意义的理解，能够一定程度认识街道空间的构成。

经久性实质表现为所经历的“过去”。街道空间中的端面如果是一种城门，经过规划的古城，城门上常有城楼，城楼不仅昭示着防御性，又体现出标志性，充分体现其出入口特征。端面纪念性通过其本身的实体表现，又通过街道空间的延续体现。端面的经久性引导着街道空间的发展轴线，道路与城门一般为垂直关系，城门决定着整个街道空间的走向。因此作为端面的城门，无论其大小，都对街道空间的走向起着决定性的作用。经久性的解释实际上超越了端面建筑的本身，通过了解端面过去与现在的异同，就可以了解到街道空间从过去到现在的发展变化。例如石桥镇的栅子门，立于街道中间，但它作为端面，区分了古镇内街道空间与古镇外的街道空间，使我们仍然能体会到过去的街道空间形态（图 2-40）。仙市的栅子门也以一种端面表达了街道空间内外的差别，外部街道空间属于运输物资的公共道路，空间比较开敞。栅子门内的街道空间开敞或者封闭，则取决于街道空间的生活和交易特征。因此端面的经久性表达出传统街道空间内外格局特征（图 2-41）。

图 2-40　栅子门（四川石桥）

图 2-41　栅子门（四川仙市）

由此可见，街道大多为三面包被，仅留出上部的天空，形成一种围合图式，正是人类居住图式的一种。因为传统街道空间本就是一个富有弹性的机体，在适应着不同的环境、不同的文化、不同的宗教。[1]

1　张天宇，张玉坤. 人体安全意向的表达 – 居住空间生成的原型 [J]. 天津大学学报，2007(1):70.

二　传统街道的空间组成与特征

川渝传统街道空间广义上由主体空间、灰空间、广场空间、沿街建筑空间、隐秘空间和特殊空间组成。这六种街道中的空间相辅相成，组成了街道空间体系。实际上空间的本质是一种复杂的经济、社会现象和社会过程；是在特定的地理环境和一定的社会历史发展中，人类的各种活动与自然因素相互作用的综合结果，是人们通过各种方式去认识、感知并反映城市整体的意象总体。[1]

城市空间结构是指城市各物质要素的空间区位分布特征及其组合规律，它是以往城市地理学及城市规划学研究城市空间的核心内容之一。[2]而传统街道空间会根据生活的各种关系，对各种功能潜在进行空间分配，不仅仅是各种活动相对位置的安排，而且还包括空间变化顺序的控制，这种分配并不完全按街道的构成进行。在传统的封建社会中，街道空间形成一种纽带，将川渝的乡村与半农半商的古镇联系起来。街道空间不光是一个空间容器，而是利用各种农业活动以及物资交易建立并发展起来的。虽然它是通过传统农业的分化而形成，但也在一种分化与共生的过程中不断融合发展。“贵真空不贵顽空，盖顽空则顽然无知之空，木石是也。若真空，则犹之天焉，湛然寂然，元无一物。”[3]这说明中国传统文化中并不重视客观有形的几何空间，更加重视感知、感悟上的空间，实际上是一种人与客观事物建立起的关系，也就是在具体空间中加入事件的情节，成为情景交融的“意境”空间，传统街道空间也是如此。

（一）主体空间

主体空间是街道空间最主要的组成部分，构成了街道空间体系最基本

1　武进．中国城市形态——结构、特点及其演变 [M]. 南京：江苏科技出版社，1990:4.

2　胡俊．中国城市：模式与演进 [M]. 北京：中国建筑工业出版社，1995:2.

3　（宋）苏辙．论语解．

的骨架。主体空间大致存在三种功能：交通、交易以及特殊功能。在满足一定功能的前提下，主体空间体现出不同的形态。

1. 形态

所有的街道都具备三维空间形态，形态并不能决定它们根本的社会结构，但在一定程度上决定着它们的功能和场所意义的表达。街道的形态可以用多个词来描述，诸如笔直、弯曲、宽、窄、长、短等。无论什么形式，街道都体现出“线”状的基本形态。

“线”是传统街道空间最主要的形态。平原地带古镇中的主要道路既是交通路径，又是交易的区域。道路两边可能存在檐廊、柱廊等边缘空间，可能还有少量支路形成的节点空间，成为复合空间体系。

川渝地区因为历史沿革、气候、生活方式、文化习俗等，农村地区未能形成像其他地区那样的村庄，而是分散居住，即几户人为一个小组团的定居点，因此难以形成较为集中的物资交换与集散。人们为了交换，按一定距离形成一个个场镇。这类场镇的街道沿路形成直线空间，其间穿插少量短小支路，支路通向街道外的田野，在支路上一般存在着少量分散的民居。例如望鱼古镇，历史上曾是茶马古道重镇，具有典型的直线街道，它位于山坡的巨大岩石上，道路基本平坦（图 2-42）。街子镇也是茶马古道上的重镇，以直线街道空间为主（图 2-43）。与望鱼镇不同，街子形成了以直线街道为主，多条小支路为辅的空间形态。这些街道具有多重功能，川渝的大多数传统街道都属于此类，如成都附近的火井镇、夹江的华头镇、隆昌云顶场等（图 2-44、图 2-45、图 2-46）。这种直线形的街道空间，也在一定程度上决定了整个古镇的空间形态，古镇的建筑沿着街道布局，也排列成一种“线形”。

弧线形的街道空间也是主要形态之一，部分是因为地形地貌的影响，例如一些沿河发展的古镇，街道空间顺河流走向弯曲，比较典型的是黄龙溪古镇（图 2-47）。还有部分是因为古镇成形于交叉路口，道路的交汇导致街道空间的弯曲，洛带古镇弯曲的街道空间便是受道路交叉口节点和地形地貌的影响（图 2-48）。

图 2-42　直线形街道（四川望鱼）

图 2-43　直线形街道（四川街子）

图 2-44　带支路街道（四川火井）

图 2-45　带支路街道（四川华头）

图 2-47　沿河弯曲的街道（四川黄龙溪）

图 2-46　带支路街道（四川云顶）

图 2-48　洛带沿地势弯曲的街道（四川洛带）

对于处于坡地的传统街道，由于地形的限制，折线形是其街道空间最典型的特点。比如重庆的西沱镇，沿江边垂直等高线形成2.5公里长的折线形街道空间（图2-49），泸州的福宝镇街道空间顺应地形起伏延伸（图2-50）。这类传统街道空间形态与平原地区的街道不同，平原地区传统街道空间转折柔和，而在山地，街道常常顺应坡度变化，转折明显，呈现多种角度变化，表现出一种“紧张”感。坡地街道空间大多也具备交易与生活的功能，因此街道界面的开放性也是它的重要特征。

图2-49 折线街道（重庆西沱）

图2-50 坡地街道（四川福宝）

一些有特殊意义的古镇，会出现特殊形态的街道空间，例如罗城古镇坐落于山顶，整体街道布局像一艘航船。传说修筑成这种整体格局的原因十分有趣。明代崇祯年间，一位秀才到此，看到当地民众苦于缺水，生活极不方便的情形，就顺口念道：“罗城旱码头，衣冠不长久。要得水成河，罗城修成舟。舟在水中行，有舟必有水。”当地人居然也盲从认定改造建筑是解决缺水难题的好办法，于是纷纷捐资修建，结果就使这座举世罕见的小镇在三年左右得以建成。船形街道空间中间宽，两头逐渐变窄。中间宽敞部位建造戏台，成为整个街道空间的焦点。街道两侧为廊空间，廊空间进深很大，宽约6米，形成风雨廊，在里面穿行，不淋雨，不湿足，不被太阳晒，可谓晴雨相宜，人们称它为“晴雨市场”，又可作为看戏的看台和休闲娱乐的茶廊。廊的柱子弧形排列形成垂直界面，控制着街道空间的形态。街道空间体现出了一种象征美学的文化现象，是整个古镇以一种独特的思维方式和表现手法来反映当地居民渴望水源以及共渡难关的心理取向（图 2-51、图 2-52、图 2-53），说明精神和形体“名殊而体一”。两者既相区别，又相联系，不可分离，“神即形也，形即神也。是以形存则神存，形谢则神灭也”[1]。

图 2-51　街道边柱廊（四川罗城）

图 2-52　船形街（四川罗城）

图 2-53　船形街（四川罗城）

传统街道空间的形态受到以下因素的影响：

其一为自然环境。街道空间的形态受到自然气候的影响，在气候越寒冷的地方，街道可能越宽，以增加阳光照射到街道上的面积，气候越炎热

1　（南朝）范缜．神灭论．

的地方，街道可能越窄，以利用建筑的阴影形成凉爽的小气候。这只是一个大致的规律，在实际中并不绝对。川渝气候温暖潮湿，街道宽度一般介于炎热和寒冷地区之间，建筑出檐一般较大或者形成檐廊用以挡雨。风是影响街道空间形态的另一个自然因素，风多的地区，街道空间经常转折以减低风的速度，风少的地区，街道空间常为直线，在一定条件下甚至顺应街道空间的走向引导风进入城镇。四川盆地少风，平原地区街道常为直线或弧线，转折相对较少。

其二为长度。西特认为，最理想的街道必须成为一个完全封闭的空间，一个人的印象越被限定在其内部，场所性就会越强。人的视线在街道空间中随时有可注视的元素而不是消失在透视灭点的时候，街道的场所性是最好的，体验也是最舒适的。街道连续不间断长度的上限大概是 1500 米，超出这个范围人们就会失去尺度感。即使是远远短于 1500 米的街景，视线的终结也会引起相当的难度。按照黑格曼和佩茨的理论，末端建筑的距离不应该太远。18° 的视角范围内，即使是座著名的建筑也会失去其主导地位，与周围的住房融合为一个剪影。[1] 川渝传统街道空间的长度一般小于 1500 米，当街道为直线时，视觉能直达街道的端面，同时街道两侧建筑一般较矮，端面建筑所体现的尺度与比例比较适宜，营造了协调的街道景观。相对高大的城门楼在相对低矮的建筑中比较突出，作为视线终点的城门楼体现出了重要的节点与场所价值。黄龙溪的寺庙也作为尺度适宜的端节点表达了街道的起点与终点（图 2-54）。龙华镇的城门洞位于街道的尽端，从街道上看，两侧建筑强化了门洞的主导地位，因此街道空间的端是其重要的组成部分。当街道为曲线时，弯曲的轴常常导向重点建筑或者重要的景观，使其成为自己的“端”。诺伯格 - 舒尔茨也认为，曲线或者斜线创造出新的意象，使街道充满了活力，使来往的人每移动一个距离就会发现新的结构和景观。阿尔伯第盛赞小尺度而又曲折的街道空间。重庆丰盛的小巷是比较有代表性的曲折形小街道，窄小的街道两边都是 2 ～ 3

1 克利夫・芒福汀 . 街道与广场 [M]. 张永刚，陆卫东，译 . 北京：中国建筑工业出版社，2004:146.

层的小尺度民居，因为屋檐的出挑，加强了顶部的封闭感。随着街道的转弯，两侧建筑的墙体材质逐渐由木质变成石质，空间属性由开敞变为封闭，表达了街道场所意义的变化（图 2–55）。

图 2–54　寺庙端节点（四川黄龙溪）

图 2–55　窄小的街道（重庆丰盛）

传统街道中无论直线或者曲线，街道的宽窄与街道的长度存在着一定的关系。尺度越小的街道，其长度一般较短，主要用于少量的交通，有助于私人场所的建立，成为街道空间自然生长体系中的支路场所。而尺度越宽的街道，长度相对较长，一般为交通、生活、交易的场所。

其三为比例。街道空间中的比例，已经不局限于长、宽、高之间的比例，还包含了街道中实体元素、空间、界面等多个部分之间的关系。街道为直线形时，比例上主要体现为长宽之比，同时街道空间的“端”也对街道的适宜性起重要的作用。如果在长而宽的街道两边都是普通而均质的界面，街道空间就会缺少围合感，仅仅成为一条路。吉伯德认为，尽量减少街道本身的宽度，如果建筑界面和建筑内院落也随之缩小，那就会表达出最有意义的城市个性，即场所精神。狭窄的街道有利于步行并形成商业气氛，对古镇中的交易非常有利。现代建筑设计中提议按照一定的高宽比设计街道空间。川渝传统街道空间一般自发形成了 1:1 ～ 1:2.5 的宽高比，具有围合感和舒适性。

其四为统一性。无论什么街道都有元素对其形态与空间进行统一。两侧建筑或者其他元素一般以面的形式展现，因而街道成为一个被限定的空间。在传统街道中有很多统一的元素将街道变成场所，例如挑檐、出挑、阳台、檐柱等，它们控制着垂直界面、水平界面、顶、端等街道空间的围合因素。吉伯德认为，街道空间并不是由建筑立面简单围合而成，而是由建筑组群所围合的空间，它甚至可以扩大，形成街道中的广场。黄龙溪的街道空间两侧多檐柱，其形体特征成为整个街道空间的主体。垂直界面的高度一般不超过两层，成为一个连续的整体，二层建筑的屋脊高度差距也比较小，形成相对统一的构图肌理（图 2-56）。黄龙溪的古龙寺正好位于三条道路的交叉口，街道空间在此处扩大，形成小广场。古龙寺相对高大的体量又与周边的两层民居建筑形成对比，它也作为黄龙溪主街道的端成为街道空间的重要组成部分。

在川渝古镇中，主要的街道空间一般被 1 ~ 3 层的建筑包被，其建筑面按照合理的柱跨延伸，在街道中显示出一种韵律感。但这种统一感所表达的轮廓线有可能被高大的标志性建筑或者构筑物打破，远处升起的建筑增加了街道空间的景观，也为变化相对较少的街道空间增加了透视的突变（图 2-57）。

图 2-56　街道肌理（四川黄龙溪）

图 2-57　街道肌理（四川罗坝）

通过统一材料、建筑元素和韵律能增强街道空间的连续性。但更重要的是人对同一条屋顶轮廓线的印象，以更重复相似的元素获得连续感。屋顶轮廓线是空间的眼睑，其高度的变化越大，空间体的不稳定性就越强烈。[1] 那些最吸引人的街道空间正如雅各布斯所说的要具有不规则的建筑立面，街道中建筑界面不规则的变化主要体现在二层及以上，一层的统一与二层的变化相结合，使街道空间既统一又有变化。特别是一层中的柱、挑等元素建立了街道的肌理特征，使其成为一个包含变化的有秩序感的体系。组成垂直界面的建筑要体现彻底的一致性，并不能增加街道空间的层次感，但建筑上的统治性元素能够把建筑立面统一到聚落群体中，檐柱的作用非常关键。帕拉第奥等建筑师都认为“街道是被分割的，一部分和另一部分之间的底部设有柱廊，人们可以从中穿行、做生意而免于烈日暴晒和雨雪困扰”[2]。在很多传统街道中檐廊是街道空间最主要的特色，这在后面内容中将具体分析。

非直线形的街道空间有其独特的特征。如果街道空间为曲线形，人的视觉不能一眼看穿街道空间，界面的导向性就会充分体现出来。由多条短直线转折形成的折线形街道空间，转折就会阻挡下一段街道空间的景观，其统一的秩序感难以形成。然而规则的变化或者元素间的相互呼应使街道变得统一则显得非常重要，街道应被一种可识别的符号所控制。人行其间，总会期盼每个转折后带来新奇的景观，这种景观是由某种符号所控制的。例如山地古镇西沱镇的地形、建筑元素、形态组合等都对街道空间的统一性起到了重要作用。西沱古镇位于长江边，历史文化悠久，早在清朝乾隆时期，这里就是“水陆贸易、烟火繁盛、俨然一沼邑”，[3] 乃长江上游非常重要的水码头。西沱依山而建，最著名的景点就是云梯街，云梯街垂直于长江，呈折线形向上，有一百多个大平台、一千多阶石梯。从长江边向上仰望，好像一挂天梯直插苍穹；从街道顶向长江俯瞰，当云雾缭绕的时候，犹如置身空中，所以美其名曰“云梯街”，又被称为“通天街”。

1 克利夫·芒福汀．街道与广场 [M]．张永刚，陆卫东，译．北京：中国建筑工业出版社，2004:154.

2 克利夫·芒福汀．街道与广场 [M]．张永刚，陆卫东，译．北京：中国建筑工业出版社，2004:155.

3 （清）石柱厅志．

云梯街是长江边唯一垂直于江面的街道空间，这在国内外建筑文化上有非常重要的科学研究价值。街道边保留着历史长河中遗留下来的鳞次栉比的民居吊脚楼，再加上诸如万天宫、紫云宫、禹王宫、桂花立体园等著名建筑，增添了多种空间特色和审美情趣。街道空间以折线形为主，加上坡度的变化，形成三维立体空间景观的变化（图 2–58、图 2–59）。

图 2–58　街道转折（重庆西沱）

图 2–59　街道高差（重庆西沱）

2. 场所文化

除了是城市的自然构成元素之外，街道还是一种社会因素。[1]分析街道空间的场所实际上就是研究街道怎样形成，怎样控制管理，怎样使用，如何体现它在特定环境中的社会意义。街道空间不仅仅是一种功能空间，同时还是一种有意义的场所。当人们进入传统街道，便来到一个具有多种可能性事物的小世界，在街道中人们会做出选择与会合。选择一般先于会合，人在街道上的目的首先是要“做什么”，然后再去与他人或者环境发生关系，因此产生“会合”，人们走到一起去发现他人的世界。在传统街道空间中，所出现的事物相互映射，各种意向在映射中出现，产生偶然交流的场所，人们围绕着交通、交易、休闲等建立自身存在的社会意义。特别是在以交易为主的古镇中，更体现出对某种社会活动的渴求。街，是一个不只为单个家庭也为群体服务的公共场所；邻居的类型对形成自尊也非常重要。作为一个为群体提供服务的空间，在某种程度上是一个封闭的社会体系。不考虑它（街道）是一条通往其他地方的公共区域，则它（街道）也有着确定的边界线。[2]

街道空间是在道路的基础上发展而成的，交通功能是“选择”后的必然。人或车在道路上行动，揭示了道路在交通上是一种有结构的场所，道路上的“交通”，使人在选择“交通”的基础上，以“自身”的角色参与进来。道路主要是沿其延伸方向组织交通，当道路发展成街道时，又成为街道两侧建筑之间联系的重要“路径”，使古镇中的人能轻松从街道的一边走向另一边，同时因为建筑的出现，使运送、集散物资更加便捷，在街道空间形成一些特殊的功能。

参与交通的形式是多样的，步行是传统街道中最主要的交通形式，其次是以各种交通工具运输物资。平原地区常以鸡公车、牲畜等运输，而山地街道的运输常以人挑马驮为主（图 2-60）。在表达交通功能时，街道并

1 克利夫·芒福汀．街道与广场 [M]. 张永刚，陆卫东，译．北京：中国建筑工业出版社，2004:141.

2 克利夫·芒福汀．街道与广场 [M]. 张永刚，陆卫东，译．北京：中国建筑工业出版社，2004:141.

不一定会导向明确的目的地，这样形成街道空间的通过性。凯文·林奇认为街道没有明确的起点和终点，其特征主要由沿途的事物构成——街道的垂直界面、水平界面以及街道两边的自然或者人工景观决定了街道空间的特征与属性。在川渝古镇中，街道也常会导向一个相对重要的古镇事物，一般是寺庙等重要的公共建筑或者中心广场，即古镇中的节点。例如西来古镇几条街道都导向一个中心广场，黄龙溪的主街道其导向分别是两端的古龙寺和镇江寺。

图 2-60　山地街道中的运输（重庆西沱）

围绕着交通，街道主体空间形成了场所，场所表达的意义构成了整个川渝古镇意象。前面谈到街道空间的组织元素——垂直界面、水平界面、端面以及自然物质等的组织规律、空间位置、大小、顺序等都会表达一定的意义。街道空间场所的意义必须要有其他因素对其补充才能体现与表达。川渝传统街道空间最重要的功能之一就是交易，交易依托街道空间而产生，乡村的人聚集于镇，发生交易。当然川渝地区的古镇很多起源于交易，“交易”是街道空间的核心文化要素，当街道空间的围合元素发生变化的时候，只要场所相对宽裕，其“交易”的属性一般不会发生改变。街道空间两侧的垂直界面一般是柔性的木板，比较开敞，室内外空间容易贯通融合，为交易的发生提供了适宜的场所（图 2-61）。有的街道空间垂直

图 2-61　室内外空间贯通（四川高庙）

界面比较封闭，隔离性强，室内外空间区分明显，在功能、卫生、气味等方面进行隔离，因此也被用作牲畜等的交易，例如李庄的羊街（图 2-62）。一些古镇则把大宗物资的交易放在镇边相对空旷的区域。从通透和封闭的情形分析，街道场所性与界面特征关系密切。木或石等材料的出现，成为街道空间场所的可识别性，也成为“交易”文化适应性的标识。

图 2-62　室内外空间封闭（四川李庄）

限于传统交通方式的落后，在街道空间中来往的行人能轻松地以多种行为利用街道，街道上的行为就会不断“选择”与“会合”。随着古镇商业交易的不断增加，街道上的行为活动更加多样性，为多种场所的产生打下基础。

街道不仅仅是一种通路，也具备多个供人或者事物发生关系的点，供人们发生“会合”。林奇认为街道是由节点所形成的路径，特别是交叉路口等节点，场所的意义远大于通行功能（图 2-63）。例如街子的街道在交叉口出现一口古井，形成一个休闲和交流场所。又如罗城的船形街，中部宽敞的地方成为看戏的场所，而端部较窄的地方成为交易场所，无论宽窄都变成了突破交通属性的公共空间。

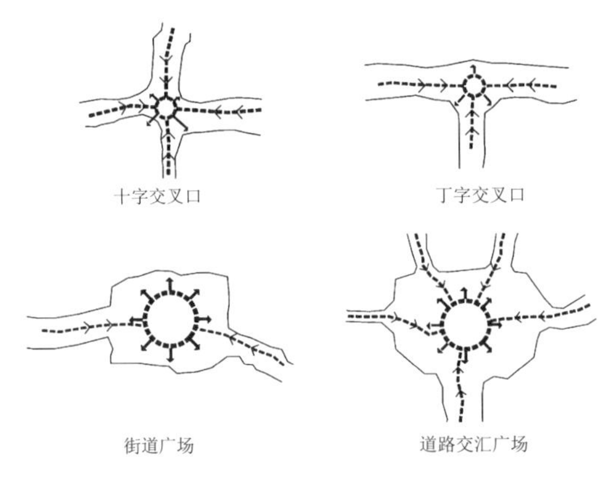

图 2-63　街道节点汇集流线形成场所

街道空间在人行为的作用下产生了意义，而街道空间的宽度又决定了街道场所发展性质的趋势。古镇中街道的宽度决定着空间场所的特点，我们常可以看到不同的街道空间尺度关系。同一古镇中，街道空间存在着不同的宽度，体现出不同街道功能与场所性质。不同古镇中，街道空间的不同宽度不仅仅表达出场所性质的差异，还表达出不同古镇不同的文化意义。特别是宽度较窄的小巷，或者是古镇中通往各家各户的小路，形成一种接近于灰空间的支路空间，而这种支路空间在现代城市中比较少见，因此是吸引游客的重要因素之一。从尺度上看，街道空间相对宽敞，交通性和交易性都比较强，街道比较狭窄，交通性强而交易性减弱，生活性增强。传统古镇中很少出现宽高比大于2的第三种街道空间，即使出现，其街道空间的中部必定会成为交通区域，而街道两边可能成为交易区域。在空间过大的情况下，自然产生功能分区，形成场所的分化，但其交通性显得更为突出（图2-64）。

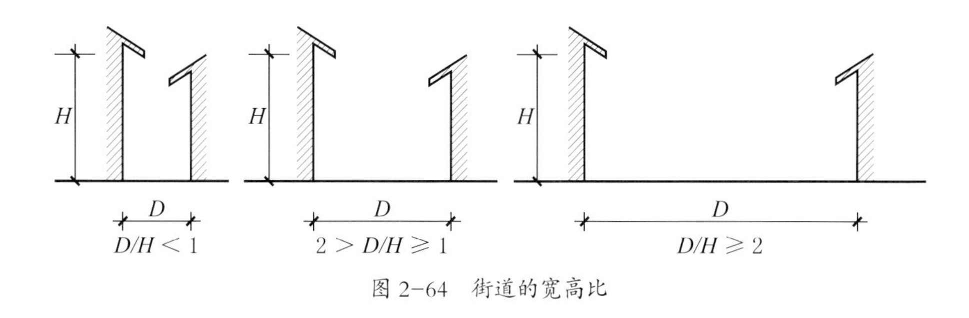

图2-64　街道的宽高比

街道空间在非交易日会成为其他场所，诸如休闲、游憩等功能区。此时街道成为一个交流场所，在街道上摆放桌椅，聊天、喝茶、打牌、吃饭，好一派休闲景象。儿童在街道上追逐、捉迷藏、玩滑板……街道又成为游戏场所（图2-65、图2-66）。所有组织都始终基于物质环境场景并与之紧密相联……它们都拥有一个物质底层，即以财富、器具形式而存在的环境装置特定部分，还有一个产生于活动的增益部分。[1]这个增益的部分，就是在交通基础上产生的交易、交流与游憩。在传统街道空间中，人们经常“在行进中”，街道空间的路通向目的地，那里总是有一种存在等待着事件的发生。因此街道空间中，事件兼具动态和静态两种特性，时间的意义在于它的开始与结束，而事件的过程往往比其结果更重要。街道中大多数事件的目的和结果都是潜在与象征性的，一般表现在街道不同的场合中。

1　布罗尼斯拉夫·马林诺斯基.科学的文化理论[M].黄建波，等译.北京：中央民族大学出版社，1999:6.

图 2-65　街道中的游戏（重庆新妙）

图 2-66　街道中的游戏（四川火井）

图 2-67　街道小巷的防御性（四川石桥）

在川渝古镇中，部分街道空间封闭性强，具有防御性，部分街道空间开敞，具有开放性。但就整个街道空间体系来看，大多从开放性过渡到半开放性，最后到私密性。街道空间的尺度逐渐减小，最后成为细小的、不连通的断头路，端头的空间只供一户或者几户人使用，这种街道空间常成为私人活动的场所（图 2-67）。

街道空间是古镇最主要的公共空间，如果这个空间充满了变化并带有一定的趣味性，这个古镇也会显得丰富多彩，街道空间的单调与沉闷，会导致古镇的呆板。街道作为城镇中的一个外部场地或者空间，应该与广场具有同样的功能，理想化的街道是一个相对封闭的单元，人的行为与感知被限定其中，场所的意义就会充分表达，当人的视觉在街道中因为变化而总有可看的物质时，这种场所给人的知觉是舒适的。同时街道的长度必须被限制在一个合理的范围。如果街道又长又宽，两侧建筑过于规则而平淡，视觉随着建筑透视消失在灭点上时，人就不能获得街道的场所感。吉伯德认为，街道并不是真正要建立两侧的垂直界面，而是由成为组团的建筑所包围的外部空间，这些组团的建筑形成了街道的画面。

街道空间属于城市中的人为场所，其最明显的特点就是被建筑、环境、地面等包被。包被有两种形式，一种是完全包被，另一种是不完全包被。对于普通的建筑空间，大多是属于完全包被，而街道空间属于不完全包被。其主开口方向一般位于顶部，次开口方向位于街道空间两端的出入口，当顶部被两侧建筑的屋顶封闭时，开口的主要意向会转向街道空间的两端，其方向和隐含的意义都发生了变化，空间表达的包容性和场所性便会产生差异（图 2-68、图 2-69）。即使是相同的包被形态，也可能因为包被物材质不同而产生不同的包被空间。

图 2-68　顶部包被的街道（重庆中山）

图 2-69　顶部开敞的街道（四川高庙）

街道的边界决定了街道空间的开口程度与空间的延伸方向。当开口部位引进一个集中的包被时，轴线因而产生，暗示着纵向的空间延展。空间结构在建筑史上的发展，总是基于集中性、纵向性或两者结合的途径。路径和中心的概念具有普遍的重要性因而获得肯定，不过运用这些主题的特殊方法则绝大部分得由地方性所决定。[1] 街道空间中主要体现为纵向性，因为顶界面限定了上部狭长的天空，使得纵向性轴线更为明显。古镇中的广场一般扮演着中心的角色，而街道空间是古镇路径的重要体现，在大多数情况下，路径都汇聚到中心广场（或者节点），这与世界上传统城镇的意向几乎是一致的。

川渝传统街道空间的认知实际上是街道垂直界面连续性的横向边界所限定，这种限定称为场所。整个古镇可以认为是一个大场所，且垂直界面往往都具有决定性的作用。因而街道空间如果不是由清晰的建筑边界所限定，也是由肌理质感发生连续性变化的自然物质等边界所限定。纵向性与场所的结合塑造出复合的街道空间形态，以适应古镇中的人的某种方向感。人自古以来总是倾向于中心场所，中心场所常扩展出多个带有明确导向的空间，人在这样的空间中总会倾向于打听起点和终点，这种空间常常是具有特质的中心广场或者是街道空间的开端。街道空间和广场相互作用产生复杂的空间意义，形成不同的形态、密度和视觉动力（图 2-70）。高庙镇的街道穿过万寿宫前的广场，街道与广场有机融合。广场实际上也属于特殊的街道空间，这在后面的章节中将深入论述。

（二）灰空间

简单地说，灰空间是介于室内与室外的一种过渡空间，它起着特殊的功能与作用。在街道空间中可以理解为主体空间的附加空间，例如檐廊、柱廊等空间。灰空间在形态上可能与主体空间有较大差异，空间尺度虽然

1　克里斯蒂安·诺伯格－舒尔茨．场所精神——迈向建筑现象学 [M]. 施植明，译．武汉：华中科技大学出版社，2010:59.

图 2-70 街道与广场融合（四川高庙）

较小，但可承担更多的功能，同时也表达出更加丰富的场所意义。

此时，主体空间与灰空间形成了“空间交接”，交接之处就是街道空间形态和社会意义发生变化之处，因此在交接面上常体现出特有的场所意义。

1. 檐下空间

檐下空间是川渝传统街道空间最重要的灰空间形态之一，也是与主体空间联系最紧密的灰空间。通常是顶面屋檐的出挑，形成檐下空间，它本身可以看作街道空间的一部分，也可以视为建筑内部空间的某种扩展。檐下空间的限定除了顶部檐口，在地面上也通过铺地或者高差进行一定的物理区分，同时在人的心理上生成一定的空间划分。居民常将家具——桌、椅、板凳等放在这个空间，潜意识将其划作自己的私人空间并进行一定的活动。檐下空间也成为一种交往空间，左邻右舍平时吃饭聊天、打牌休闲都在这个檐下灰空间进行（图 2-71）。下雨时，檐下空间的私人化将减弱，街道的通行功能也会转移到檐下空间，其承担了街道主体空间的功能，体现出檐下空间的可变性。

图 2-71　檐下活动空间（四川新场）

在街道空间的横断面中，檐下空间是一个“会合”之处，公共空间与私人空间在这里发生交汇，形成多重意义的场所。檐下空间的多重意义是人们进行的定位与认同，人们认可檐下的半公共性活动，就是对自己在居住群体中角色的认同，在更普遍的意义上认同了个人属性与群体属性的吻合。街道空间属于公共场所，其间的人的行为必定具有外向性，而檐下空间的场所，不可能认同街道主体空间中的所有事物，檐下空间不可能拥有街道主体空间的所有功能和属性，这是空间属性的基本性质。然而檐下空间的开敞性决定了它可以参与街道主体空间而获得部分开放场所属性，获得的场所属性是当地居民社会行为所决定，自发或者被迫形成。

2. 柱廊空间

柱廊空间是川渝古镇中最有特色的灰空间。当顶部出檐较大的时候，常立柱，形成柱廊空间，其空间围合感强于普通的檐下空间。柱廊既可以看作街道空间的延伸，也可以视为两侧建筑的附属空间。因为有檐柱落地，形成一个潜在的垂直界面将廊空间与街道主体空间划分，廊空间与街道主体空间常有高差，且地面肌理也有较大差别。柱廊可以认为是一个相对独立的空间，既联系着街道主体空间，又紧贴着民居的居住空间。因为柱廊的相对独立，其功能的复合性远强于普通檐下空间。平日居民将私人居住空间扩展到廊，邻里在其间交流、娱乐，甚至将少量的家务搬入其中。而主体街道空间将功能从另一面扩展到廊空间，辅助主体街道形成公共通行。在下雨或者日晒之日，更多的居民倾向于利用柱廊空间进行活动，私人活动、公共活动在柱廊中交织在一起，开放性与私密性同时存在，形成复合的场所意义。在赶集之日，柱廊更成为交易摆摊设点的场所，私人住宅也将木板门全部打开，将室内空间与廊空间连为一体，成为一个公共空间（图 2–72、图 2–73）。

图 2–72　柱廊空间 1（四川罗城）

图 2–73　柱廊空间 2（四川罗城）

柱廊空间作为一个相对独立的建筑空间，记录了传统街道人们会合的情形。有柱檐廊有意无意地产生于古镇形成之时，它是人们为自己的选定而产生的场所。而形成这种选定并不是“偶然”的，而是基于多种因素的共同影响。其一是发生功能、经济等产生“增益”。柱廊使得街道与居住空间功能发生扩展，同时也用于交易，产生经济活动。其二，灰空间产生于空间变化或者交接之处。柱廊正好位于公共与私人空间之间，为它的生成提供了基础。其三，与空间的艺术性相关，川渝古镇沿街多为木板门，连续性较强，容易产生单调感，在形成过程中，通过柱廊打破街道空间中这种单调感。柱廊实际上成为街道空间重要组成，具有多层次的场所意义，与当地的气候、地理、环境、人文、历史密切相关。柱廊是人流回旋中枢，檐内为座商与行商控制人流的关键，买卖之比，各占一半，适应人流集中拥挤空间。宽大的柱廊好处在于分散人流于廊内，减轻了主街人流拥塞压力。尤为想久滞酒肆、茶馆者，里面亦可分散部分人流。[1] 从文化上看，川中常有纠纷言：“到街上讲理。”言指光天化日之下讨公理，廊空间既然作为半封闭空间，在于化解矛盾既有私密又有半公开的意味，可免去室内的纠缠不清，又可防止街上人多嘴杂造成矛盾激化。微妙之处，自有建筑的特殊作用。[2]

川渝古镇的柱廊作为一种“会合”之处，是低密度的街道空间与高密度的居住空间的交汇之处，必定能让人感觉到外部空间与内部空间的过渡变化。也就是说，在街道空间必须让人能感觉到内与外的变化与区别，也体现出街道空间的图形质量密度的变化。

人在这样的街道空间中达到了会合与选定的目的。从空间围合界面的多少来分，街道主体空间属于低密度空间，柱廊空间属于中密度空间，建筑属于高密度空间。低密度、中密度、高密度三种质量的空间在街道中并存。当人们进入街道，就开始发现和选择。平时人们选择交流和娱乐，利

1 季富政. 巴蜀城镇与民居 [M]. 成都：西南交通大学出版社，2000:111.

2 季富政. 巴蜀城镇与民居 [M]. 成都：西南交通大学出版社，2000:112.

用了低密度和中密度的空间。赶场之日人们选择交易，大多利用了包括民居的低、中、高三种密度的空间。对三种密度空间的利用程度有强弱之分，当街道两侧的建筑界面为木板门时，高密度的居住空间、中密度的檐廊的场所意义可能表达得更充分。而当建筑界面为封闭的砖石时，低密度的街道主体空间更占有场所的主导地位。

3.“洞”空间

“洞”空间包括两类。

第一种是镇出入口处的城门洞，前面谈到过出入口有“颈”的意向，然而出入口在一定程度上也具有过渡场所的功能。当下雨或者交易的时候，常有人驻足停留，或躲雨，或进行少量的物资交易。门洞毕竟属于一个通过性的交通要道，因此产生的场所具有随机性，时间也相对较短。城门洞的边界面具有极强的限定性，因此门的深度越大，“洞”的意向就越明显，表达出单一的连续性，虽然物质上没有密度与多样性的变化，但场所表达却有一定的多样性（图 2-74、图 2-75）。

第二种“洞”的意向存在于街道中。街道通过三面的围合体现出街道的“包被”性，建筑或者自然物的连续界面限定着街道空间的形态，断面上部“接纳”天空开口的大小，影响着街道的围合感，两侧屋

图 2-74　深度大的城门洞（重庆涞滩）

图 2-75　深度浅的门洞（重庆塘河）

图 2-76　街道中的“洞”意向（四川高庙）

檐的接近程度决定了街道空间“内”与“外”的区别。当两侧屋檐重合在一起，或者二者连接在一起，阻断街道空间与天的交流，则形成连续的管状空间，成为“洞”的意向。“洞”的两侧为民居，多用木板门，开门后与街道成为一个整体半室内空间，人常在这种空间中休闲、交易，这种“洞”的私密性相对较强，常是私人空间与公共场所互相融合之处（图 2-76）。重庆的中山传统街道空间是“洞”意象的典型。

4. 空间交接

空间交接处不是一个具体的空间，而是介于主体空间与灰空间边缘的临界面。它可以是坡屋顶出檐投影的边线（图 2-77），也可以是柱廊列柱之间的连线（图 2-78）。当人从主体空间穿过这个交接面的时候，就进入了附属空间，在街道空间中形成了“到达”，表明在街道空间中，人暂时脱离了街道空间的主要功能场所，而穿越这个边界就进入了灰空间。如果说灰空间具有公共与私密的属性，空间交接则具有多重属性，包括有记忆性、导向性与二元性。空间交接是场所属性变化的基础。

图 2–77　柱廊的空间交接（重庆铁山）

图 2–78　檐廊的空间交接（四川罗坝）

记忆性是空间交接最重要的属性。我们区分主体空间与灰空间在潜意识中都以场所变化为判断。当人在主体空间和灰空间之间转换时，人的感知与记忆开始相互产生映射。一个场所因为具有认同感的特征而被记忆，而在交接之处是记忆的“转折点”。在交接面上我们识别了一个新的场所，记忆进行了一个基本转换，开始了解预知场所的特征，环境氛围即将改变，交接面中隐约出现的新主题逐步被体验，即将的“达到”在人们穿越这个交接面的时候发生。正是交接面独有的复合性区分了场所的可识别性，但如果没有对场所的建构形成记忆，则不会体验到预知场所的特征。街道的空间交接往往是公共行为与半公共行为的转换之处，当交通或者公共交易行为靠近交接处的时候，记忆使得行为相对保持在主体空间中，而灰空间中的个人行为与公共行为出现一定程度的融合。

空间交接的导向性在横纵两个方向上表现。横向上通过交接面的时候，说明对新场所的到达，与新的场景相遇，再发现新场所的意义，改变自身的身体行为和图式，融入新的场所，表达出记忆的理解。街道中的交易行为在横向上是从完全交易活动到半公共交易活动，成为事件在空间上的层级变化。在纵向上，它引导着街道主体空间、灰空间的延伸。在前面谈到的垂直界面中，存在很多空间交接，它们大多是一种“虚”界面。例如檐廊列柱的韵律感，形成了沿街道空间纵向的导向性，列柱之间的空隙成为一种空间交接的“虚”界面。横向的导向性促成了人横穿街道空间日常行为场所的诞生，纵向的导向性促成了街道空间交通场所的生成。

二元性主要是从建筑意义上进行区别与分类。从功能看，场所分区的变化很大程度上会导致功能的变化。空间交接具有多种功能，这就意味着每个功能都以一个存在的方式决定和限定了交接空间具有两侧空间先验的特别场所意义。这并不是指交接空间在功能上简单地叠加，而是形成了两侧场所功能表达的定性关系。交接空间可以体验先前场所的属性，也可以预知即将进入场所的意义，因此不仅仅是功能上的重叠，认知和体验是潜在的文化意义。在空间交接面，二元性主要体现在灰空间侧，灰空间兼具公共和私人的属性。空间交接之处联系着街与民居，赶场农民常借此暂放物品，小憩片刻，要碗水喝，是联系场与乡亲密关系的空间谐构，是滋养好民风的场合。[1]

（三）广场空间

现代所说的广场一般是特指城镇中的广大而开阔的场地。广场是城镇道路交通枢纽，也是城镇中人们进行政治、经济、文化等社会活动的空间，还是大量人流、车流聚集和扩散的空间场所。在广场中或其周边往往布置标志性建筑物或者雕塑，一定程度上体现城市的文化特征和艺术特点。在现代城镇中广场数量不多，所占面积一般不大，但它的地位和作用很重要，是城镇规划布局的重点之一。阿尔伯蒂认为在城镇中应该布置多个广场，有的用于商品交易，有的用于锻炼身体，有的用于战争时期存储物品等。他又将进行商品交易的广场细化，认为应该分为不同的种类，有的经营草药，有的经营牲畜，还有的经营手工物品等。

在川渝古镇中也存在着广场，它的生成具有自发性，也可认为它是传统街道空间的特殊形式——街道空间的拓展形成了具有一定场所意义的广场。广场是传统街道具有活力的重要源泉，同时它也具有重要的导向性与视觉焦点性。广场常会承担更深层次意义作为街道场所的中心，同时多种功能的交叠也会产生于此。

1　季富政 . 巴蜀城镇与民居 [M]. 成都：西南交通大学出版社，2000:112.

对广场分类最有影响的理论家是保罗·朱克和西特。朱克将广场分为五种形态：独立的封闭型广场、空间形态朝向主要建筑的支配型广场、围绕中心形成的中心性广场、多个广场相连的组群广场、空间不受限制的无定形广场。而西特认为广场只有两种类型——纵深类型和宽阔类型，广场的特性取决于支配建筑的性质。当然以上只是对国外城镇中广场进行的分类，但无论什么广场，其场所意义都由围合物的特征所决定。周边建筑越多或者越高，围合感越强，周边开口越多，围合感就越弱。广场周围围合建筑顶部轮廓线的特性、建筑的三维立体程度、界面元素母题的特征与性质、广场空间的形态等都影响着广场的场所性质与意义。

一个内部空间的顶面通常是以一个平坦的顶棚来完成的，它是房间的盖子，而广场的顶棚则是天穹。朱克相信一个封闭广场上天空的高度是"……被想象为广场上最高建筑物高度的三或者四倍。"[1] 当屋顶轮廓线在其全部长度上多少处于相同高度时，这个广场的盖子或者穹顶看上去就坐落得更为安定。实际上，作为房间里的檐口或者中楣，空间中垂直要素的结束或者边缘，一条明确界定的屋檐线可以达到同样的目的。然而，有很多精彩的中世纪广场，其魅力却部分来自屋顶轮廓线独特的特性，这些案例中高度的不同变化，在尺度的同一数量级内是正常的。当广场各边建筑高度之间存在一种较大差别的时候，连续统一体就出现描述围合程度的另一端；随着高度变化幅度的增加，围合就愈加减少。[2]

川渝街道空间广场四周建筑相对比较单一，建筑层数一般为 2 ~ 3 层，顶部轮廓线大多是坡屋顶的檐口线，广场的魅力来自这种檐口线的连续性。而且檐口线之间的高差不大，围合性显得相对完整。因此传统街道中的广场并没有欧洲中世纪广场那么多的类型，其最主要的特征就是围合，围合是广场场所形态最基本的表达。这类广场在相对没有设计的古镇形成过程中，创造出了一种室外新秩序，并以这个秩序表达出围合的特

1　转引自：克利夫·芒福汀．街道与广场 [M]. 张永刚，陆卫东，译．北京：中国建筑工业出版社，2004.

2　克利夫·芒福汀．街道与广场 [M]. 张永刚，陆卫东，译．北京：中国建筑工业出版社，2004:110.

性。传统街道广场主要分为五种类型。

1. 标志引导型

其多位于古镇主要街道的出入口处，常常作为某条街道空间的起点或者终点。当人们到达的时候，常形成临时停留休整的场所，即所谓的“镇口”“场口”。对于较大的村镇，入口广场大多结合牌坊、照壁、商业街等形成相对开阔的空间，是人流集散的空间，[1] 有时候以大树形成空间。这类广场的出现，标志着传统街道空间的开始或者结束，具有标志性，其功能为汇集、分散人流与物资（图 2-79、图 2-80）。从空间角度看，标志引导型广场属于序列的起始或者结束；从场所的意义上分析，它有聚合与分散的意义；从人的行为上看，它还可能是一个稍事停留的空间。不管是碰到熟人要“摆龙门阵”，或是赶场行路来了要“歇气”，都喜欢在场口坐上一会，这是实用的意义。在标志上，场口如同场镇“脸面”，人们第一眼看到场口，大概就可以知道这个场镇热不热闹，吸不吸引人。所以场口的营建就是一项“面子工程”，对场镇来说，这具有精神上审美上的象征意义。[2] 场口直接与街道相连，所以它也属于街道空间的起始节点。并不是每条传统街道都存在这样的广场空间，它主要存在于开敞、交易型、规模较大的古镇中。

图 2-79　悦来镇场口（四川悦来）

图 2-80　三宝镇场口（四川三宝）

1　赵之枫 . 传统村镇聚落空间解析 [M]. 北京：中国建筑工业出版社，2015:4.

2　李先逵 . 四川民居 [M]. 北京：中国建筑工业出版社，2009:95.

2. 开敞型

这类广场主要存在于川渝古镇中重要的建筑物前。主要功能体现在两方面：其一是通过广场表达出公共建筑的重要性，其二是聚散公共建筑的人流。这里的开敞也是相对的，局部可能被低矮的建筑所围合。例如上里戏台，它前面的小广场两边为建筑围合，另一端与街道相连，两侧建筑相对低矮，戏台相对高大的形体在广场中凸现出来，在一个相对开阔的环境中表达出纪念性（图 2-81）。又如尧坝古镇中慈云寺前与街道空间形成的三角形广场与街道自然衔接（图 2-82）。重要建筑物的广场，除了集散人流功能，还与建筑中的空间形成了一个连续的序列。

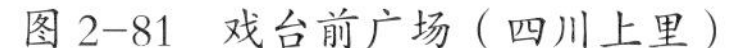
图 2-81 戏台前广场（四川上里）

图 2-82 尧坝慈云寺前广场（四川尧坝）

3. 内部开敞型

一些特殊广场位于古镇重要的公共建筑内，诸如寺庙、会馆等建筑中，实际上这类广场是相对较大的院落。川渝古镇的寺庙中常有戏台，穿过戏台下部低矮的空间，即进入戏台前的广场。在特定的日子，广场上聚集大量的人流观赏表演，在广场的作用下，寺庙不仅仅是宗教意义的表达，成为多种意义的复合场所。例如罗泉的盐神庙，主入口在戏台之下，穿过戏台后，进入一个小广场，具有集会功能（图 2-83）。有些会馆建筑，对外封闭性强，内部则存在着汇聚场所——大型的院落，形成一个广场，并带有戏台，主出入口也多位于戏台下方，院落两边常有廊子用以喝茶、欣赏戏台上的表演。部分院落空间为了营造传统乡味，两侧形成了南方部分地区的两层跑马廊，例如洛带的广东会馆。而洛带的江西会馆，内部戏台与院落空间相对小巧玲珑，颇有江南水乡的韵味。这类广场实际上是院落的一种，它们通过建筑的门——一种“颈”，与街道空间联系，形成袋形空间，而院落内部的建筑界面通过门与街道的垂直界面连为一体，成为街道界面的延伸（图 2-84）。

图 2-83　盐神庙戏台下主入口（四川罗泉）

图 2-84　江西会馆院落与街道的联系（四川洛带）

4. 交叉汇集型

其主要出现在街道交叉口的位置。因为传统街道尺度一般较小，交叉口常是人流汇集的地方，也是人们驻足停留最多的地方，容易利用一些特定的元素形成小型广场，成为人交流的场所。同时古镇交叉口多为错口交叉，容易形成退让空间（图 2-85、图 2-86、图 2-87）。退让使得交叉口的广场形态更加明显，它实际上就是街道空间的一部分。

5. 隐喻型

其是一种特殊形态的广场，表达出一种象征或者隐含的意义。这在传统街道中并不多见，而在西方世界中，则相对比较常见。例如罗马的圣彼

图 2-85　恩阳错口交叉
（四川恩阳）

图 2-86　交叉口形成小广场
（重庆新妙）

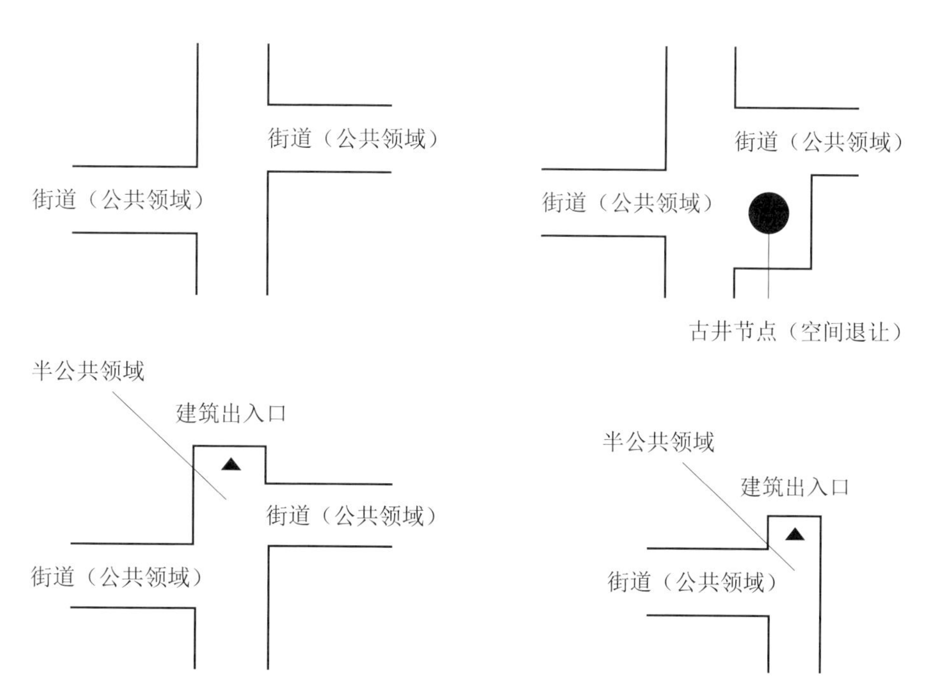

图 2-87　街道节点

图 2-88　罗城街道“船尾”柱廊（四川罗城）

图 2-89　罗城街道“船头”灵官庙

图 2-90　罗城街道边柱廊（四川罗城）

得广场是具有象征意义广场的典范，它不仅仅是罗马城市广场中的重要节点空间，也是天主教的精神中心。它以高大椭圆的柱廊形成巨大的手臂，来欢迎、拥抱各地的崇拜者。罗城镇的船形广场具有极强的隐喻性，表达了罗城对水的需求和渴望。“船头”的灵官庙用来举行求雨仪式，建筑与广场成为一个紧密的整体。两侧宽阔的檐廊好比船的甲板，供人休憩与活动，具有强烈的象征性（图 2-88、图 2-89、图 2-90）。

总体来看，街道空间所发生的，是生活世界中空间类型的某种解释，形态是反映抽象客体的建立。因此带来了两方面的意向：其一，街道空间的几何形态作为对生活世界的理解和确认；其二，人在街道空间中，从对世界的抽象理解被具体化回归为主观的意向。

（四）沿街建筑空间

建筑空间大多属于私人空间，但在传统街道空间中，建筑常有公私兼具的特征。这种特征与街道空间所体现的场所意义紧密相关——具有扩展性和包容性。建筑在一定程度下可以看作是街道空间功能的扩展，同样街道两侧的民居空间随着商业的发展，自身也在空间上进行扩展。

1. 扩展性

传统街道空间具有多重功能，它也影响着旁边建筑的空间特性。特别是紧邻街道的房间，随着街道空间功能的变化，体现出场所意义的变更。街道边的民居，主出入口一般直接对着街道空间，常作为堂屋。随着交易在街道空间的产生，部分堂屋开始转变为交易场所——打开所有的木板门，将商品摆放在房间、门口，甚至扩展到街道上，与街道空间的交易功能融为一体，此时堂屋的私密性转变为交易的公共性。居民为了扩大交易，常将两侧的次间与堂屋连通，全部变为商业场所（图 2-91）。

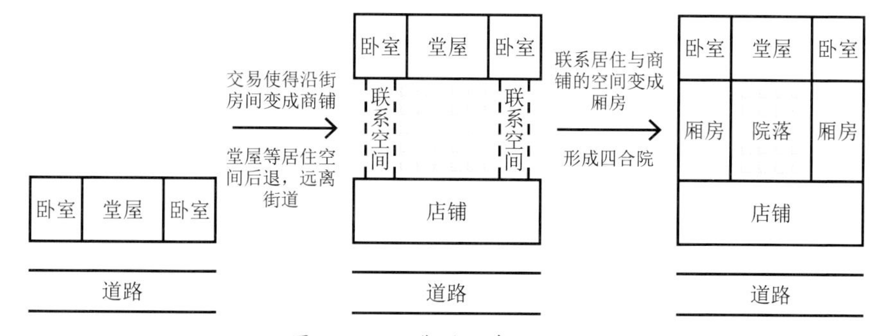

图 2-91　沿街居住建筑的演变

部分民居逐渐演变成前店后居的空间形态，沿街一层堂屋与次间永久性变为对外营业和交易的场所，二层可能成为一层服务的辅助用房，衍生出商业、储藏等功能。居住的生活功能后退到商业场所的后面，形成新的堂屋与次间。为了加强前后功能上的联系，两侧形成回廊，围合成院落，当回廊建设成厢房的时候，便形成了典型的四合院。院落上通天，纳气迎风，下接地，除污去秽，使居住环境不断新陈代谢，循环流转，吐故纳新。这其中蕴含了深刻设计哲理——其气场要强化沟通天地阴阳之气的功能，[1] 即成为建筑的总枢纽。但此时四合院随着交易常变成生产场所。这种

1　李先逵 . 四合院的文化精神 [J]. 新建筑，1996(10):54-57.

生产场所具有半公共性，当交易时，可能会有游客或者商人通过交易空间进入到生产院落内，当夜晚或者非交易日，院落可充当各家的私人空间。当建筑空间再扩展时，可能会产生纯私密性质的院落场所（图 2-92）。

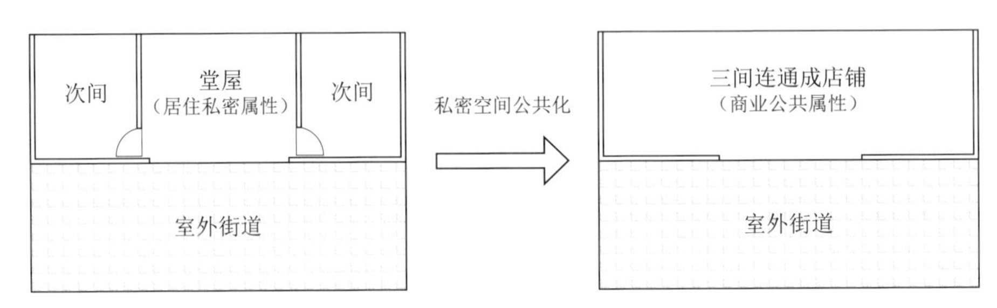

图 2-92　沿街建筑的变化

2. 包容性

包容性是指房间具有多重功能，堂屋并不因为临时的交易而改变其原有功能，即堂屋在一定条件下，功能会发生变化。这种功能上的变化，属于人在“存在空间”中的活动导致的空间属性的拓展。堂屋是居住建筑的一个空间，也是居住建筑室内流线上的重要组成部分。人顺着流线的移动，会产生很多肢体语言，当堂屋属于功能意义上的私人空间时，其行为的内向性也同时附加于这个空间。当交易公共空间产生时，人的外向肢体语言会促进空间交易功能的体现。这符合皮亚杰完形心理学所提出的“图式”——对某种情况的某种典型的反映。堂屋的功能与人的行为成为紧密联系的“图式”，也正是个人与环境相互作用而实现的“精神发达”。行为和环境的统一体，是通过“同化”与“调节”来实现的。人会适应堂屋的变化，即所谓的“调节”。同样人的行为、肢体语言也对堂屋的场所意义产生影响，即“同化”。堂屋功能的可变性说明了其空间具有多重意义，体现出包容性，同时也反映了其与街道的密切关系，可以看作街道空间的扩展（图 2-93）。

图 2-93　部分堂屋演变成商铺（重庆偏岩）

（五）隐秘空间

川渝传统街道空间中的隐秘空间主要有两种类型：其一是开口于街道垂直界面上，通向内部民居或者连通次要功能区的小巷；其二是在街道空间中不自主形成的“类空间”，即街道空间中的次级小场所。

次要的小巷出现在垂直界面上，不易被人发现，常位于两户民居之间，宽约 1 米，是进出非临街民居的交通要道。小巷顶部一般封闭，成为一个“洞”的意向，因为入口光线较暗，内部难以看清，形成了一个相对私密的线形空间。在空间形态上，尺度相对较小和高度较低的支路接入了尺度较大的主要街道空间（图 2-94、图 2-95）。在场所的区分上，小巷属于“限制性公共空间”——巷内建筑特定的公共通道，主要供特定人群的进出，而且仅形成单一的通过式功能，不能聚集和停留。在空间的意义上，如果传统街道空间是古镇各种人“准共同性”场所，那次要的小巷将人群进行了一个区分，成为一个“共同性”场所。也有部分小巷上部未封顶，位于两座建筑之间，顶部以出檐局部覆盖，形成“一线天”，公共性强于顶部全封闭的小巷，其主要功能为通向某种特定功能的空间，如码头、洗衣处（图 2-96），因为它空间狭小，不便停留，场所感比较弱。

图 2-94　门洞（四川木城）

图 2-95　次要小巷（四川止戈）

图 2-96　檐口遮挡顶部的小巷（四川罗泉）

传统街道空间中的“类空间”实质上是街道空间的一部分，因为比较容易被忽视，所以也可以视作“隐秘空间”。由于功能属性的变化，其场所意义发生改变。一般位于街道空间变化的地方，例如交叉口或者街道空间宽度突然变化的地方。交叉口处因为人流交错，各种功能形成交汇，场所意义相对复杂，容易成为人们驻留的场所。因此在交叉口常形成一些小的空间，它与街道空间连为一体，但又常成为另类聚集场所——小孩玩耍、居民闲谈，甚至变成交易场所（图 2–97）。

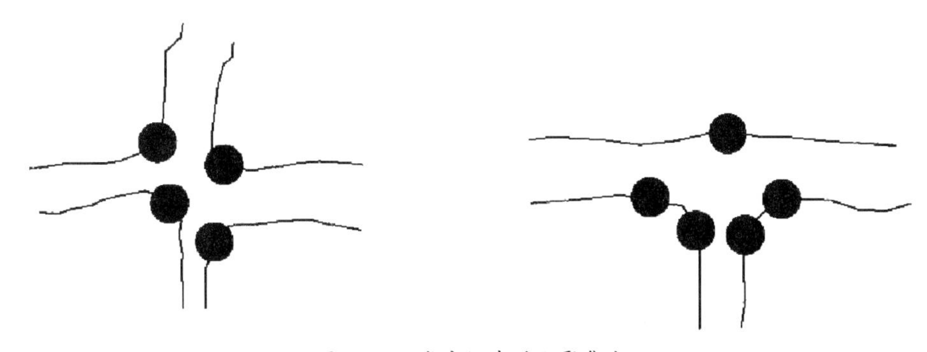

图 2–97　类空间中的人聚集点

隐秘场所实质上是街道空间的区域化，是街道空间各种规则执行的时候所发生的时间和空间的分区。因此在一个特定的时间段，街道空间就是一个整体的场所，具有大量互动的事件发生点。街道空间隐秘组成部分不仅是空间场所的区别，也存在着时间的差异。特别是“类空间”，其时间性更为明显，白天可能是人们聊天场所，傍晚则可能变成孩童们游乐的空间。川渝传统街道空间中的活动普遍具有周期性，以赶场为周期，“类空间”很大程度上在一定的周期里重复着交易场所的功能。这种隐秘场所功能的变化处于一种“无意识”状态，这正是对过去周期性事件的记忆。儿童在这里玩滑板或者骑车，得到了一种身心上的“好处”，存在于自己的记忆中，会引导在此区域进行下一次活动，因此“类空间”中的活动或者事件与记忆有关。行为发生在当前的空间中，一旦有需求，随时调用记忆使“类空间”中行为发生。因此吉登斯提出了三种因素：一是作为感性觉察的意识；二是记忆，它被看作意识在时间上的构成；三是唤回机制，这种方式是要重新把握过去的经验，以将它们定位在行动的连续过程中。[1] 正是这三个因素导致“类空间”场所功能的变化。

（六）特殊空间

除了普通的街道空间，川渝古镇中还有一些特殊的空间履行着街道的功能。例如河流，具有运送货物的功能，成为特殊的街道，但川渝地区古镇的河流多绕古镇外围而过，往往是一种运输通道。部分古镇引水进入街道空间，形成了水、路并行的空间格局（图 2–98）。而引入的水一般不再具有交通功能，常用作生活用水。

图 2–98　引水进入的街道空间（四川罗目）

1　安东尼·吉登斯．社会的构成 [M]. 李康，李猛，译．北京：生活·读书·新知三联书店，1998:118.

主体空间、灰空间、广场空间、沿街建筑空间、隐秘空间、特殊空间组成了整体传统街道空间体系。各类空间各自在街道中扮演着不同的角色，形成不同的场所意义。它们的空间关系也不是截然分开，常常相互渗透，因此场所意义也会随着不同的事件而发生变化。

小 结

川渝地区传统街道空间的界面由垂直界面、水平界面、顶、端组成，每种界面都有各自的特点，其各自的形态特征也有不同的表现，这在一定程度上决定着街道空间的场所属性和意义。从空间上分，传统街道空间可划分为主体空间、灰空间、广场空间、沿街建筑空间、隐秘空间和特殊空间，各类空间之间并不一定有明确的区分，互相构成一个有机的空间体系。然而在几种空间交汇的地方形成“空间交接”，是事件发生最复合的场所。

在了解街道界面和空间组成规律的基础上，可以进一步对街道空间的文化与意义进行深入理解。

第三章

传统街道空间的分类与意义

C

CHUANTONG JIEDAO KONGJIAN DE
FENLEI YU YIYI

上一章研究分析了川渝地区传统街道空间的界面组成和空间的划分组成。街道界面的物理属性有轻盈、厚重、通透、封闭、硬朗、柔软等区别，进而造成其所围合的街道形成不同的空间特征，形成不同的场所意向。街道空间的划分虽然大致区分了街道的组成，但实际中区分往往并不明确，各种空间在一定的时空中会互相转换。由于两方面的影响，传统街道空间会体现出不同的类型。

一　建构与分类

传统街道所承担的最主要功能就是交通、交易和生活。因此从功能上细化，大致有交通型街道、商业型街道、居住型街道、通过式街道等。除了居住型街道外，其他街道空间往往不完全是单一功能类型，因此从社会的意义上分析，它们具有多重属性和意义。传统街道空间具有多重性和多面性，传统街道空间无一例外都是通过建构将环境、类型和事件三个因素不断交汇作用的结果。

（一）建构

建构最初的形式是木匠或者建造者，后来在古希腊的荷马史诗中被用来指称建造技艺，到了近代建构意味艺术、文化的建造与制造。川渝传统街道空间在建构的过程中，融合了环境、建筑、事件而表现出形态各异的特征。

1. 环境

环境成为街道空间形成的重要控制因素，这里的环境包括自然环境和文化环境。

大地、植被、河流、岩石、天空是建构传统街道空间最主要的自然环境要素，大地作为一种承载平面，既支撑了街道的形成，又为街道提供了地界面，当采集条石铺装街道时，就形成了街道空间地面的肌理。川渝地区气候温润，潮湿多雨，土壤肥沃，为植被的生长提供了良好的条件，传统街道空间存在于多植被的环境，常以朴实的形态矗立于植物掩映的环境之中，以木结构为主，呼应周围环境，创造出一种连续有形的郁郁葱葱的景观。在平原中，街道顺应道路、河流的走向，形成自然曲线式的街道形态；在坡地中，顺应坡度，形成相对起伏紧张的街道形态。也就是说，对地形的复杂性进行有机模仿，顺风顺水，依山就势。天作为自然环境中随时存在的最大的元素，其变化的气候特点影响着街道空间的形态。川渝地区多雨，街道建筑整体以坡顶面对天空，形成一种默契。因此川渝传统街道空间很大程度上是对自然环境的有机融合和再现。

街道空间的整体布局会受到文化的影响而形成某种特定的组合。具有交易属性的场镇，整体较为开敞，一般沿路展开。当码头存在时，码头与主街形成联系的通路。街道中的会馆、寺庙等公共建筑也带来了其他文化。文化的融合、冲突成为街道空间的转折变化之处，即形成了节点。部分街道空间形成了对特殊事物的解释，例如罗城以船形街道的形态解释求雨文化，而在街道中的求雨行为又反过来强化了场所的文化属性。因为战乱或者移民的原因，部分街道空间具有防御性的文化，例如，洛带的会馆文化，云顶场的家族文化，涞滩、路孔的堡寨文化等，都通过街道空间进行了诠释。

2. 建筑

川渝地区民居善于利用地形，因势修造，不拘成法。街道中建筑的建构分为群体和单体。对群体而言，除了前面谈到的顺应环境以外，在用地狭小的地区街道会突破地形的限制，在岩石或者河边形成吊脚楼，这在坡地街道中体现得特别明显，吊脚成为川渝坡地街道空间的重要符号。建筑在街道中占据主导地位，是街道空间的基本组成元素之一，烘托出街道具体空间结构。建筑空间也是街道空间的某种延续。街道以公共性为主，当其延伸到建筑内，就逐渐演变为私人空间。对川渝地区而言，居住建筑占绝大部分，许多居住建筑组成一个大的共同体，不仅仅表现出居住功能，而且表现出部分增益功能，比如商业，休闲等。

川渝建筑多用木、土、石、竹等生土材料，通过建构形成了空间，这里并不是指材料进行简单地组织，而是一种内在文化的表达与体现。首先川渝民居存在于湿热多雨地区，建筑以通透为第一特征，因此在地上立柱子，架梁和穿枋，形成框架结构，显得粗犷有力。梁架外露，穿斗特点明显。建筑不仅与自然环境中的树形成呼应，也为民居中功能的分隔奠定了基础。这充分体现出“言者在于意，得意而忘言”的特征。[1] 古镇中的人们大多没有正统的建筑概念，不特别讲什么堂屋、厢房等，随坡就坎，随曲就折。由于功能上要满足生活的要求，所以房屋空间布置自由，利用率很高，内部关系紧凑，同时分隔也十分自由。

从居住的意义上看，内外空间必须要有区分，但这种区分可以是生硬的，也可以是柔和的，川渝街道民居采取了柔和的方式与外部环境融合。界面采用木板门、编条夹泥墙、隔扇等轻盈的构件，建筑内外形成流动性空间，说明了川渝地区街道中的住民大多自然朴实，喜欢对外交流的外向性文化特征。同样街道常用于交往和交易，与建筑的属性相呼应，为此在街道与建筑之间形成了交接空间——廊，它既成为室内空间的扩展，又是街道空间的延伸，在廊子较大的时候，以增加柱进行支撑，在一定的条件下，门前的廊占据了整个街道，廊子又作为自己家空间的扩展，当交易进行时，形成了“挡道卖”（图 3-1）。

建筑的框架结构和作为维护结构的外表皮具有可拆卸的属性，决定了民居与周边环境的密切性。川渝地区民居多用穿斗构造，建构方式类似于现代建筑的标准工业化，因此建造相对方便快捷。居民在建构时为了一些特殊的需要，甚至可以方便地变换建筑的建造地点，为传统街道的生成提供了重要基础。川渝穿斗结构之间多用榫卯，既连接紧密又具有延展性，充分表达出本土建筑的构造特征，同时在榫卯的过程中也隐喻着当地居住文化，例如在父母与子女共住的民居中，虽然公用院落和堂屋，但居住于不同的房间，常分灶火吃饭，既联系紧密又各自相对独立。

---

1 “庄子·外物”转引自：吴世常．新编美学辞典 [M]，郑州：河南人民出版社，1987:93.

图 3-1　跨越整个街道宽度的门廊（重庆夹滩）

3. 事件

环境、建筑的建构还不足以充分体现街道空间文化上的特征。在物质的建构下，行为和心理的融入是川渝传统街道空间的重要建构因素。前面谈到大多川渝住民的外向型心理特征就决定了建筑外部事件的多样化。巴蜀文化决定了川渝地区的人有很多个性特点，从总体上来说，川渝人勤劳、尚武、恋乡、幽默、乐观、狡猾、坚韧、重信义、互助、好游耍、喜歌舞、爱摆龙门阵、信巫等特点十分明确，举手投足间多蕴涵纯朴古风。[1] 川渝城镇内闲人较多，有事无事都喜欢扎堆。《华阳国志》曾谈到“俗不愁苦，而轻意淫佚”。[2] 因此街道空间内的聚集的人往往较多，发生的事件相对比较复杂。

从街道上的各种事件看，可以从以下几个方面理解街道空间的建构：

1　王其钧，李玉祥，黄建鹏．老房子——四川民居 [M]. 南京：江苏美术出版社，2000:6.

2　王其钧，李玉祥，黄建鹏．老房子——四川民居 [M]. 南京：江苏美术出版社，2000:6.

(1)事件是对时间、空间、物质进行沟通的体系。

(2)事件的存在，建构成场所。

(3)传统街道促使事件的发生，成为文化景观。

(4)事件凭借各种元素划分。

实际上街道形成需要聚落的产生，“聚”是农村人口的自然聚集地，有的只有几户人家，“落”是乡村组织细胞——住户。[1] 其建构过程大致为：首先一些具有交易属性的事件发生，为此建筑逐渐生成，建筑的生成导致交易事件的增多，与之相适应的建筑也随之增加，逐渐围合成街道，街道空间中因为各种事件的发生而形成场所。随着街道的扩展，街道与发生的事件会融合成为一种文化景观，移动物、固定物、半固定物的出现，使得各种事件形成明显或潜在的划分，在这样一个建构的过程中，体现出的是幺店子—小组团—聚落的过程，最终街道空间形成于聚落之中。当然以中国传统的家庭为单位，在聚落上也产生一种无形的力量，把各种人、户、村落冻结，固定在各自的土地上，限制了人口（家庭）的迁徙。[2] 因此交易、生活等事件与环境（自然、文化）的相互作用，建构了川渝地区传统街道空间（图 3–2）。

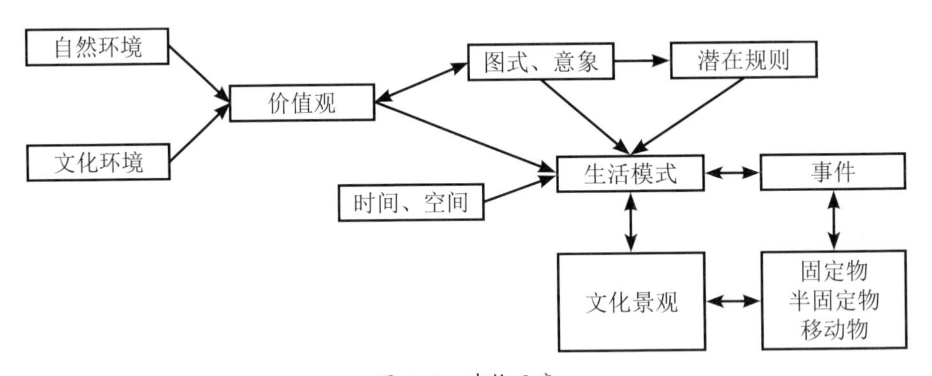

图 3–2　建构示意

1　余英 . 中国东南系建筑区系类型研究 [M]. 北京：中国建筑工业出版社，2001:136.

2　丁俊清 . 中国居住文化 [M]. 上海：同济大学出版社，1997:86.

（二）传统街道空间的分类

从上一章看出，川渝传统街道群体随曲就直，不拘一格，或转折，或起伏，形成空间尺度宜人的线性公共活动空间，很多古镇还修建了“廊坊式”（檐廊、柱廊）街道空间，商居一体，公共空间与私家门面融为一体，更具生活情趣。[1]为此将川渝传统街道空间功能进行归纳，把人对街道功能的感知和心理反映，以及人在街道中的社会行为作为新的分类标准，即以社会属性为基础区分街道的类型，大致划分如下：

1. 认同型街道

认同是一个心理学上的名词，指体认与模仿他人或团体之态度行为，使其成为个人人格一个部分的心理历程。认同型街道实际上是指街道内外的人对街道所具有的功能和事件的一种默认和许可，并很大程度上形成一种心理适应感。以某种具体的主要事件作为认同的街道空间大致分为两类。

（1）单一认同型街道

川渝传统街道空间中的各种具有单纯功能的街道。

①交易型街道：存在于古镇的某条街道中，以专门交易为主要目的，大多以某种特殊的物资为主，这类单一交易的街道并不是很多。因为相同类别的物资在一定的场所交易，所以街道形成了适合交易这种物资的空间场所，即大家对此地形成了“认同”，街道的空间形态和界面特征有别于其他街道空间。例如李庄的羊街，主要进行牲畜交易，街道充斥着异味，为了保证住户生活不受影响，两侧建筑以砖砌形成相对封闭的界面，整个街道界面生硬，体现了建筑对街道空间的认同和成就。因为街道的封闭性强，内外联系较弱，很难形成生活上的交流空间。平乐镇的竹编街、重庆李市镇的竹编街也是以特定的物资为交易对象，建筑界面相对比较开敞、通透，私人生活可以融入交易中，住户界面的开敞性导致生活状态进入街道。实际上进行单一物资交易的街道空间是非常少的，一般会夹杂着少量其他物资交易或者日常生活因素。同样，在沿街的商铺后，也多有居住空间存在（图 3–3、图 3–4）。

1　赵万民．山地人居环境科学集思 [M]. 北京：中国建筑工业出版社，2019:98.

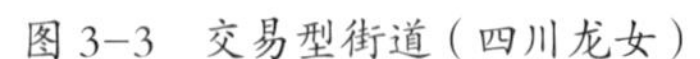

图 3-3　交易型街道（四川龙女）

图 3-4　交易型街道（四川渔箭）

②生活型街道：川渝古镇中典型的生活空间，街道成为左邻右舍的交流场所。生活型街道大致分为两类：其一是在历史的演变过程中街道空间的交易性逐渐退化，最后只剩下了交往功能，所以此类街道空间的横向尺度相对较宽，满足车马通行要求。当交通和交易弱化后，相对宽敞的街道空间成为人们临时生活与休息的空间场所，显得相对空旷清冷。因为以前街道交易功能的开敞性导致两侧建筑界面都为可拆卸的木板门。交易功能弱化后木板门一般都不再被全部拆卸，往往只打开其中的一两扇门作为出入口，当人坐在门口的时候，形成了私人事件的发生地。其二是自始至终就是居住型街道，街道尺度较小，交通性较弱，功能以少量人通行行为为主。生活型街道建筑界面相对封闭，只是体现门、窗等典型的建筑元素，建筑呈现出居住空间形态。封闭的界面使街道空间的限定变得固定，空间场所的大小不再发生变化，成为生活的交流空间（图 3-5、图 3-6）。

交易型和生活型街道空间功能和事件的模式相对单一，它们都是基于特定的功能而被认同的街道空间。交易、日常生活是川渝传统街道中最主要的两个功能，同样行为的集合能形成共同的目标，无论交易或者生活都形成无形的力量，将人汇集在街道空间中。

图 3-5　生活型街道（四川贡井）

图 3-6　生活型街道（四川艾叶）

（2）复合认同型街道

街道以某种功能为主，其他辅助功能为相应补充，在不同的时段或者不同的区域表达出事件的复合性。川渝传统街道空间主要都以这种场所模式存在。

①交易—生活型：这类传统街道空间在川渝地区居绝大多数，很多街道空间因为交易而产生，因而决定了其交易的主导地位。交易导致物资、人流聚集，部分人定居于此，形成交易场所和生活空间，因此这类街道空间建筑以前店后居或者下店上居的模式为主，界面多为可拆卸的木板门。它综合了两种单纯认同型空间的特征，表达出复合性。两侧建筑通透的界面使建筑空间参与到街道空间是其明显的特征。在约定的交易时间，街道空间内熙熙攘攘，人流、货流在街道以及开敞的建筑中往来，完全成为一个商业场所，夹杂在其间的私人生活事件完全被吞没在交易的喧嚣中。当交易时段过去以后，很多建筑的临街面以木板门封闭，成为典型的私人居住场所，街道空间变成当地居住者的室外生活场所。某些街道空间连接着码头等物资聚集中心，因此货物运输与交易随时在街道空间中发生，街道的生活场所被交易掩蔽。交易也可能发生在街道空间的各种次级场所中，

诸如门口、檐廊等空间中。当外来者与居住者熟识，生意与人情交往同时发生，交易与生活便融为一体。除了时间上的区分，某些街道空间将交易区和生活区做了潜意识的功能分区，在交易区附近另辟交流区，例如石桥镇的集市边上散布着大量的小型茶馆，成为乡里乡亲交流感情的场所。小型茶馆也以可拆卸的木板门作为界面，当交易发生在某部分的时候，茶座也从茶馆内一直摆到街边，成为生活场所，交易与生活成为并行的事件。当摆摊设点的时候，街道空间两侧存在着民居，民居内部的生活通过门或者院落与街道适当分离，生活事件在背街的院落中隐蔽发生。

前面谈到过街道空间中的交易常作为顶位聚集出现，子聚集是以交易为基础派生出的行为活动，它们经常分布在街道空间的不同区位，属于公共交流的生活在交易区附近出现，而私人交流生活区则在背街的院落和私人住宅中出现。不同的聚集对街道空间中的人群进行分类。不同的人群在做出自己的行为时，同时向另一部分附近的人做出了暗示，使其加入或者离开。例如街道边的喝茶行为，一旦有共同兴趣，大家都会加入，定位了街道场所的属性，在局部形成了限定空间，并在今后街道的交易中，成为特定场所的喝茶模式。中午时分，交易结束，街道中的摊点大部分已经撤离，喝茶的人也逐渐减少，摆在街道上的茶座也被移开，仅有少量的人进入室内喝茶。街道空间中的事件从聚集到解散，剩下的再聚集，最后再解散，因此形成不同的场所，场所随着聚集的大小、位置变化而发生变动。

除了市集形式的交易外，还有生活与少量交易混杂的街道空间。这类街道空间以生活为主，夹杂着少量的小卖店、理发店、杂货店、茶馆等铺面，类似于现在的小区。在线形的街道空间中，以民居为主，部分居民自己做小生意，采用前店后居的模式。这种小店往往以做生意为辅，有人路过时停留下来寒暄几句，门口坐一坐，顺便买点东西，更多体现的是传统街道空间邻里的交往。

交易与生活在街道空间中相互影响并各自相对独立发生，形成交易－生活型街道空间（图 3-7、图 3-8）。

②交通—生活型：交通—生活型街道空间以通行和生活为主要功能。它们大多位于相对隐蔽的位置，且街道宽度一般较窄。定居于此的人直接开门于街道。大致有以下两种形式：

其一为连通古镇与周边田野的次要通道，通道两侧一般为民居，居住者以街道为生活场所，他们对其是认同的态度，而对路过者，它们只是通路。当建筑开门对着街道的时候，通道的生活性的认同相对较强，使建筑物具备定位的属性（图 3-9）。当街道两侧的界面都是山墙的时候，多以砖石为基座，上以穿斗为骨架，编条夹泥墙为分隔，界面较为封闭，极少数建筑会对街道开门，街道空间的认同性单一，主要用于交通。

其二为半边街类型，半边街大多靠近传统古镇的边缘，作为次要的交通，大多为民居后门，一般沿河或者顺坡，作为人造物的建筑在街道一侧消失，不容易形成被认同的街道空间。因此街道多用于各家生活物资的获取、次要交通等，半边街产生的认同感主要是通行，例如艾叶镇的半边街。有的半边街以檐廊覆盖，成为灰空间，说明了各家各户对此街道空间生活场所的心理统一，比起主要街道空间半边街更倾向于个人与私密。从聚集类别分，这类空间属于生

图 3-7　交易 – 生活型街道（重庆石蟆）

图 3-8　交易 – 生活型街道（四川恩阳）

图 3-9　交通 – 生活型街道（重庆金刚碑）

图 3-10 交通 - 生活型半边街（重庆宁厂）

图 3-11 交通 - 生活型半边街（重庆偏岩）

活中的次级聚集场所。其认同感一般限于居住在此处的几户人家（图 3-10、图 3-11）。

这类街道体现出生活居住的意义，处于日常生活的世界中，是适合小憩和次要交通的空间。从“存在”的意义上理解，这类次级街道依赖于它自身的半开放性，周边自然环境的融入，是街道空间融于自然的“家”的含义。如果有廊，则给这类街道加上了小型的天与地，同时“廊”成为外向性和内向性兼具的交通 - 生活空间。

2. 依从型街道

依从简单地说就是依附，依从型街道在川渝传统街道空间中不单是依附于主体街道的空间，更是主体街道空间功能的延伸和拓展。依从型街道一般是连接主体街道空间的次要街道，可能有多种不同的功能，但非认同性是它们最基本的属性。从文化建构属性上看，还处于时空和物质相互沟通建构的阶段，认同的属性较弱。

依从型街道空间常在传统城镇中发挥辅助功能，也不同于连通田野的街道空间。它们最大的特点就是认同性低，几乎不承载相应的生活功能，而仅仅作为城镇中各个主要街道或某种功能的连通道路，一般仅用于交通。街道空间两侧大多为建筑的山墙面，没有开门，部分街道空间上面还有过街楼。两侧山墙面呈现出穿斗形态，隐喻一种空间意向。前面谈到过，川渝地区林木较多，以木构造穿斗建筑，山墙面暗赫色的木构件隐喻着林木，中间的道路仿佛成为林间的小路，这种通行的意向在街道空间中体现，表达了街道空间与自然环境的某种契合。这类街道空间形态比较单一，尺度较小，侧界面及上部两侧檐口抵近，形成一线天（图 3–12）。

在部分沿河古镇中，通往河边常有穿过建筑的通道，少量的人会利用这个通道取水、洗衣，用于临时连通的交通，此通道也属于依从型街道。此类门洞型的通道具有一定封闭性和防御性，其开口在主体街道中并不显眼，导向性相对较弱（图 3–13、图 3–14）。

图 3–13　街道到河边依从型小路（重庆白沙）

图 3–14　街道到河边依从型小路（四川恩阳）

图 3–12　依从型连通道路（四川狮市）

因为认同性较弱，所以几乎没有事件在这类空间中发生，仅仅是匆匆路过的人在街道空间中行走。山墙面不对此处开门，说明了民居对此空间的认同性差，无法在街道空间中定位各种事件，较少的事件反过来决定了此类街道空间狭窄的尺度。

3. 行为滞留型街道

滞留就是停留、停滞，在川渝传统街道空间中，停留是一种常态，滞留型街道则是因为有特殊的空间形态与特定的功能需要发生而导致人行为的聚集。从另一种意义上看，它属于认同感极强的特殊街道，时间、空间和事件在这里不仅建构成完整的体系，其滞留事件也成为传统街道的文化景观，同时也有固定、半固定和移动元素对事件进行划分。

行为滞留型街道以吸引人的汇集、引导事件的发生为主要特点，与之相对应的是离散型街道。二者实则是同一类型，有“集”就有“散”，这里我们根据人和事件发生的过程，定义为“滞留”。滞留意味着人和事物的集中停留，也意味着街道空间需要适当放大，以容纳多样性的事物，街道空间的形态会发生变化。前面谈到过街道空间的节点具有汇集事物的功能和属性，但节点属于街道空间的局部特点，而现在谈到的滞留型街道是整个街道空间成为一个巨大的“节点”，因而这类街道空间一般存在着特殊的形态。

例如肖溪镇，其船形的街道空间汇集从王爷庙、小河对岸、渠江码头三个地方过来的人流和货流，继而停留在宽敞的街道空间中，发生多样性的事件。然而街道几个出入口的意义并不相同。西侧的王爷庙属于船工帮会的聚集之处，特别是戏台具有聚集人气的作用，东侧为赶场的主出入口，通过与交易就成为事件的主体，而与码头相连的道路物资运输较多。三种不同的事物在街道空间中汇聚，使街道空间的事件变得复合。船形街为中间大，两头小，使街道空间中的场所和事件有了区域的划分。王爷庙基本限定了事件的类型，它属于帮会组织的聚会场所，街道中部属于货流与交易混杂的场所，决定了事件的世俗性，船形街潜在区域的划分形成了功能分区。船形街的大檐廊作为灰空间，也是私人与街道的“交接空间”，以列柱的方式与外部街道进行分区，具有公共与私人的双重属性（图3-15）。

图 3-15　滞留型街道（四川肖溪）

除了以上典型独立存在的滞留型街道，川渝古镇中部分街道也具有滞留属性，主要有两类：其一为街道中具有观演功能的场所，主要以戏台为中心，附近有小型广场或者类似广场的街道，此类街道就成为容纳人和事物的空间，起着聚集人流的作用。另一类属于街道空间的延伸。前面谈到过，公共建筑、民居的院落属于街道空间的延伸，会馆、寺庙属于特定人群的聚集场所，其内部的院落空间也因此汇集人气，特别是公共建筑内部一般都有戏台，满足了特定人群或者普通人群的聚集（图 3-16、图3-17）。

图 3-16　川王宫戏台滞留型（四川狮市）

图 3-17　王爷庙戏台滞留型（四川郪江）

4. 仪式型街道

这类街道空间与滞留型街道空间具有类似的属性，同样能够使人聚集，但它的空间场所意义与滞留型街道空间并不相同。滞留型街道一般是聚集发生生活或者交易事件，体现为复合特征。仪式型街道空间对某种特定的社会仪式进行解释，体现出精神属性，并形成某种特殊的形态。

乐山罗城的船形街是典型的仪式型街道空间。因为山顶缺水，人们出于对水的诉求而刻意将罗城街道修建成船形，号称“山顶一艘船”，是以象征作为第一要素。船形街端头的灵官庙是供奉雨神的场所，在船形街中灵官加身举行求雨仪式是街道空间体现的第一要义，成为一种仪式化的场所。在颇具象征意味的仪式庆典当中，历史上的神、祖先和活着的人同处在一个时空坐落之下，从而达到了“过去的历史与现时代社会生活的融合、家族组织与仪式象征体系的融合”。[1] 特别是街道中部的戏台，成为这个场所的表演中心。加上戏台本来就有汇集人气的功能，所以即使在没有仪式的时候，戏台与两侧的檐廊都成为人与事物的汇集处，滞留的特点也非常明显，仪式化的空间决定了街道空间滞留的特点。而船形街戏台后部的空间，则是以交易和汇聚为主（图 3-18、图 3-19）。

1　王铭铭．社区的历程 [M]. 天津：天津人民出版社，1997:4.

图 3-18　仪式型船形街（四川罗城）

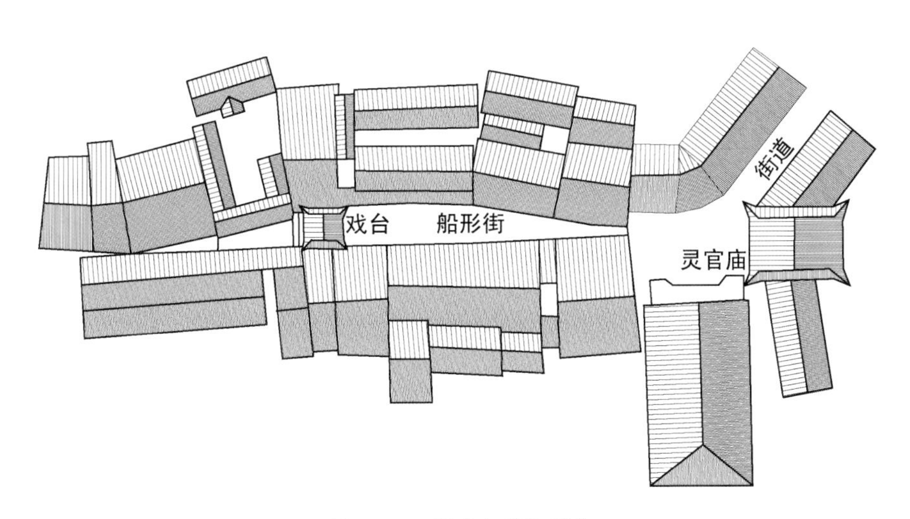

图 3-19　罗城船形街形态

部分古镇中也存在着仪式型街道空间，它们平时作为交通或者生活场所使用，在特定的时间，仪式将会在其间进行。比较典型的是洛带镇的街道空间，因为洛带是一个移民小镇，清朝湖广填四川时大量的外地移民聚居此处，进而形成某种特殊意义的街道空间。作为移民小镇，其防御性体现在街道空间的各处。洛带镇中所有通往镇外的街道空间都设有栅子门，一旦所有栅子门封闭，街道就成为一个封闭的场所，表达了“家”的意向。在街道空间中，移民经常在特定的日子举行舞龙活动，沿着街道行走，从形式上看是一种文娱活动，实质则是通过活动对“家”场所的确认与限定，使街道成为仪式化空间。由此可见，某些街道空间在一定时间会发生场所的变化，可在世俗场所与神圣仪式场所之间进行转换。

还有些街道空间中的活动并没有体现特殊的仪式，但通过活动体现出某种文化气氛。例如四川的阆中古城，其街道空间包括前面谈到的多种类型，以交易—生活型为主。阆中是三国时期张飞屯兵镇守之处，因此在张飞庙附近的街道中，常进行张飞巡街的表演活动，以体现三国文化，此时街道就成为一种表达文化的仪式性空间（图 3-20）。

图 3-20　张飞巡街仪式化活动（四川阆中）

5. 进入型街道

进入就是指到达，从广义上看还隐含有离开的意思，进入型街道一般位于经田野进入古镇主要街道空间途中，它是一种过渡空间，街道空间的属性相对较弱。进入型街道与依从型街道、交通－生活型街道空间明显不同，交通－生活型街道是次要的街道空间，依从型街道是古镇内的次要联系空间，而进入型街道在一定程度上是进出主要传统街道空间的必经之路。这类街道从文化上来看是农业与半农半商交汇的结果，体现出空间、文化和事件的过渡性，甚至有栅子门对街道进行内外空间限定。

大多数到进入型街道连接着田野与古镇内主要街道空间，街道空间常以过渡的形态出现。两侧建筑从稀疏到连在一起形成限定界面，视野逐渐收窄，两侧田野可见度减少，建筑可见度增加，人为因素逐渐替换自然因素。这是大多传统街道空间体系中进入型街道的主要特点，从“进入”的意义上理解，是一种逐渐接近的过程，半农半商的氛围逐渐加强。

部分进入型街道以特殊的节点为特征，例如上里古镇的桥，进出古镇以桥作为必经之路，桥作为交通要道，也成为一种特殊的街道空间。桥头或者桥上有时候可以摆摊设点，具有一定生活化倾向，同时也有潜在的防御性。而龙华古镇的廊桥则更兼具街道空间的功能，因为上部有顶遮盖，人在桥上停留的几率更大，也更适合生活与交易的发生。人一旦通过了桥，就表达了“进入”的意义。

在部分有城墙或者栅子门的古镇中，城墙内的街道空间和城外的道路、街道通过城门连接，城门表达出“颈”的含义。门外接近田野的街道与门内的主要街道空间存在着场所与意义的差别。内部街道倾向于城镇的特征，外部的街道则更倾向于乡村道路特征（图 3-21）。有的防御性强，门外几乎无建筑形成，仅有道路连接。部分沿路有少量的民房，形成“类街道空间”。还有的街道沿着封闭的自然、人为元素形成临时居住场所，体现出街道空间的意向，但公共生活场所相应缺乏（图 3-22）。门对于街道是一个界限，成为是否“进入”的标准。

空间场所的属性与事件的发生常以门为分隔，前面谈到的涞滩镇瓮城，从外穿过第一个门的时候，进入了防卫空间，通过第二个门的时候进入镇内街道空间，此时防卫空间成为街道事件发生的过渡场所。如果通过门表达了“进入”，过渡空间则表达了“准进入”。

图 3-21　进入型通道（四川铁佛）

图 3-22　相对封闭的进入型通道（重庆塘河）

6. 内聚型街道

内聚除了有聚集的意思之外，更强调“内”的意义，因此主要是指私人或者特殊群体聚会的街道空间。内聚型街道空间在一定程度上与滞留型街道空间有相似的地方，它们大多是各类建筑的院落或者特殊建筑前的空间。建筑的院落空间在一定程度上可以认为是街道空间的扩展，公共建筑的院落因为同类型人的聚集，并且时常对外开放而成为滞留型街道空间。

但私人院落对外开放的时候相对较少，大多数时候限于居住者自用，成为通风、采光、聚会、活动的空间场所，私人院落因此成为内聚型街道空间。

内聚型街道空间仍然以门作为界限。私人居住场所的院落存在着两种类型：其一为独门独户型，内部院落仅供一家人使用，所有的事件在院落中发生，具有一定的私密性。当门打开的时候，街道空间与院落空间连通，导致公共事件与私人事件的交融，在门口形成特殊的空间场所，例如上里的韩家大院广场（图 3–23）。其二为多户人围绕着院落居住，形成大杂院。这类大杂院以前多为公共建筑，例如祠堂、会馆、庙宇，它们在失去了原有公共建筑的功能后，成为大家居住的空间场所。此时的院落成为公共交往与活动空间，与街道空间功能更为接近。这类建筑的大门平时很少关闭，与街道空间随时相通，前、后门分别联系着不同的主要街道，实则形成了特定的“通路”——经一个门进入并穿过大杂院，从另一个门出去，到达另一条街道。虽然院落连通了两条街道空间，但除了居住其间的人使用外，较少被外人使用。大杂院中的人相互熟识，一旦外人进入，便会以一种警惕的眼光注视其行踪，外人在进入其间的时候，会感觉到进入了某种私人的防御性空间，所以望而却步，例如石桥镇的章家祠堂（图 3–24）。

图 3–23　韩家大院门口内聚型街道广场（四川上里）

图 3–24　章家祠堂内聚型院落（四川石桥）

图 3-25　居住型通道（四川石桥）

图 3-26　居住型通道（四川木城）

保留了传统功能的公共建筑院落如寺庙、道观等，是公众聚集的地方，属于前面谈到的滞留型街道空间。会馆、王爷庙、川主庙等在特定人群聚集的时候，对外部街道会采取封闭措施，因此成为内聚型街道。可见部分公共建筑的院落一直保留着滞留型街道空间的特征，还有一部分公共建筑的院落则在内聚型街道和滞留型街道的场所属性中不断转换，体现出街道的延伸性和可变性。

因此内聚型街道空间主要是私人建筑的院落，另有少量公共建筑的院落兼具内聚的属性。

7. 居住型通道

顾名思义，它主要是为居住服务的传统街道，是一种不起眼的小型通路。居住型通道一般位于主要街道空间的两侧，在沿街的两户人之间开一个约1米宽的小巷，供街道空间后部居住的住户进出。这类街道空间是在建筑空间内留出一个相对狭窄的通道，它的顶部封闭，两侧一般为编条夹泥墙，形成“洞”的意向。通道直接与街道背后的空间相连，形成一条道路串联多个院落的空间格局。内部的各个院落空间，多为各家各户公用。这类通道以不起眼的方式开口于主体街道空间中，人一旦进入就会被引导到各家各户（图 3-25、图 3-26）。

居住型通道主要功能是进出各自的家，它从文化意义上表达了"回家"的路。内部院落中居住者相互熟悉，形成了整体的领域感。居住型通道所串联的院落形成了一个袋形空间，只能通过这个通道出入主街道空间，因此其防御性比较强。这类小巷是联系居住空间与公共空间的通道，内部的院落属于前面谈到的内聚型街道，外人进入会觉得到了私人空间，而内部住民会以一种戒备的心理审视外来者，使其形成了防御空间。而住民在其间的活动则被视为一种日常，他们在其间仿佛成为一个大家庭，相互帮忙照应，使院落成为一种内部交往的公共空间。

街道主体空间经过这个通道扩展到民居院落，形成街道与其延伸的综合空间体系。居住型通道仅仅用于通行，无任何可停留空间，因此决定了其场所的单一性。

在传统街道空间的划分中，尽管划分各功能空间的主导意识不一样，各功能空间在各传统时期的名称也有的不一样，但主要空间的基本功能作用是相同的。[1]

二　街道空间的意义

川渝地区传统街道空间社会学意义上的分类，是基于其隐含的意义。因此在对其进行分类的基础上，深入剖析其意义有助于对传统街道空间理解，并对保护与永续发展有重要的作用。

前面谈到居住的层次包括宏观地景空间、城镇空间、公共空间、居住空间、私密空间五个层次，每个层次都与相应的环境建立了一种关系。街道空间主要属于城镇空间层级。川渝古镇形成过程中，建筑的产生同时伴随着街道空间的生成。在川渝地区的传统街道空间中，路径属性是突出的，即指向性和连续性十分发达。领域属性是显现的，即内外分割性和内

1　陈凯峰．建筑文化学 [M]. 上海：同济大学出版社，1996:61.

向性是情景的、偶发的。而场所属性则处在隐含状态，即内外沟通性和外向性尚未形成。[1]古镇与环境建立的关系，建筑与环境的关系表达出一种适应，因此街道空间也是人对户外空间系统的认同，居民形成对空间系统的地方归属感。人在定居的时候，会重新审视自己，并对居住空间和其外部活动空间进行“归属”，体现其存在于世的意义。另外，人对居住地做出选择的时候，也同时选择了与他人之间的关系，这种关系很大程度上是在街道空间中体现。因为血缘或者地缘的关系，传统街道中的人群可以看作是一个松散的群体或者组织，在平日的生活中，不成其为组织。一旦到了交易日，街道空间中的人会不自觉地划分成不同行业的从业者，形成各种松散的组织和团体。奥尔森认为有一个目的是大多数组织特有的，那就是增进其成员的利益。[2]街道中这些松散的交易组织也以赢取经济利益为主要目的，但这种形式是短暂的，因此街道空间在此时所承载的交易功能也是“即时”的，随着交易的结束，人们又重新将街道空间选择为“居住空间”模式。人对街道空间的认同随着人与人之间的关系来表达与体现。

空间并不是由本身产生的，而是自然和对建筑作出贡献的人工物体的特殊群体创造出来的。在创造者、使用者或旁观者的头脑中，每一个建筑群都会建立自身的空间框架。[3]

街道空间不仅是川渝古镇中的交通空间，而且是人们相互交往的场所——物资交换与情感交流。因此街道空间是一个多倾向性的场所，人们在这里汇集，生成一种“聚集”。当人们从多种环境中做出选择时，相互一致的形制就建立起来。在这种情况下，聚集比相遇更具有一种结构性。相互一致意味着共同的兴趣或价值构成了社会交往的基础。相互一致和共同价值的保持和“必然表现”是通过公共人造形式来实现的。[4]这种公共

1 朱文一．空间·符号·城市——一种城市设计理论 [M]. 北京：中国建筑工业出版社，2010:42.

2 曼瑟尔·奥尔森．集体行动的逻辑 [M]. 郭宇峰，李崇新，译．上海：上海三联书店，1995:5.

3 鲁道夫·阿恩海姆．建筑形式的视觉动力 [M]. 宁海林，译．北京：中国建筑工业出版社，2006:4.

4 克里斯蒂安·诺伯格－舒尔茨．居住的概念——走向图形建筑 [M]. 黄士钧，译．北京：中国建筑工业出版社，2012:11.

形式除了普遍意义上的公共建筑物，更多体现在建筑所围合的街道空间中（图 3-27、图 3-28）。“公共”就是一种共享，街道空间聚集了多种功能与价值，使古镇中一些共同的场所属性表达出来。街道空间具有双重的意义，它本身是一个客观存在的体系，具有前面谈到的实体界面，同时它又是一个社会交往的系统，可能扩展到整个川渝古镇甚至古镇之外，只存在意识上的范围而无具体的界限。因此也就决定了街道空间的结构具有二重性，人与街道空间的构成并不是相互独立的，传统街道空间的结构特征既是场所形成的中介，又是其结果。街道空间的双重属性既是其间各种交易、生活活动延续发展存在的基础，又是活动者身处并构成日常生活活动连续性的一种表述。

图 3-27　赶场（四川石桥）

图 3-28　街边娱乐（四川尧坝）

街道空间是使人回归到"生活的世界"基本结构的重要表现方式之一。海德格尔所定义的"存在"，不仅仅表达一种简单的有无，而是说明在日常生活中，任何事物都有场所，都有自身的意义。街道空间在各种场所的相互作用中，创造了一个整体的环境，让公共生活在其间发生。"发生"这种表达告诉我们：传统街道空间的生活不是一种毫无组织的流动，而是由多个事件——交通、交易、交流、游憩等构成的，事件之间通过次要的转换场景来发生联系。例如街道中早上的交易随着时间的流逝而逐渐消失，街道空间转换成交流空间，这个转换通过人"离开"这个场所而得以实现。人在街道空间中是一个复杂的过程，他所注意的事物既有熟悉的，也有陌生的。在这样的一个知觉过程中，生活作为人在街道空间行走的一个基本概念，其最主要的要素就是事件的发生，这意味着街道空间穿越了生活的世界，表达了事件的发生是人在街道空间一个基础的存在。

街道空间包括时间和空间上的划分，并以多样的形态和组织重合，不单单是物理边界所限定的区域，而是多种活动通过时间和空间形成一种有组织化的场所。在传统街道空间两侧，常有很多住户，他们一般是街道空间活动发生的基础，许多生活性的活动常发生在各家各户的出入口。随着街道交易时间的到来，商业性活动则在街道主体空间、民居内部或者门口发生，形成交易区域，这对街道空间意义的产生都有重要的影响（图3-29、图3-30）。街道之所以成为"空间"，与其间各种活动的相互联系密切相关。各种"次级场所"构成了街道空间的整体聚集性。街道空间整体聚集性决定了内部各种活动的时间、空间属性，反之活动的时间、空间特征又影响着街道空间整体聚集特征。各种活动的联系往往是"随机"的，活动之间的相互影响可强可弱，这也就决定了古镇中各条街道空间可能存在的联系。

戈夫曼认为，一种特定的社会前台，往往随其引起的抽象的定型期望而变得惯常化，往往具有一种与此时所做的具体工作本身相分离的意义和

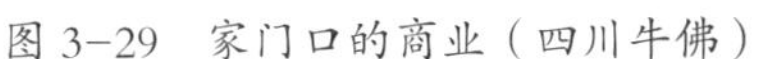
图 3-29　家门口的商业（四川牛佛）

图 3-30　家门口的商业（重庆丰盛）

稳定性。前台变成一种“集体表象”和独立事实。[1] 同样费孝通认为中国社会是乡土性的，[2] 在这样的背景下，传统街道空间中人的特定角色一旦确认，他不经意会发现表演舞台已经为他设计好，做买卖的会在街道中除主要交通空间以外的地方摆摊设点，午间吃饭的则可能在自家门口附近。街道中任何一种合理的活动都会形成一个“预定”的舞台。这个舞台正是在街道空间历史发展与文化的积累中，不断适应人们的活动和心理而逐渐形成。同样街道空间舞台也反过来促使人们在其间发生特定的活动。戈夫曼提出的前台与后台，在传统街道空间中体现出来，主体空间主要扮演着前台，人们按照社会的要求进行活动，谈话、礼仪、交易都遵从一定的规则，而后台则更多地体现在木板门后的建筑空间中，人们充分放松，并展现出自己的本性，部分不受外在社会规则的约束。前台与后台的分离，体现了公共与私人的功能分区特征，公共与私密、前台与后台通过街道中的木板门进行了区分，而木板门的开闭与否决定着前台与后台的转换。当木板门封闭时，建筑内空间无疑扮演着后台的角色，不许外人涉足后台理所当然。当门开启时，内部的建筑或者院落空间会变成前台（图 3-31）。当

1　欧文·戈夫曼．日常生活中的自我呈现 [M]. 黄爱华，冯钢，译．杭州：浙江人民出版社，1989:27.

2　费孝通．乡土中国生育制度 [M]. 北京：北京大学出版社，1998:6.

然街道空间中还有过渡区域，一般而言，过渡区域是灰空间，它可以是公共表演的前台，也可以是居住人员自我表演或者观察的场所（图 3–32、图 3–33）。传统街道空间的每一处，都有前台与后台的界限，诸如民居私人院落外人一般是不能入内的，除非具有特殊的展示、生产、销售等功能。

图 3–31　木板门分隔的前台与后台（重庆合川）

图 3–32　柱廊过渡区（四川罗城）

图 3–33　檐廊过渡区（四川犍为清溪）

福柯提出过纪律空间，[1]其基本特征就是对空间的安排，形成一种严密的空间关系，同时也在时间上进行安排，具有很强的计划性。这在建筑设计或者有具体功能的房间中具有明确的价值和意义。但这种纪律空间并不适用于解释川渝传统街道空间，传统街道空间中的活动一般并无严密的任务计划，但定期的交易具有一定的时间性，并被要求遵循一定的规则，可以称为“准规则空间”。在文化的影响下形成了潜在的不成文的规则，这种规则影响着街道空间中的活动特征，表达了复合性的意义。

在街道空间中日常生活将其自身作为一个事实或现实展现出来，供人们进行诠释，并被人们在主观意义上认为是一个前后一致的世界。[2]日常生活世界不仅是一个被社会中的普通人在其主观上觉得具有意义的行为中视为理所应当的现实，它也是一个缘自人们的思想和行动并一直被其视作真实的世界。[3]在传统街道空间中，日常生活实际上是一个相对井井有条的事物，它是被安排好的，诸如什么时候交易，什么时候娱乐，什么时候进餐、交流等都有一个潜在的顺序，在适当的时候事件将会呈现在我们眼前，即人在能够了解前已然成为一种存在的客观事物。

（一）认同

认同的意义主要体现在有特定功能的认同型街道中，从更广义的角度看，认同在所有街道类型中都或多或少地体现，环境和人潜在地对所有街道空间都进行了功能和目标的定位，因此认同成为川渝传统街道空间最重要的意义之一。在前面的分类中，认同型、行为滞留型、仪式型和内聚型街道的认同属性最强。

1. 概念

从社会学来看，街道空间是各个家庭单位共同活动的场所。在中国的

1　米歇尔·福柯．规则与惩罚 [M]. 刘北成，杨远婴，译．北京：生活·读书·新知三联书店，2003.

2　彼得·伯格，托马斯·卢克曼．现实的社会建构 [M]. 汪涌，译．北京：北京大学出版社，2009:17.

3　彼得·伯格，托马斯·卢克曼．现实的社会建构 [M]. 汪涌，译．北京：北京大学出版社，2009:18.

传统社会中，尤其在乡土中国社会中，住民在村镇的社会关系中对两点十分重视，一是“家”的概念，一是“宗族”的观念。每个村民均出生于一特定之家，在这个家中他获得了自身和“家”的具体观念。在村（镇）中，他获得了“社会”概念，具体说是宗法观念。[1] 而这种宗法观念常具有相当的一致性。中国家庭的“家”这个单位不同于西方，可以小到独门独户，[2] 也可以大到家族内关系好的人都可视为家庭成员，以至于整个街道、古镇都可以看作自己的家庭，家庭中的每个人都以自己为中心，与其他成员形成一个网，网与网之间的交集将街道中的人串成一个大的同姓群体，这也是川渝传统街道空间的一个特点。街道中地缘关系也是表达街道认同感的重要因素，每个家庭都不自觉地以自己为中心，周围在一定范围内都是街坊邻居，他们之间相互熟悉，生活与生产上互相帮助，这不是一个固定的组织和团体，而只是一种范围和场所的意识。富裕且影响力大的家庭，其势力范围可以大到整个街道甚至整个古镇，贫穷而影响力小的家庭，其影响范围小到可能只有周围几家，但无论其影响范围的大小，他们的认同感导致了街道空间场所意义的产生。这就是费孝通所认为的中国传统社会中的 “差序格局”，[3] 整个社会是根据私人联系所形成的网络。当然在亲密的血缘社会中商业是难以存在的，同一家族内物资的交换以相互赠与为主，很少涉及经济上的“交易”。川渝地区街道空间常作为贸易场所，各个不同村落或者家族的人来到街道上，把所有的血缘或者地缘关系都抛开，形成现场结算的交易，产生这种行为的媒介常常是血缘关系以外的人。他们共同的行为成了对街道空间的一种“认同”。

诺伯格－舒尔茨提出过居住所表达的两个方面，认同意味着对“总体环境”的经历是有意义的。而在这样的“总体环境”中，一些物质显得特别重要，用格式塔心理学的术语来说，就是在相对松散“背景”中明确

1 沈克宁．建筑现象学 [M]. 北京：中国建筑工业出版社，2008:44.

2 费孝通．乡土中国 [M]. 北京：北京出版社，2005:32.

3 费孝通．乡土中国 [M]. 北京：北京出版社，2005:34.

显现出来的那些更具结构的图形。川渝古镇聚落的整体图形变化一般是以“渐变”出现，高密度的物质逐渐消融到低密度的环境中——大多数聚落与周边环境的界线相对比较模糊，这与西方大多数传统聚落有明显的区别（图 3-34）。

图 3-34　聚落的扩展（重庆松溉）

人们对街道空间产生的认同，就是使人的行为与一定形态的公共空间发生有意义的关系。“空间”是一种虚无的元素，人们通过对实体物质的感知而体验到“空间”（图 3-35）。同样人们通过认知街道两侧的建筑，体验到街道空间的场所性。从哲学上看，街道两侧的建筑或者自然环境只是由感觉所合成的“事物”，即这些事物所呈现的只是一种感官信息。而街道空间并不由感觉组成，而是一个包含特征与意义的空间世界，这个世界并不需要由人主观经历“建构”而成。自从传统街道空间的形成开始，住民就有了这样一个公共世界，这是一个存在的世界。街道空间不能直接通过感官、感觉或者简单的看法来传递，住民直接面对这个公共空间，也只能通过次要的方面来了解知识和认知的局限性。人与街道空间的交往中，每一个人都有朴实的先验特征，街道空间的意义就存在于街道空间本身。

图 3-35　空间容器（重庆万灵）

这与梅洛·庞蒂的基本理论是相吻合的，他认为："事物先于和独立于人，具有一种奇妙的表达：一种内在的实在通过自身的外部显现出来。"[1]街道空间是由多种元素组成的事物，任何一种事物都是一种集合体，代表着一个"小宇宙"。如同海德格尔所认为的，街道空间的多重意义由"天、地、人、神"四方面聚集而表达。[2]古镇的居住在于认同了一个"小宇宙"，拥有了一个微观的世界，这个微观世界中，街道空间是重要的组成部分，与世界的基本结构相互关联。同时街道空间使得住民的小世界开启，进而作用于人们。人们都受事物的影响，认同意味着通过理解事物来获得一个世界。"理解"一词在此取站在其下或之中的原意。[3]街道空间作为一种事物，具有内部的实在和特性，这种特性存在于它所聚集的世界之中，并通过街道的形态构成表达。这种表达常为模糊的，传统街道空间展现了自身，但其意义是隐含和

1　莫里斯·梅洛-庞蒂. 知觉现象学 [M]. 姜志辉，译. 北京：商务印书馆，2001.

2　马丁·海德格尔. 海德格尔选集-筑·居·思 [M]. 孙周兴，选编. 上海：上海三联书店，1996.

3　克里斯蒂安·诺伯格-舒尔茨. 居住的概念——走向图形建筑. 黄士钧，译. 北京：中国建筑工业出版社，2012:15.

多重的。街道空间好比一个巨大的容器，容纳了人思想里的"世界"。人们在街道空间中的赶集，利用了檐口限定的顶界面所提供的光线，利用了地界面作为交通和交易等活动的承载面，利用了端界面作为镇与乡村的物理和心理分界，也利用了侧界面的分隔与变化。这个街道"容器"成为有地域特色的可理解的存在。建筑界面限定了建筑空间，同样也使街道空间成为容器，在家附近的街道中从精神、心理、社会、空间和功能上发展和健全了自己对街道以及更广范围环境的认同与定向。[1]

川渝传统街道空间中充满着各种事物，四周的围合界面不仅表达出自己的物质特征，又限定着空间形态，体现出街道空间中的内容。因为街道空间界面常为"虚"界面，人在房间内，就可洞察到街道空间中的事物，并可与房间内的事物互动，形成一种交流场所（图 3–36）。街道空间内的运动和现象被固定在场所中，成为其内部永恒世界的一部分。当街道空间以固定的形态出现时，表明它克服了多变性，聚集了事物的多样性。即便是最复杂的街道空间，也是由各个界面以及日常生活中的各种活动与行为组成。个体在日常生活过程中，在具体定位互动情境下，与那些身体和自己共同在场的他人进行着日常接触。[2]在街道空间中的聚集，意味着在共同的场所中，并通过共同场所完成了某种事件。聚集可能存在两种情况：一种可能非常松散，聚集时间很短，诸如街道空间中的熟人相互之间的礼节性问候，或者几句简短的闲聊；而诸如交易、街道中的特定的聚集或者娱乐，聚集时间比较长，则形成一种"社会场所"（图 3–37）。戈夫曼认为社会交往场合反映出社会情境，交往中会发生聚集 – 解散、再聚集 – 再解散的过程，周而复始。这正说明了传统街道空间的重要特征——定期市集，在市集交替的间隙，街道空间成为承载普通生活的场所，同样在市集出现的时候，也会存在着其他社会聚集，诸如孩童的玩耍、邻里的喝茶、打牌、下棋等（图 3–38、图 3–39）。传统街道扮演着

1　沈克宁．建筑现象学 [M]. 北京：中国建筑工业出版社，2008:44.

2　安东尼·吉登斯．社会的构成 [M]. 李康，李猛，译．北京：生活·读书·新知三联书店，1998:138.

多个聚集活动的空间，同时每个聚集的活动都可能包括多个“子聚集”。传统街道空间中总存在着一个“顶位聚集”，它控制着整个街道空间的文化和意义，交易市集就是一个最常见的“顶位聚集”，适用大多数川渝传统街道空间，即普遍的认同性与行为滞留性。

图 3-36　室内空间与室外空间融合（四川太平）

图 3-37　街边社会场所（重庆李市）

图 3-38　柱廊中打牌（重庆铁山）

图 3-39　街道中打牌（四川华头）

简阳石桥镇至今保存着定期赶场的习俗，其街道空间中的建筑多为传统民居，建筑界面相对比较开敞，为交易的发生提供了空间。定期赶场事件在街道中的发生，说明了当地及周边的人对时间和空间都有着约定，从早上 8 点多开始，镇外的人带着各自的商品陆续从四面涌入，镇内的人将建筑木板门拆下，将物资沿街摆放做好交易的准备。这种不约而同的行为说明形成了明确的认同感。当人们在街道中聚集的时候形成最高端的“顶位聚集”。在交易赶集的过程中，街道空间形成隐性的划分，潜在划分出交易空间，形成了鱼市、早点区、日用品区，五金区、农产品区、药品和服务区、饭店茶馆区等，也就是在顶位聚集下形成了不同的子聚集，不同的子聚集分布在街道空间不同的部位，每个交易区对应相应的区位，这根据交易的特征和空间形态特点共同协调决定，成为人们对街道局部空间的典型认同。在每个交易区中，又区分出不同的交易空间和场所，三五成群，群与群之间形成潜在的区域划分，形成更小的子聚集。交易区所处空间位置也有一定讲究，鱼市靠近沱江边，相对大一点的日用品一般接近新区，饭店与茶馆一般紧邻交易区。这说明功能区按照相对便利的原则进行分配，呈现出自发性。

从子聚集的空间场所分析，在对整个交易大认同的前提下，每个小的空间都包含着认同的意义。鱼市在街道靠近江边的区域，说明街道这个空间适合这样的事件发生，人们自然就会认同这个区域作为水产交易区。茶馆、饭店在街道中一般紧邻交易区，为交易后的人提供了聊天与休息之处，一旦接近中午 12 点，大部分交易者就会收摊或者从茶馆、饭店离开。这种行为过程上的认同使得街道空间呈现出一种内在的连续性。同样茶馆、饭店开敞的空间与街道连为一体，“街”与“房”成为有机整体，说明了认同感的扩展。这期间还有另一类人群，他们的聚集形成了街道中的另一种“聚集”，这就是留守在传统街道中的老人，几乎每天他们定时出现在茶馆中，喝茶、打牌、聊天，成为时常发生的事件。从中国传统文化看，中国人惯常于相互依赖，这种人际关系上的相互依赖有其积极的一面，就是互帮互助，集思广益，[1] 同时加强了人与人之间的纽带，形成了多个温馨的场所。正因为如此，老人对茶馆的认同成为这群老人的独特意

1　赵旭东．反思本土文化建构 [M]．北京：北京大学出版社，2003:103.

向，在认同茶馆的同时，对茶馆周边的街道场所也进行了心理上的认同，随着茶座摆放的增多，茶馆周边空间也具备了聚会的属性。赶场交易时的各种聚集与这群老人的聚集形成交叠，强化了茶馆的认同感，实际上营造了老人心理“家园”，成为他们认为的熟悉温馨场所（访谈详见附录 1）。

2. 意义

这种认同意义很大程度上与街道空间的形态有关，最典型的例子是重庆的铁山镇。其短短的 200 米的街道，两侧建筑全部建造有 3 米宽的柱廊（图 3-38）。古镇主街位于小溪边，以往水码头的属性使之商贸繁华，交易的功能使街道柱廊这种灰空间发挥出商业、交往和居住的综合作用，从另一个角度说明交易对街道的认同，促成了廊空间的形成，从建筑界面特征也可以看出廊是典型的交易场所（图 3-40）。随着交易的衰落，人对街道空间的认同发生了一定的变化。留守老人开始在街道中聚会，以前的茶馆成为聚会的核心，在这些老人的意识中，传统街道几乎等同于茶馆，具有“家园”的意向。因此街道中最有活力的茶馆空间依托柱廊开始扩展，柱廊演变成老人意识中的“茶”空间。这说明聚集与空间、事件有明确的关系，街道空间的廊因为交易而发生认同，但随着事件的变化，现有的空间会因为人的活动改变而被作为另一种功能使用，此时对街道的认同性也随之发生变化（图 3-41）。茶馆空间在廊中的扩展使得传统的交易场所意义淡化。此时老人的聚集如果作为顶位聚集，那一桌桌的人分成了小的子聚集，分散在柱廊中。

有特殊意义的仪式型街道空间还具有精神意义上的“顶位聚集”，例如罗城镇在船形街中举办“灵官求雨”，与街道空间“有船必有水”的意义吻合，表达出社会化的结构与街道空间形态高度契合。所以部分街道空间存在着仪式化的意义，一些传统文化的控制引导着人们的言行，要求人们行为得体，精神意义上的聚集常在仪式和过程中体现出严谨的秩序性，而功能和生活上的聚集常呈现出某种周期性和随机性。街道空间中的“顶位聚集”对“子聚集”具有主导作用，即使“子聚集”的内容或者功能与“顶位聚集”不同，都会或多或少受到“顶位聚集”的影响和限制。街道

图 3-40　廊中的建筑界面（重庆铁山）

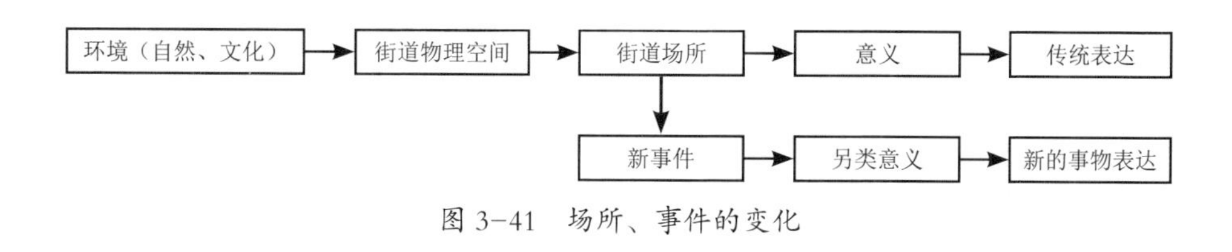

图 3-41　场所、事件的变化

空间中“顶位聚集”与“子聚集”在一定时间和场所是相对分离的，罗城船形街中，柱廊虽然处于纪念性的广场中，但柱廊中交易、休闲、聊天等生活活动极其丰富，柱廊外部分空间显得相对严肃而完整。这种区分要求人们在不同的空间具有相应的行为表现，但空间形态的特殊性使得人们行为具有“特殊性”，成为仪式化特征。

波丘尼的瓶子现象学中提到，瓶子在垂直方向上升起，会产生一种秩序的力量，而水平方向上随着曲线的变化，形成宽窄不一的围合空间。瓶子作为空间与形态的集聚，并不是一个单一的物体，而是以柔和的曲面表达出与周边因素的相互联系。同样街道空间也可以类似的方法认知，人们可以通过川渝古镇的建筑来理解聚落的意义，又通过建筑所限定的街道空间揭示其外在场所的意义。传统街道空间属于“居住”的一种，通过乡缘或者地缘关系的聚集，形成秩序力量，以多样的空间形态体现出与自然环境、人文环境的关系，被“认同”为天地间的重要组成。街道空间以不同的空间场所与层级使人对其的感知成为一种具体的存在。街道空间以自身所表达的形态来完成空间的聚集，即街道空间是当地住民所认同的空间，它们体现了存在的意义，使住民的生活世界以本来的面貌表达。街道空间的聚集功能取决于它自身的“存在”状态：形态、宽窄、开敞、封闭等。外在的表现基本属于面貌上的，与街道空间所表达的属性无关，认同就是人自身和物体具体形式之间的一种紧密联系的互动关系。街道中的一切表达会“映射”相关的事或者物，成为“天”“地”之间存在方式的一种（图3-42、图3-43、图3-44 表达出人与街道互动所形成的面貌，即某种认同所起的作用）。街道中的生活、交易、交通都属于事件的存在，融合于街道空间的存在中，即行为滞留的一种表现。

图 3-42　交易形成的街道（四川西来）

图 3-43　防御形成的街道（四川李庄）

图 3-44　休闲形成的街道（重庆蔺市）

街道空间不仅是一个复合的体系，也可以在任何时候表达出“场所氛围”。自然环境和它所承载的元素都会体现一定的场所氛围，这种氛围会随着时间、气候、季节等的不同而发生变化，并在场所中有统一作用。在街道空间中，认同就要面对它自身所处的自然环境和人为环境形成的体系，这种体系体现出特有属性或者精神象征，并具有某种内涵统一性，形成场所精神（图 3-45）。在社会学的意义里，这涉及了戈夫曼的理论——共同在场的情况下对所在场所领域里身体动作的控制。在街道空间中小范围内形成的共同在场往往没有物理上的边界，但从整体的街道空间看，其界面就成为共同在场的物理边界（图 3-46）。

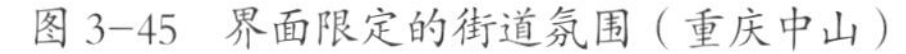

图 3-45　界面限定的街道氛围（重庆中山）

图 3-46　无边界的局部场所（四川福宝）

认同使人们最终占据了街道空间，因此也获得了外部空间的属性和场所意义，属性被理解为街道空间“内涵”的特性，认同理论在于被理解的街道空间的“内涵过程”。尽管街道空间是古镇形成的产物，但在形成过程中和形成之后，住民必须对它进行不断的“诠释”，以达到真正的理解。住民属于街道空间中的重要元素之一，人在心理上要让自己归属于街道空间，获得“居住”的意义。在传统街道空间中也存在着群体的认同，同样行为的集合，能使街道空间中各种人得到一种认同，共同行为的意义是一种无形的力量，将街道或者周围村落的人汇聚其中，为街道空间中的行为互动、举行仪式、文化习俗的表现提供了物质条件（图 3-47）。吃饭、棋牌娱乐形成了邻里之间的生活认同（认同型、行为滞留型），阆中古城的张飞巡街、洛带的舞水龙、火龙活动形成了街坊间的地域认同（仪式型），云顶场鬼市在物资交换过程中则形成了记忆属性的认同（认同型、仪式型）。不同的认同在街道空间中形成了多样的归属感。

图 3-47　街道居住场所的物质特征（重庆三倒拐）

川渝传统街道空间对周围环境的认同主要表现在两个方面。首先街道空间是古镇实体建筑中包围的空间，与密集的建筑互为图 - 底关系，街道空间一边被实体建筑衬托，另一边又将建筑突显，表达出更具“结构性”的图形。人们的认同常从环境开始，然后定位聚落，形成建筑，通过建筑定位其周边的空间，多个建筑的生成导致外部空间的延续而形成街道空间。其次当人们选择环境认同的时候，潜意识选择了聚落的自然环境，而街道空间与外部环境相连，说明街道不仅具有人为场所的特征，一定程度上还具有自然的属性。因此建筑不只是对定居场所的判断与认同，同时也是对其外部街道空间的认同。例如重庆塘河古镇，它在河流运输要道边形成聚落，通过建筑的错落，形成了带有坡度的街道空间，街道空间通过栅子门与聚落外联系，形成一定的封闭性，说明在整体认同的前提下，对街道内外认同的区别（图 3-48、图 3-49）。整个古镇具有一定的防御性，以栅子门形成对外部的防御，说明历史上塘河周边并不安定，整个古镇虽然顺应了自然环境，但并没有认同其人文环境，所以防御性较强，开敞性不够。而一旦进入内部的街道空间，则是一种典型的交易场所，说明在满足防御的前提下，街道空间具有典型的商业性，是一种认同同时兼具内聚的街道属性。这在后面的内容中会进一步介绍。

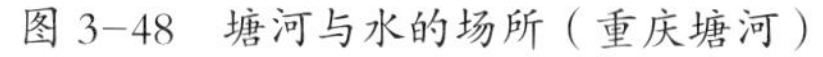
图 3-48　塘河与水的场所（重庆塘河）

图 3-49　塘河的坡地街道（重庆塘河）

认同让人在街道空间这个“舞台”上进行表演，除了表现为正常必须的行为，他们还在街道空间中做有利于自己的事情，诸如打听消息、赚钱、交换自己需要的物品等，这种自我获利大多是非常隐秘的。在街道空间中，人们在认同各种场所的前提下，实现了某种利益。这种舞台化的表演大多是自发的，少数是刻意的。因此认同存在着两种基本的类型：其一是潜意识认同，当在道路交叉口、两河交汇等处发生物资交换、文化交流的时候，古镇聚落的雏形因此而形成。人们并未有意识地主动去认同这个环境，当建筑生成后，街道空间也随之产生。大多数川渝古镇聚落都是通过潜意识生成，街道空间的生成也就变成自然而然的过程。其二是主动性认同，对在某个自然环境和场所的建筑或者空间采取设计与规划，以形成符合自己想法的空间，例如罗城缺水，第一步的认同就决定了以特殊形态的船形街道空间去迎合心理上的需求。又如洛带的舞龙显然是与农业文明密切相关的庆典活动，今日人们早已不相信“云从龙，风从虎”了，但人们依旧拥有祈求风调雨顺、五谷丰登的愿望。况且在舞龙活动中，民族强盛的愿望均可投射其中，故而舞龙一直兴盛。[1]洛带移民的舞龙活动也演变成对自己生活的街道环境的宣示，同时也向外界表达外来移民强大的族群势力，是一种行为表达的仪式化属性。因此无论哪种认同都造成了街道事物“密度”的变化。

所有活动都是在认同街道空间的基础上，由行动和动机、社会互动、观察者组成。[2]在为了达到一定目的的前提下，就会有动机产生，随后采取行动；社会互动建立在人与人对行动模式的理解之上，这种理解引导着人在街道空间中以恰当的方式活动，同时受制于街道空间形成的文化和表达出的空间场所。这种互动是一种恰如其分的关系，通过关系人可以在街道空间中获得有用的信息。即使普通生活中最简单的互动也以一系列常识构想为前提，而在这种情况下，互动是以有关被预期的他人行为的构想为前提的，所有这些构想都建立在一种理想化基础之上，即行动者的目的动机可以变成他的伙伴的原因动机，反过来说也是如此。[3]这种理想化的接触，除了社会学中提出的预期构想之外，还必须以人对传统街道空间场所的认同为根本。比如交易，即使有习俗与文化的背景，人们一般也不会在

1 苟志效、陈创生 . 从符号的观点看——一种关于社会文化现象的符号学阐释 [M]. 广州：广东人民出版社，2003:193.

2 阿尔弗雷德·许茨 . 社会实在问题 [M] . 霍桂恒，索昕，译 . 北京 : 华夏出版社，2001:50.

3 阿尔弗雷德·许茨 . 社会实在问题 [M] . 霍桂恒，索昕，译 . 北京 : 华夏出版社，2001:50.

街道空间外的田野中做交易，一旦有街道空间提供所有人都认同的场所，互动行为就必定发生（图 3-50）。观察者在街道空间中总是或多或少存在，他们没有加入某种特定活动的互动行为，只是有意或者无意看到特定活动中人们互动行为，因此其所在的位置一般位于街道空间非互动场所。观察者一般是街道中不参与交易活动的住民或者外来的旅游者（图 3-51、图 3-52）。

图 3-50　交易互动行为（四川西来）

图 3-51　观察者（重庆西沱）

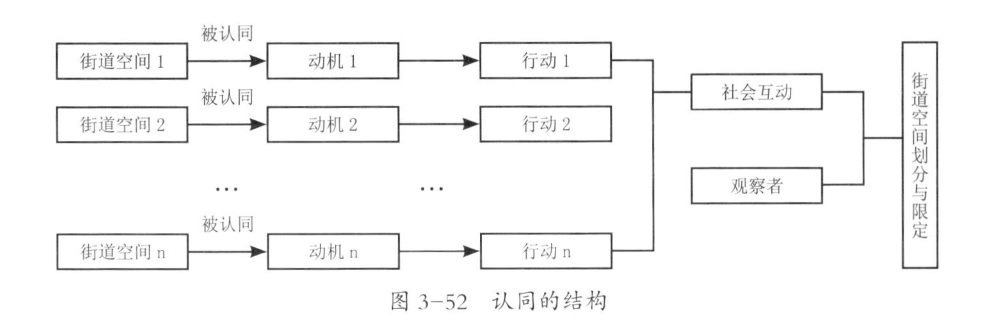

图 3-52　认同的结构

（二）定位

人的行为会在空间形成定位，传统街道空间就是事件发生的结果，同样川渝传统街道空间中的各种事件又进一步强化街道空间的属性。在分类中，认同型、行为滞留型、仪式型和内聚型四种类型的定位性最强，依从型、进入型和居住通道类型主要从基本功能上满足人的使用需求，与场所中有意义的事件定位关系相对较弱。

1. 概念与结构

定位意味着在认同的基础上，对所“认同”的环境、物质和空间进行系统“集成”，形成一种空间关系。认同与生活、行为密不可分，住民在街道空间中的行为取决于定位中的心理。街道空间中的行为可以理解为一种规则——目的和方式，二者与街道空间一起形成一个领域。在街道空间中，人们常根据“空间形象”来实现自己的行为，传统街道的“空间形象”不仅与其形态、宽窄、长度等因素相关，更与街道空间中多种元素组织所形成的场所密切联系。良好的空间形象会定位安全的氛围，促使人们对街道空间形成建造，反之会营造不安的气氛，造成排斥与否定，促使人们对新的外部空间重新认同与定位。

反之，街道空间的形象也会因其内部场所意义的改变而发生变化，表达出因为定位而显现的一种现象，即街道空间的“存在主义现象学”。诺伯格－舒尔茨认为这种现象学主要通过限定目标、中心、通路和领域的意义来表达。人的一切行为都与目标或者中心密切相关，川渝古镇是住民从自然环境中产生的居住中心，古镇中的广场又是住民的聚集中心，街道空间是人们公共活动的中心，小到公共建筑是城市某种文化体现的中心，民居是居民生活的中心。一般来说，中心代表了已知的事物，与未知且也许令人惧怕的周围环境形成对比。[1]

街道空间大多是纵向延伸的空间，因此在存在现象学中用“中心”去形容它不够恰当，而用目标来表达街道空间更为合适。

街道空间纵向上存在着“中线”，形成一个扩展的中心面，中心面表示多样事物发生的场所。中心面不仅被理解为竖向直线，而且具有水平运动性。如果说中心的竖向性连接了天空与大地，那么街道空间的水平性成为次要轴线。道路和轴线是中心的必要补充，因为中心包含了外部和内

1 克里斯蒂安·诺伯格－舒尔茨．居住的概念——走向图形建筑[M]．黄士钧，译．北京：中国建筑工业出版社，2012:20.

部，换句话说，中心包含了到达和离开的行动。[1]道路存在于大地，表达出一种方向的可能性。当道路与两侧的垂直界面共同限定出公共空间的时候，事物的多样性与复杂性就体现出来，并形成“垂直力”。传统街道空间代表了住民具体的行动世界，它形成了一个无限延伸的“袋形界面”。在道路的基础上，人们选择、定位并开通了街道空间，赋予这种“存在空间”特殊的意义和结构（图 3-53）。

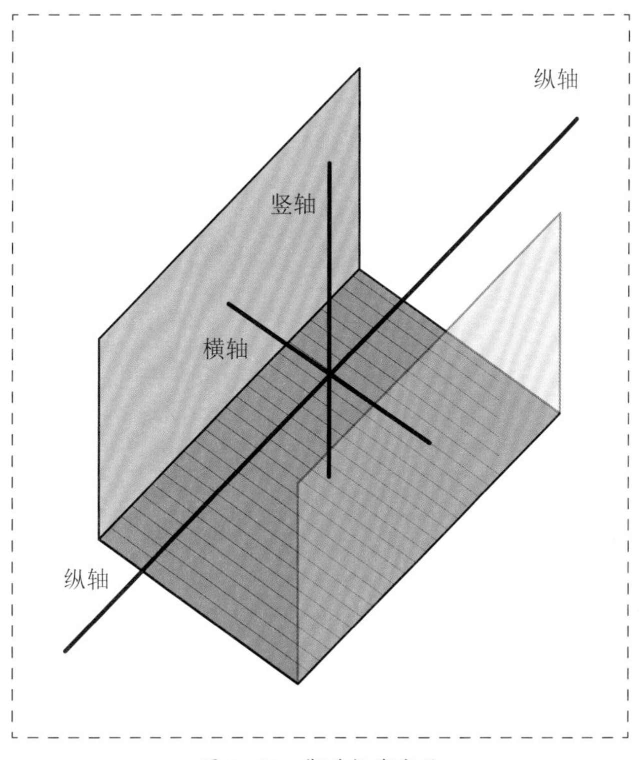

图 3-53　街道轴线定位

1　克里斯蒂安·诺伯格－舒尔茨．居住的概念－走向图形建筑 [M]．黄士钧，译．北京：中国建筑工业出版社，2012:21.

图 3-54　欧洲街道的导向性（捷克）

图 3-55　街道的导向性（四川望鱼）

传统街道空间有时候会将人引向一个目标，并提供一个住民预期走向，随着人视觉的透视延伸，成为一种导向。街道空间是由“连续性”来表达的，顺着街道空间的运动都通过一定的节奏来体现，这与街道空间竖向中心的发展形成相互配合的维度，因此定位表达出垂直力与节奏属性。川渝地区传统街道空间与西方街道空间的导向性有明显的区别，川渝地区传统街道一般将人引导至交易、居住场所或者某些公共建筑，导向性相对比较弱，而欧美地区传统街道则是将人引导至城镇的中心广场，一般都有教堂或者市政厅作为标志物。当然这里谈到的中心性是特指整个城镇的，与前面谈到的街道的中心性不是一个概念（图 3-54、图 3-55）。

街道空间的密度特征由周边建筑所形成的“背景”衬托出来。这种背景由不同质量密度的领域组成，但不同质量密度的领域都存在着一种统一的均质性。这种“背景”下的川渝传统街道空间与领域发生关定位关系，使得街道空间有统一的功能，形成一种空间路径，表达一种空间图案。例如重庆瓷器口古镇，其连续的坡屋顶凸显在周边的环境中，建筑的屋顶也限定出道路（图 3-56）。不同的古镇形成不同的街道空间组织，诸如网状、枝状、线状等不同形态，有的古镇因为纪念意义或者特殊的功能，形成了具有强烈导向性的街道空间。这种秩序建立在地景中，街道空间以垂直的力与水平的节奏感形成自己的场所氛围。川渝古镇所形成的街道空间不仅是对住民思维中“小宇宙”的质量密度的一种认同，也是对各种元素进行定位的结果。街道空间容纳古镇居民的各种行为，让各种生活活动得以展开。街道作为一种存在空间，不仅具有形态，而且具有垂直与水平两个方向的特征，街道空间如何将自身具体化为存在是其定位最基本的属性。街道空间的意义取决于形态、长度、宽窄、开敞、闭合等内容，并通过一定的空间层次组合表达出来。而空间秩序又受到自然环境与人们行为的影响，将场所意义以不同的方式体现出来。

图 3–56　质量密度（重庆磁器口）

2. 意义与解释

传统街道空间是人活动的场所。人们在日常生活接触中，存在一个对身体的定位过程，这是社会生活里的一项关键因素。在共同在场的情境下，行动者的定位过程是日常接触结构化过程的一个本质特征。[1] 身体根据直接与他人的共同在场相关联的背景来加以定位。[2] 可以从传统街道空间维度和发展序列上来进行定位。街道空间中的每个人都以多样的方式定位于多种身份，存在于街道空间的各种社会关系中，并形成互动关系，进而促进街道空间场所的形成。人的多种角色定位了街道空间中多重意义的场所，而且人的互动形成了街道空间场所意义的变化和交替。吉登斯认为可以联系不同的场所来有效地考察社会互动的情境定位特征，正是通过这些不同的场所，个体的日常活动得以协调在一起。所谓场所，不是简单意义上的地点，而是活动的场景。[3] 川渝传统街道空间充斥着多样的场所，当街道用于交易的时候，路边形成交易区，交易场所的买卖将人们定位在一起。非交易的时候，人在街道空间中喝茶、吃饭、聊天，将街道空间转变成一种生活场所而定位在一起（图 3–57）。在活动的过程中，人的反思性监控具有特有的定位特点，不仅定位于自身的行动，也定位其他人的行为，同时关注着街道空间的物理属性和社会属性。例如在交易的时候，人不仅想着自己要想买什么，还寻找着卖同样东西的人，以寻求互动，同时在街道中不断定位于各个空间，观察着次级空间的位置和属性。传统街道空间承载着多种活动，它是以一种社会内在结构形成的体系，是人们根据长年生活中的各种记忆而建立的空间，体现在古镇各种社会活动中，并内化于人的多种行为中，这在认同型与行为滞留型街道中表现得非常普遍。

仪式化的罗城街道从开始修建的时候就已经有意识地进行了定位，因此其物理形态和人的行为更加有机地联系，灵官求雨的活动一定就在广

1 安东尼·吉登斯．社会的构成 [M]. 李康，李猛，译．北京：生活·读书·新知三联书店，1998:162.

2 安东尼·吉登斯．社会的构成 [M]. 李康，李猛，译．北京：生活·读书·新知三联书店，1998:44.

3 安东尼·吉登斯．社会的构成 [M]. 李康，李猛，译．北京：生活·读书·新知三联书店，1998:45.

图 3-57　街道生活场所定位（四川牛佛）

场，而喝茶、休闲和观演一定就在两侧的柱廊，因此仪式化的街道的空间形态和人的行为形成了比较明确的对应关系。同样内聚型街道一般为建筑内的院落空间，其形态适合于聚集或者特殊公共、私密活动，形态与行为也形成了比较密切的吻合。例如罗泉盐神庙内的院落，不仅属于盐商的聚会空间，也是赶场时大家的观演空间，具有特殊的定位属性。

人的行为是在街道空间中的表演，街道中的场所为使用者提出了一定的抽象要求，部分使用者也会潜在向另一部分使用者提出一定的要求和限制，形成了人在街道定位过程中的场所化、行为化、限制化和程式化。在定位的过程中，多样的事件导致人之间的互动，在传统街道空间中以各种关系发生着联系，其间各种潜在的规则组合在一起，互动的关系构成了街道空间的主要社会元素。相互影响的关系靠多个不同的个体在动态的街道空间中定位，街道空间中的潜在规则规定了不同类型的人在其间的职责和作用。同样，不同的人根据相应的规则、文化、习俗来调整各自的行为，都属于自发性的，并且是有意义的，这种意义与场所相互促进、相互吻合。交易中买卖各类物资的人，各自寻找街道中适宜的空间，形成场所，进行定位，同时人的走动促使事物和场所的交叠，又形成不同种类的定位。所有街道空间中的活动都是场所形成定位的一个过程，反之说明各种活动必定产生于街道的时间和空间中。街道空间中的各种活动常重复发生，随时间的变化它们可能逐渐消逝，又有可能重新发生在不同的空间场所。生活活动分布于不同的街道空间中，不同类型的活动可能具有不同区分界限，有的以物质，有的以行为，有的以心理，表现形式多样（图3–58、图3–59）。

图 3–58　廊桥上的活动（四川青林口）

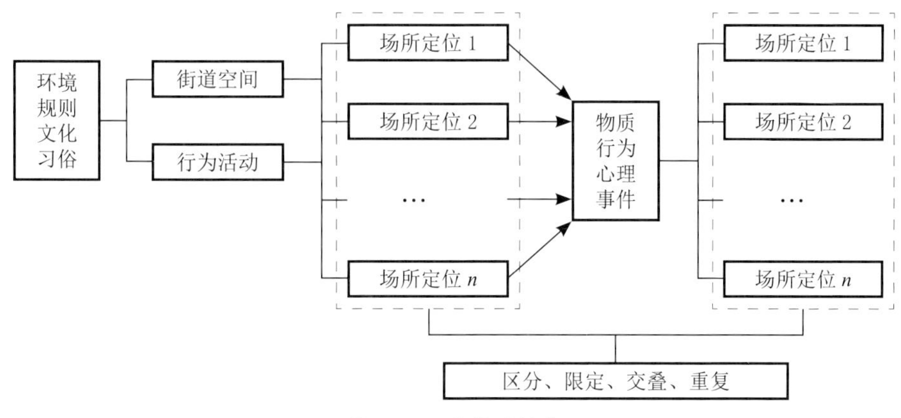

图 3-59　定位的结构

（三）表达

平常我们谈到的表达是指人相互交流所使用的一种符号，这里我们谈到的表达是街道空间对文化和意义的阐述。从符号学的角度讲，表达不仅是工具，表达本身还表达着某种文化意蕴或某种文化象征；同时它也具有内在的创造性功能，能引导我们超越日常世界，走向意义世界。[1]川渝古镇产生的文化表达，通过传统街道空间的各种元素及意义体现出来。在不同的传统街道空间类型中，表达的内涵在一定程度上是一致的，但可以体现在不同的空间元素中。

川渝古镇的人以建筑、自然元素来限定街道空间，是一种形态上的体现，也是一种空间包容。用空间的概念来定义就是经过潜意识组织的人为空间。街道为古镇提供了明确的可能性功能并涉及空间语言的表达。特别是人的行为动机，它促使着街道空间产生一定的功能。从整个古镇聚落来看，街道空间所表达的意义是整个古镇聚落的活力，是整个聚落生存的意向。街道空间是具有形态并可供使用的外部空间围合体，它不同于普通建筑的单一生命保护作用，不仅具有交通、交流等功能，而且部分街道空间

1　苟志效，陈创生．从符号的观点看——一种关于社会文化现象的符号学阐释 [M]. 广州：广东人民出版社，2003:231.

具有防御机制，以保护古镇中的某种功能。因此街道空间作为聚落与外界交流的一种空间，表达着古镇聚落的存在精神。在认同型、行为滞留型、仪式型和内聚型的街道中各种活动较多，表达的内容相对较多，而在依从型、进入型和居住通道中，活动相对较少，通过行为明显，表达的内容相对较少。

人在传统街道空间中的动机相对比较多，不仅依赖于人的个性与文化背景，而且随着时间的变化而发生变化。这样导致街道空间表达出不同的功能意义，导致承载活动的街道空间的层级与秩序不同。

传统街道空间会产生三种重要的表达——刺激、安全和标识性。

1. 刺激

刺激使得人们有使用这个“存在空间”的欲望。如果只有交通目标动机，人会快速通过街道空间，主要使用了街道的主体部分，其行为是通行。当存在某种交流动机，人不仅使用其主体部分，而且还将利用到街道的灰空间、建筑空间。动机不同，使用街道空间的层次就不同，有的只用到主体空间，有的则用到街道的附属空间。川渝街道空间中的行为存在着一定的稳定性、连续性和预期性，这种特点靠着对社会规则的了解使人保持规范和清醒。街道空间中最重要的事情就是通行、交易和生活交流，这三种行为的转换表示场所功能和意义的变化，也意味着街道空间中社会团体的变化，每个有不同程度内聚性的社会团体都有自己潜在的规范和准则，约束着人们的行为。通行决定着人的运动呈直线而相对快速，交易决定着运动的自由性和交流性，生活交流则表达出静止性与自主性。荷兰建筑师对场所有深刻的认识，他们认为随着空间和时间的变化，场所的含义将更加丰富。这一描述说明了街道空间是由空间、它所处的环境、意义以及人们的活动组成。街道空间在不同的时间和空间中表达出不同的场所意义，正是由于不同的小群体在不同的时空中赋予的多种“刺激”。当人走进一个很熟悉的街道空间时，如果街道空旷、安静，这种时空下它显得非常宁静，人可能会独立表达某种场所意义。如果街道已经有大量的人群，人会自动融入一个适宜的群体去行使、表达特定的场所精神。实际上这种刺激形成了一种空间情节，它是场所与场所精神之间的介质，是空间秩序的一种具象表现。[1] 刺激在川渝传统街道空间中就是一种事件发生的过程。例如交易就是一种刺激，它促进了场所的产生，也导致了人与人之间的交往。认同型街道和行为滞留型街道中的刺激是最多的。

2. 安全性

安全是街道空间发挥功能的最基本保障。一旦人进入主体街道空间、灰空间、广场空间等，具体环境则已经被决定。即使以前我们没到过这个街道，也会依据街道的某种规则性认同这个街道空间，也就逐渐遵从潜在的规则，这些规则与本土自然环境、人文环境或者特定的人群有密切的关系。

一个不安全的街道，将会变成一个危险的场所，甚至滋生犯罪。这里谈到的安全是一个街道空间的社会规则，这种规则可以给予街道空间中的人群以安全感，同时以一种受控的方式表达自己的行为，这种控制的行为被认为是合理与恰当的，这就是社会规则在街道空间中的反映。例如隆昌云顶场的鬼市，人们遵从在凌晨交易的时间规定，同时买卖双方又相互尊重对方的意愿，平等交易，绝不会强买强卖。假如强盗或者土匪进入，违背了规则，街道的安全性就被破坏，其交易场所就会消亡。而居住型通道一般很狭窄，同时也紧邻住所，安全性也相对较高。在依从型和进入型街道中活动相对较少，是比较容易出现安全问题之处。

3. 标识性

川渝古镇部分保留了原始风貌而直接与传统文化联系，导致成千上万的游客蜂拥而至，欣赏着具有历史场所感的街道空间与传统民居。与喧嚣的现代生活方式相比，人们体验到的是显得高度稳定和变化缓慢的场所所具有的历史感和安全感，在古镇发展的历史中，街道空间和时间总是以某种方式发生着联系，表达着时光的场所常常被视为有特别的感染力，甚至可能具有宗教意义。我们需要建造空间来作为时光流逝的记载，就像日月

1 陆邵明．建筑体验——空间中的情节 [M]. 北京：中国建筑工业出版社，2007:44.

的运行标志时间流动一样。[1] 标识性使得街道具有特殊的场所意义，街道空间的功能是创造一种室外环境，一种有利于按照古镇日常生活中的身份与行为规则来从事某种活动的环境，传统街道空间大多并不是由建筑师、城市设计师刻意去设计的，而是居民自己完成的，是住民自身行为的一种外在延伸。古镇居民对于归属和识别自己的场所或与自己有关的场所的需求，在街道空间的任何位置都可通过将空间个性化，变成具有意义的场所来表达。街道空间中具有一种公共标识，两侧的建筑大多采用具有一定变化的木板门或者檐柱，有的街道空间具有较长的檐廊，形成标志性的灰空间，例如板桥镇，为街道空间实现某种特殊的功能提供了空间基础（图 3-60）；有的街道缺少檐廊，形成以木板门为基本标识的具有韵律感的街道空间，例如青林口镇（图 3-61）；有的街道空间具有特殊形态，产生隐喻，例如罗城、肖溪（图 3-62、图 3-63）。不同标识的街道空间可能具有不同的场所意义，标识与表达之间并不呈现出一一对应的关系。标识性多出现在认同型、行为滞留型和仪式型街道中。

图 3-60　柱廊场所（重庆板桥）

图 3-61　木板门界面（四川青林口）

街道空间总会促使刺激、安全和标识的产生，在一定条件下这三个因素并非同等重要，在特定情况下某种表达可能超过其他表达。例如街道空

1　布莱恩·劳森．空间的语言 [M]. 杨青娟，韩效，等译．北京：中国建筑工业出版社，2003:35.

图 3-62　罗城的特殊街道（四川罗城）

图 3-63　肖溪的特殊街道（四川肖溪）

间中常有水井，主要用于当地住民饮水，但在赶场交易的日子里，这种刺激则显得相对苍白无力，水井周围成为一个买卖空间。同样平时作为交通空间的檐廊，在一定条件的刺激下也将脱离交通的刺激而转变成人们交易与交流的场所。

街道空间是一个充满事物和事件的小世界。人在传统街道空间中的行走，遇到各式各样的人，加上街道空间与建筑之间的连通，给街道场所赋予了特别的意义。传统街道被大量的事物包被着，形成具有共性的生活场所。胡塞尔从“生活的世界”描述了直接存在着的现实世界，并定义为“事物的空间世界，当我们用我们的预知存在体验它的时候，将其认识为它让我们去体验”。因此，街道空间中的体验是一种“自然的体验”，同时也是“预知的”，他所称的“事物本身”得到了关注。[1] 自然的体验指街道空间的“定性”，即街道空间某种时刻个性的存在，因此街道空间这个世界是定性表达的，是可以被感知和有意义的。“表达”体现了街道世界中的内容，人在空间中的行为组成了某种特定的语法，并不断地关联某种意义。街道空间不仅包括自然所提供的一切，也包含住民不断建造的物质体系，因此可以理解为川渝街道空间、居住空间等都是整体的组成部分，正是这些空间上的有机组织，使人们“建构”这个世界成为可能，街道空间

1　克里斯蒂安·诺伯格－舒尔茨．建筑——存在、语言和场所 [M]. 刘念雄，吴梦姗，译．北京：中国建筑工业出版社，2013:19.

构成了“生活的世界”整体的一部分，并能作为“生活世界”的一部分而被理解。在我们的感官所能揭示的物质世界之上，表达又添加了一个完全由精神存在构成的新世界，尽管这些精神存在是无中生有的结果，但他们从来都是被看作是决定物质现象的原因。[1]

这种被理解都使用了场所，不只是普通的使用，还深入地包含了“需求”“解释”“了解”“共享”“安全”等表达意义。说明对街道空间进行“使用”包括了实际的行为与人的精神和心理活动。街道空间“生活的世界”与古镇的历史与习俗密切相关，因此街道中任何一个小的场所的出现都是街道空间场所的整体性的一部分，而不能孤立看待民居、公共建筑和寺庙等建筑场所，这些建筑仅仅是依靠其本身的特点建立起来的“生活世界”存在的不同体现（图 3-64、图 3-65、图 3-66）。

街道空间作为一种人为形成的功能空间，也作为一种艺术空间，是供住民生产、生活的场所。生活世界不仅仅包括传统古镇聚落，还包括其周围的自然环境，并以其作为有意或者无意考察过的“先验”来定居。“生活的世界”这个概念基于行为的倾向性，人可能已经在某处建立游憩空间，人的活动使位置转变为场所，生活的行为导致“利用”“发觉”和“开

图 3-64 街道穿过寺庙的院落（四川青林口）

图 3-65 院落通向街道的大门（重庆丰盛）

图 3-66 街道通向院落的大门（重庆丰盛）

1 爱弥尔·涂尔干. 宗教生活的基本形式[M]. 渠东，汲喆，译. 上海：上海人民出版社，1999:98.

辟”场所。通过这种方式，环境与生活行为成为街道中互相促进的重要元素，成为街道空间的场所精神。因此，场所是街道空间生活的有形表现。人发现利用自然因素进行定居，从而形成了街道空间，一般位于交通要道、河流交汇口等，随之形成了物资交易和市集，并逐渐占据这个地方，最后形成生活场所，并表达出相应的意义（图 3–67）。

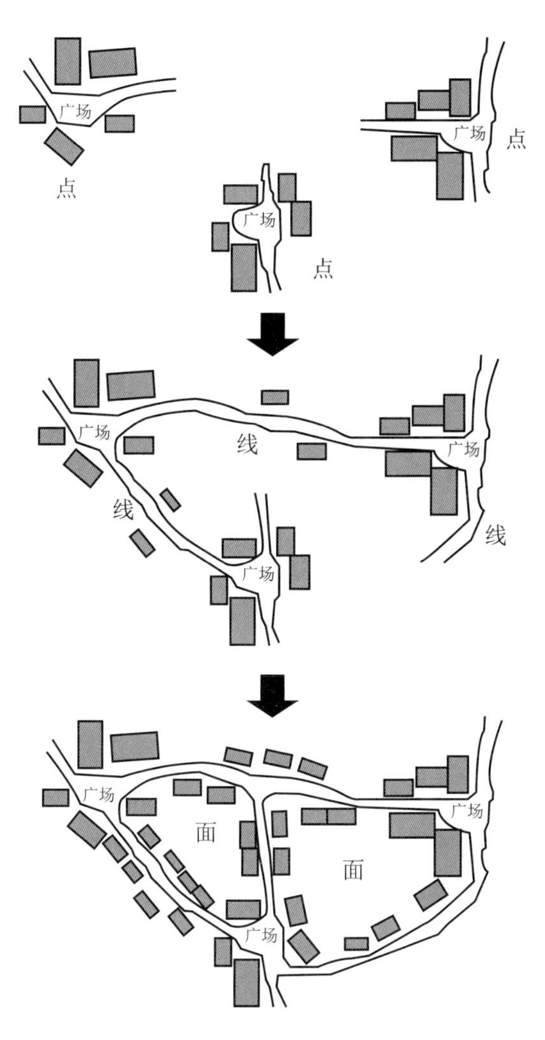

图 3–67 街道空间的形成

（四）利用

街道空间是对古镇生活一种明显的表达，因为它表达了在“生活的世界”中时间和空间的转换与稳定性。作为川渝不同街道空间，形成的场所既有相同的个性与特征，又有其不同的场所意义，街道空间是被使用和被利用。认同型、行为滞留型、仪式型和内聚型不仅仅是在空间上进行使用，更重要的是在心理上的使用，而对于依从、进入和居住通道则更多地履行着过渡的使用功能。

在这里场所不能简单地以地点或者位置来代替，所以街道空间成为古镇中各种活动的场景，活动的场景又进一步表达了各种意义。如果仅从物理空间的角度去分析街道空间，只能得出街道空间物理上的组织方式，从而忽略了行为、文化、习俗对街道空间的利用而形成的场所变化。场所可以是街道空间的一个小角落，檐廊的一个柱跨，建筑出入口甚至整个街道。但这些场所的重要属性都通过各种活动边界进行了潜在的区分。

既然街道空间是一个复杂的场所，必定存在着一定的“秩序”。这种秩序并不体现在街道空间事物的表象上，而是在自然发展的长期过程中形成的内在联系。街道空间中的交易日，其场所意义与街道空间表达出相符合的一致性，而人能轻易地体验到在街道空间表象中行为的某种有序性。而一旦内部的联系缺失，街道空间就会丢失或者即将丢失本质性、可识别性和场所性。不同的传统街道空间不可避免地具有自己的个性，街道空间的整体性从古镇建筑肌理、自然背景中被衬托出来。洛带的街道空间与黄龙溪的街道空间都比较确切地表达了空间的边界，街道空间中的很多行为表象都具有类同性，体现为街道空间活动个性的雷同，但形成这些行为背后的内在联系可能不一样。洛带的街道因为移民文化导致了商业的交往，而黄龙溪的街道则是军事和码头文化导致商业与物贸的繁荣，街道空间内在的结构特征决定着场所的特点和属性。

我们通过所在场所的源头来识别和利用场所，比如来自张村的人或者来自李镇的人，对在街道中的任何人来说都是真实存在的，一起融入街道空间的事件中，在一定时间和范围内突破了地方主义的隔阂，将他自己的

个性融入街道场所中，形成特有的认同感，导致某种特殊的与街道空间相关的共性形成，这种固有的归属性常有超越其本身之外的丰富涵义。相反个性表明着某个住民一个人生活在自己的空间场所，这个场所一般与公共场所相分隔，此时个性难以融入街道空间，即便通过各种现代媒体与外界发生联系，但这种疏远关系是明确的，私人空间仅仅成为一种简单的容器，容纳着作为自然属性的人。这种“场所的缺失”意味着街道空间与其两侧的建筑空间联系较弱，成为生活世界的一种割裂，这在居住性的街道空间中表现较明显，通过普通的门、窗与街道空间联系，不同于连续性强的可拆卸木板门（图 3-68）。我们指出这些考虑与对环境作为满足某种功能的资源这种解释有关，形成一种对立的姿态，将与环境的互动关系看得非常重要，它关乎整个人类与环境的关系。[1] 因此个人在街道空间体现个性的时候，可以随着街道空间场所的变化而发生变化。街道空间的共性好比一棵大树的根，它为上部枝叶的个性发展提供了一个基础。因此对街道的利用，不仅仅是对街道空间的使用，也是将自己的个性加入整体中对街道场所的使用。当利用传统街道的时候，不需要具体表达我们在使用街道中的路、商店、饭店，因为传统街道本身就是街道而正在被使用，实质上就是人进入传统街道的生活而发生了事件。街道空间的生活包括了人与人之间的交往，人们可以遇到交通、赶场、交易等多种事件。街道中的生活由各种复合型的事件组成，它也是充满各种可能的环境场景。古镇主要由街道组成，路易斯·康认为，一个城市是一个场所，在那里，当一个孩子在来回游荡的时候，将会看到一些预示着这个孩子在他或她的未来生活中将要做的事情。川渝传统街道中小孩子经常会帮着买卖东西，那么我们看到了这个小孩将来在街道空间很可能会有相似的交易行为。也有小孩子在街道空间中聚集玩耍，今后他如果不离开这里，可能也会和同伴在街道中进行一定程度的交往。

1　克里斯蒂安·诺伯格－舒尔茨. 建筑——存在、语言和场所 [M]. 刘念雄，吴梦姗，译. 北京：中国建筑工业出版社，2013:34.

图 3-68　居住型街道（四川恩阳）

在川渝古镇中我们常会在历史传统中考虑场所的利用，并不断感知传统的行为在街道空间中是否继续发挥作用。川渝古镇可以追溯到清朝的移民事件。移民导致了多样化的活动在街道空间中发生，人们在街道中通行、赶场、交易，甚至在某个时间点，人们会在公共空间中进行集会、看戏等重要活动，因此传统街道空间是一个到达的场所，也是一个交易和汇聚的场所，更是体现“生活世界”的居住场所，在特定的时间场所的意义是被接受和关注的。移民中家族的聚落是一种社会空间，也就是社会关系的领域与地理关系（地缘）的糅合。这种乡土的社会空间是在一定的历史过程中形成的。[1]移民家族本来就是一种血缘空间，在四川定居后，利用各

1　王铭铭．村落视野中的文化与权力——闽台三村五论 [M]．北京：生活·读书·新知三联书店，1997:29.

种自然或者人文要素形成物理空间环境，血缘空间即与地理关系进行了交织，同时又与当地族群的地缘发生关系，最后被认同和接受。形成了传统街道空间场所并加以利用。

街道场所的利用，从过程上来看主要表现为五个方面。

1. 进入

一个人首次造访一个城市，事先对该城市一无所知，在这种情况下，即使今天人们旅行的目的是为了品尝不同风味的食物和参观博物馆，客体仍然是场所本身。让旅行者在景点之间切换并理解一个场所是非常奇怪的，因为各种事件常常在“睁大眼睛”的情况下发生，因此，它可能给我们传达了一些在日常世界中常常盲目接受的事情。[1]进入型街道是这方面最主要的体现。

在川渝传统街道空间中，进入具有两种意义，对于镇中或者周边的住民，他们的“进入”是以居住或者交易为直接目的，他们从自己某个熟悉的“生活世界”走出，“回归”到另一个熟悉的场所和空间，其出发点和目的地具有特殊的“同质”性。聚居地已经形成，地点的转换仅仅是内部场景的变化。而对参观的旅行者而言，“进入”街道场所本身就具有一种特殊的意义，“进入”意味着一种“希望”，从现代场所经过一定的路程准备进入传统场所，“进入”某个古镇，此时游客出发的场所空间与传统街道空间具有强烈的二元对立性。传统街道空间表达了与当地自然相适应的一种关系，诸如山丘、河流、平原，这些朴素的自然景观一定程度上隐喻着古镇（街道）的“入口”逐渐接近。然而正是这些地方具有有利性、交通性或者联络性，促使着古镇与其内部街道空间的形成，自然景观所具有的场所意义与街道空间所具有的场所意义逐渐趋于“同质”性。“进入”使人的脱离与进入形成差异性。例如重庆路孔镇建于缓坡上，部分地方地势高、坡度陡，沿河建造城墙进行防御，自然场所与城墙都具有防御性，

1　克里斯蒂安·诺伯格－舒尔茨．建筑——存在、语言和场所 [M]. 刘念雄，吴梦姗，译．北京：中国建筑工业出版社，2013:35.

图 3-69 城门洞（重庆万灵）

通过城墙上的城门洞就“进入”了传统街道空间，表达着从开敞到防御进而又开敞的过程（图 3-69）。

进入在物质元素上必定会有出入口的表达，同样出入口也具有抽象与具体两种类型。抽象的出入口体现在古镇所处的自然环境中，一旦进入了古镇所处的地景，人所在的街道空间必定会回应自然环境所发出的“信号”，形成一种特殊的场所，这种场所为“进入”提供了入口的意义。在进入传统街道空间前，部分会有一个具体的入口，形成一个界限，穿越这个界限，场所意义会发生变化，进入体现了这种转换（图 3-70）。过去，古镇的城门洞具有防御的功能，更是场所意义的变更点，让人在进入的过程中形成一种期望，最终引导人们进入街道空间。当然随着现代化的进程，传统城门的意义逐渐弱化，但人穿过城门时“进入”或者“离开”的身心体验是明确的。人一旦穿过这个门洞，即进入了街道空间，人从期待的心理变成了完成与满足，并期待着街道空间中场所事件的发生，而这些事件是大家潜意识中所期盼的。例如对于参与赶场的住民，进入街道意味着交易的开始，而对于游客，进入街道则意味着旅游观光的开始。

2. 融合

人一旦进入川渝传统街道，意味着对街道空间进行某种“利用”，人本身所具备的事件将与街道空间中的事件发生“融合”。这种“融合”预示着发生新事件的可能性，并在一定范围内允许选择。各种类型的街道融合的事物不尽相同，在认同型、行为滞留型、仪式型和内聚型街道中，心

图 3-70　栅子门限定了场所的意义（四川仙市）

理因素的融合占据主导地位，而在其他过渡类型的街道中物理因素的融合占据主导地位。

街道空间是古镇多样性事件空间最重要的代表，因此街道比古镇周边的自然环境能提供更多的选择。既然街道空间具有选择性，这个选择必定会有一个“发生点”。同为到古镇的赶集人，在古镇外的乡村相遇，他们很可能各自不知道对方的目的，不会直接发生物资交易——因为没有场所提供的“发生点”。由此可见，事件不是在任何场所都能发生，它的发生需要一个激发点或者区域。交易非常需要街道空间这个发生点，融合促使人在街道中行进，使交易与交流成为可能。融合不只是简单地使事件选择性发生，还能体现出街道场所作为生活空间的整体性。如果街道仅仅提供单个事件发生的可能性，街道场所也就不可能存在了。“个性”与“共性”是一个统一的整体，共性使传统街道空间表达出“场所气氛”。川渝古镇中保存完好的街道空间常表达出一种古朴的气氛，而气氛的形成源于街道空间的所有元素和事件，并与空间形成呼应与协调，场所中的个性特点也从这种特征中衍生出来。

人进入街道空间以后，通过选择形成了自身事件发展的方向，“融合”成为新的事件，这种事件可以在街道空间的主体部分、灰空间或者附属空间中发生。广场作为特殊的街道空间，其间事件的融合更具有特殊性—多样性事件在广场都得以实现。因此“融合”或者“发生”转变成一种持续性的事件。例如赶集的人进入街道空间会根据传统街道空间的特点，选择交易的对象与地点，一旦选定表明融合完成，进入持续性事件的状态。每个这样的交易或者其他行为聚集在一起，形成多样性事件的聚集，周围的人不断选择加入或者退出（图 3-71）。这种街道上的交易场所并不具有统一性。持续性事件可以让同类的事情进一步发展，也可以使有矛盾的事件形成空间间隔。当农产品交易在一个区域发生的时候，人与人之间的交流也随之发生，大家共同维护着这个场所的气氛，并使用共同的事物，取得了某个区域的“共性”。而被间隔的“无关”的事件诸如牲口交易等，可能在另外的街道中发生，形成另一种场所意义。例如李庄的羊街就以硬质界面区别于李庄其他街道空间（图 3-72）。可见传统街道空间在不同的区域可能存在着不同类型的事件，从而导致街道空间存在着多样性的秩序和规则。因此街道空间是古镇聚居地事件发生与持续的重要场所。

古镇聚落的街道空间，常导向公共建筑——寺庙或者会馆，公共建筑与街道空间一起形成了特殊的场所。首先街道空间中的功能会扩展到寺庙中，赶场的某些交易功能可能会在寺庙中发生，人会涌向寺庙，在内部形成聚集。同时人们利用寺庙内部戏台表演，将街道空间场所与宗教特征充分结合。例如罗泉盐神庙内部的广场与戏台能够使人聚集，生活的世界与

图 3-71　街道事件聚集（四川石桥）

图 3-72　李庄羊街（四川李庄）

极乐世界联系起来，成为一种特别的角色（图 3-73）。同样，寺庙或者会馆的属性在入口处也会表现出来。公共建筑大多在入口处形成一个小型的广场，或相对独立，或与街道空间连为一体，成为街道空间的扩展。在这个空间中，街道空间与公共建筑物的空间发生融合，具有神圣与世俗的双重意义。寺庙对其自身的入口空间进行场所和生活的“神圣化”，形成一个关于某类事物的秩序聚集的意义。同时寺庙作为佛教建筑的重要代表，它在建筑空间组合与形式上都具有传统民居的特征，将人们在街道空间中的行为引导至“神性”，并具有一种新的“进入”的意义。寺庙内部与外部关系有意识地表达出一种“类同性”，而寺庙本身成为一个自然场所神圣化的表达（图 3-74）。在中国历史中，宗教建筑具有神性，表达出人们的信仰，也净化着人们的心灵，以统一的某种宗教图式对其所在的环境赋予了功能与意义，对其所在的街道空间进行存在性表达，这种表达的宗教性常常被理解为一种空间的存在，具有神秘性、艺术性，从空间与物质方面在街道空间中延续体现出来。会馆建筑虽然没有宗教建筑那样的神性，但具有公共的私密性，其前部的街道广场空间也具有公共与私密双重属性。如洛带广东会馆，对主街几乎封闭，只留一个不起眼的小门进出，说明了会馆对街道的私密性，但其退让街道空间形成小广场又说明了其聚集人流的功能，体现出某种公共性（图 3-75）。

图 3-73　罗泉盐神庙戏台（四川罗泉）

图 3-74　塘河川主庙广场（重庆塘河）

图 3-75　洛带广东会馆前广场（四川洛带）

3. 间隔与孤立

内聚型的街道与外部街道空间一般有比较明显的物理分隔，而在其他类型的街道中，大多通过多外部街道界面的元素进行空间分隔。在一定的时空中，内聚型街道通过人群划分与心理隔阂形成街道空间的间隔与孤立。

对传统街道空间的利用不仅在于进入、融合等意义，也包括相反的间隔、孤立等方式。前面已经谈到过，不同类型的事物在街道空间中可能发生在不同的区域，造成不同场所意义的空间。靠近街道空间的重要公共建筑（诸如寺庙、会馆）不同于街道旁边的普通民居，它们普遍具有隔离性。当人们跨入这类建筑的大门，在“进入”的一瞬间，进入一个个性化的空间，一个能净化心灵或体现族群精神的场所，但这类公共建筑具有典型的外向性特征，它能将街道上的人或者特定的群体吸引到内部空间。而进入民居，常给我们提供一种“单独进入”的感觉，家是私密的，也是个性集中体现的场所，具有典型的内向性孤立特征，它一般会排斥非主人的“进入”，但从交流、交易、生活上看，紧靠传统街道空间的房间常兼具有外向性特点，说明私人空间不能与街道空间分离，甚至可以说公共的街道空间由私人空间扩展而组成。由于街道空间与自然环境相呼应，同时也与民居和重要的公共建筑相联系，因而建立了和特定的场所更复杂的层级关系。

街道空间大多属于室外空间，但在特定的前提条件下，它可以室内空间的形式出现，主要是两种形态。其一是在宽度很小的街道空间，特别是通向各家各户的支路，屋顶的出檐相对较大，两侧出檐连在一起，使得街道空间形成相对封闭的空间，住民常在这个空间交谈，仿佛几户人的“客厅”（图 3–76）。其二，有些古镇主要街道两侧的出檐，通过屋架支撑，两边屋顶连为一体。街道成为一种“室内空间”，形成“洞”的意向。人在街道中行进，时而在室外，时而仿佛进入室内。人们常在带顶的街道中休息、交易，两边街道中的住民也常利用这种空间进行一定的社会活动。在不同的时间段，表达出的场所特征具有差异性。例如前面谈到的中山古镇，其街道空间时而室内、时而室外，使其场所意义在空间中不断转换。还有部分特殊的街道空间形成了连续性大檐廊，例如罗城、肖溪、板桥等传统街道，人行其下不遭日晒雨淋，廊下还可通车，成为有顶的街道空间（图 3–77）。

图 3–76　宽度窄小的支路（四川罗坝）

图 3–77　可通车的柱廊（重庆板桥）

这类有顶空间在功能或者形态上可能是孤立的，具有独立性，同时它们也分隔了两侧的建筑空间，具有间隔性。虽然它们在物质上联系了两侧的建筑，但又区分出了建筑与街道的空间层次。

4. 连续性

人对街道空间的使用是一个连续性过程，在使用的每个时刻都在不断期待下面即将发生的内容，也同时在回味已经发生的事件，这种事件都在一定的场所内发生，在一定的区域内，所有已知和未知的事件将依次开展。街道空间所组成的古镇具有一个复杂的环境体系，内部蕴含多种联系密切的空间，并形成空间等级体系，构成了“生活世界”的各种层次。无论什么类型的街道都以一种连续的界面和空间形态展现在人们眼前。

整个古镇聚落作为一个人为场所，表现为相互联系的各种空间。从“生活的世界”这个角度看，古镇的中心区域生活氛围最浓，因为常有标志性的建筑物或者小型广场，随着街道空间往镇外延伸，其气氛逐渐减弱，街道空间体现出这种渐变的氛围。但路径的导向并不具有绝对的目标或者目的地，当某条街道没有明确的目的地时仅仅表达出一种气氛的渐变（图3-78）。反之，街道空间不仅是一个目的地，而且随时随地都成为一个出发点（图3-79）。古镇中心不断传递出“生活世界”的意义，正是这样的街道空间综合世界的元素建立了自身的体系。古镇多样的事件中形成了多种中心，因此对传统街道空间场所的利用也是一个复杂的过程，事件可能在街道的一个小范围内划分出不同的部分或流线，也可能将长街道划分成几个不同的部分，还可能在不同的街道表现出不同的功能利用。

（1）记忆性、区别性和导向性

人在利用街道空间的时候，包括了几种重要的场所意义——记忆性、区别性和导向性。

街道空间的整体性因为具有独特的特征而被习惯性地使用。街道空间中突变的宽度和转弯、街道交汇形成的广场、街道边特殊的建筑等都形成了相对稳定的功能，因此在人的记忆中这些区域的功能都是一定的，街道所发生的事件与周边环境结合在一起，形成一种画面存在于人的脑海，使

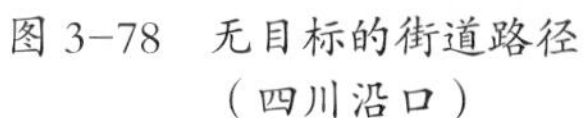

图 3-78　无目标的街道路径
（四川沿口）

图 3-79　有目标的街道路径
（四川罗坝）

得人们的行为具有一定的习惯性。例如福宝古镇，沿山势而建，层层叠叠，山墙上的穿斗形成强烈的韵律感，成为川渝古镇的象征性符号（图 3-80）。黄龙溪街道空间的古龙寺与镇江寺是人们非常熟悉的景观，它们与边上的锦江形成相互呼应的关系，在这种文脉的影响中，寺庙文化成为人们记忆中的象征性主题。在川渝古镇的文化背景下，街道空间被记忆的有标志性的符号常成为人们思维中的某种认同。标志性建筑往往区别于普通建筑，其周边街道空间场所特征性往往较强，而民居周边街道空间场所特色性较弱，造成区别性和导向性的缺失。无论游客还是当地住民都以标志性事物作为目标，对传统街道空间的利用是通过事件的叠合而导向标志性事物。

图 3-80　穿斗符号（四川福宝）

人在街道空间中会根据记忆来判断，当人初次来到一个地方，处于一种认知阶段。但人知道自己要去哪儿，想去看什么，这种记忆是根据多年生活经验的积累而生成。例如要去看传统街道中的老建筑，寻访民居，那么就会循着街道路径去达成目的，或者向醒目的标志物行进。住民多次来一个地方，潜意识中他已经知道自己的目标，那么他就会按照经验顺街道路径前往目的地。这说明街道空间不仅是标志物和转折点，而且也是道路和方位的定位，街道与古镇中的其他标志物组成一个复杂的空间体系。街道空间提供了已经存在的先验和连续性的结构。在识别传统街道空间的环境时，记忆起到了重要的功能，在观察到重要的标志物前，街道空间的重要特征被大脑记忆下来，当人观察到标志物的时候，就进一步确定了行动的路径。

街道空间的景观由自然属性和人工属性共同决定，当人们在其间行进的时候，导向性的特征显而易见，同时自然属性和人工属性共同影响着场所的性质。“进入”和“融合”成为人在其间活动的结果。很多川渝传统街道空间在表象上具有类同性，但当地独特的历史文化与自然环境激发了场所的特异性，形成多样化的可识别性，表达出区别性。而现代街道空间缺乏环境与历史，变成了“失落的空间”，失去场所的意义。因此，传统街道空间中的各种要素以存在的意义从物质、心理、知觉等多方面与人发生各种联系。例如西来镇中心的小广场，属于交易性的空间，从广场向四周延伸的街道引导着人的行进，最终人根据记忆进入了广场。而西沱的街道近乎垂直于江面，最终导向长江边的码头，整个街道空间以向码头运输物资为主，兼具交易功能。二者的街道导向性明确，但其导向的目的和结果却体现出区别性。

人进入传统街道空间，经历了进入、融合、发生、神化、分化等系列事件，充分体现了“生活的世界”在街道空间中表现出的意义。记忆性、区别性和导向性说明在事件发生时人的主观理解会随之产生。如果人在街道空间中的行动无目标性，那么他就无法来到目的地。如果他无法对街道空间的事物进行认同，也就无法理解场所的意义。特别是如果对场所空间缺乏记忆性，人在其中就不能体验到归属感。因此上面谈到的因素对场所的利用都至关重要。这些利用不能从经验主义的知识中显现，而且必须是存在先验。[1]街道空间中“生活的世界”变成了事物结构中的组成。

传统街道空间中的人作为“此在”来理解为“存在于此”，每个人都以不同的方式存在于街道空间中，并决定他们自己“生活世界”的先验性。街道包括多样的场所，是联系各种场所的纽带，同时也是各个场所发生关系的空间。人自身与其利用街道空间也是一种关系，一个人能通过自身的记忆、区别和导向而表达能“在街道中”，在任何时间与地点都是合

1 克里斯蒂安·诺伯格－舒尔茨．建筑——存在、语言和场所 [M]．刘念雄，吴梦姗，译．北京：中国建筑工业出版社，2013:44.

适的，人在其间已经体验到演变成各种场所的倾向性，特别是在标志性明确的基础上。因而人在移动的过程中与不断变化的场所产生的融合成为一种新的认识，尤其是与标志性强的场所发生的相遇，诸如广场空间或者寺庙、会馆等公共建筑。

这些事件不仅与街道空间所处的自然环境有关，又与街道空间场所相关。街道空间本就是在自然环境下形成的“居住”，进而又在发生其间的事件中表达出“存在”的意义，对街道空间的利用在“居住”的前提下再次被赋予意义，其内涵比仅用于交通的街道更加丰富。“居住”的意义与深层次的“街道的利用”是一个统一的整体。“利用”就是对“居住”意义的解释与施行，正是这种施行使得街道空间适应场所的功能和意义。

街道空间被利用的时候，它本身作为一个重要的纽带联系了广场（特殊的街道空间）、建筑、自然环境、内部空间等。街道空间的记忆性表达了场景，区别性表达了空间形态的变化与场所事件的转化，导向性表达了空间的形态与方向。这些连续性因素的存在体现出街道空间与场所的统一，在主观感知上将单个个体加入环境中，并不孤立单一地体现单一元素的象征性和符号性，而统一表达出空间体系的意义。街道空间主要由建筑立面限定而成，立面与古镇的生活共存，不但是“形式追随功能”，还是“形式追随存在”。这种利用与平时所谈论的使用有根本的不同，利用脱胎于街道空间的存在结构被居住的行为所体现。街道空间并不是独立地出现，而是在古镇的形成过程中由自然、人工各种元素共同限定而生。街道空间是群体行为的结果，是表现出一切事件都可能发生的有形空间。街道空间组成要素是多样化的，组成要素之间的关系往往难以用理性来解释。基于哲学意义上去理解川渝传统街道空间，应该从形态、场所、空间、界面等来阐释其复合性。

街道空间是事件发生的场所，也是艺术的空间。例如宜宾龙华镇，位于河边的缓坡上，龙华古镇三面环水，一面是山，是一个依山临水古风依然的小镇，因龙华寺而得名。古镇的南面是起伏绵延的老君山，大龙溪、小龙溪在镇北口相汇后流入岷江，古镇与八仙山风景区隔溪相望，环境优美，沿河蜿蜒，连续的环境景观经常笼罩在雨雾中，形成一个沧桑平和的场所。每一个元素都各自存在，小河、树、建筑从朦胧的背景中凸显出来，成为形态各异的个体，如同中国传统的水墨画，完美地融合到古镇中。在青山绿水的映衬下，传统街道空间中各种元素的关系显得格外融洽（图3-81）。龙华镇街道空间通过两侧带檐廊的民居将环境转化为一种建成的场所，因山就势形成街道空间地面高差的变化，地面铺装的石材与两侧木构建筑形成鲜明对比（图3-82）。这种街道空间属于聚居地重要的组成部分，表达出人存在的意义。龙华镇入口的廊桥，传达出古镇入口的信息，同时限定了一种新的场所。桥上的柱形成韵律感（图3-83）。当通过廊桥的时候，“颈”的感觉消失，进入了另一个场所——街道空间，建筑松散自由的特征表现出来，同时表达出强烈的领域性：人在街道空间通过其走向来获得方向和个性，形成归属感。

图3-81　龙华古镇（四川龙华）

图3-82　龙华街道（四川龙华）

图3-83　龙华古镇廊桥（四川龙华）

图 3-84　龙华街道入口（四川龙华）

（2）空间形态关系

人在街道空间中行走，能感知到街道交叉处的多个导向，并作出行动的选择。街道两侧建筑的木板门或者窗也形成另一种导向，隐喻着可进入性，但这种私家住户的出入口，人会潜意识地将其过滤掉。而公共建筑的出入口则预示着可进入性和场所性质的转变，这与文脉的联系更加紧密。木板门与檐柱都表现出川渝街道空间中常有的“母题”，体现出传统街道中最普遍的特征，包含在街道本身的文脉中。街道空间中的各种开口同样具有“颈”的意义，体现出天、地、人、神的隐喻。前面提到的龙华街道空间是本土传统的，它表达出的元素和母题代表着川渝传统街道的普遍特征（图 3-84）。街道空间中交叉口各种元素的韵律感形成潜在的秩序规律，成为延伸的画卷。

传统街道空间中的建筑之间存在着两种空间关系：其一为街道同侧之间的实体连接（除了少量建筑之间存在着极窄的小巷）；其二是建筑与街道对面的建筑进行空间连接，二者之间形成一种引力，限定着街道空间的大小与形态。作为特殊街道空间的广场，常隐藏在街道空间的扩大之处，但其四周的建筑则表达出完整的存在。建筑与街道的关联性存在于它们表达的空间、母题构件和形态之中，共同形成一种“结构体系”。街道空间中体现的每一个场所都是一个事件，包含发生、发展、高潮和结果四个方面，事件在场所中被赋予了空间、形式与环境。街道空间居住的场景被各种关系赋予为有意义的场所，其中的住民居住于有意义的“生活世界”之中。

街道空间可以简化为线段的组合，形成拓扑学的意义。街道空间简化为线段后，人们更专注于街道空间的起点与终点。从多个传统街道体系来看，大多为网状和线状（图 3-85），表达出最根本的古镇整体结构。拓扑学在古镇表达的是不同街道的联系和它们之间的连续性，街道相互联系，各个街道围合的区域，是各类建筑的聚集地，因此街道空间好像古镇的血管，为整个古镇输送着各种“养分”。事实上街道空间的形态具有几何性，街道空间与几何学一样具有空间连续性，其中包含有事件与场所的意义。海德格尔认为，空间是从场所获得其本质特征，而并非从空间本身的表象来解释。街道空间具有水平、垂直以及横向三个方向的延伸，三个方向的维度构成了居住的空间形态，形成了“生活的世界”。

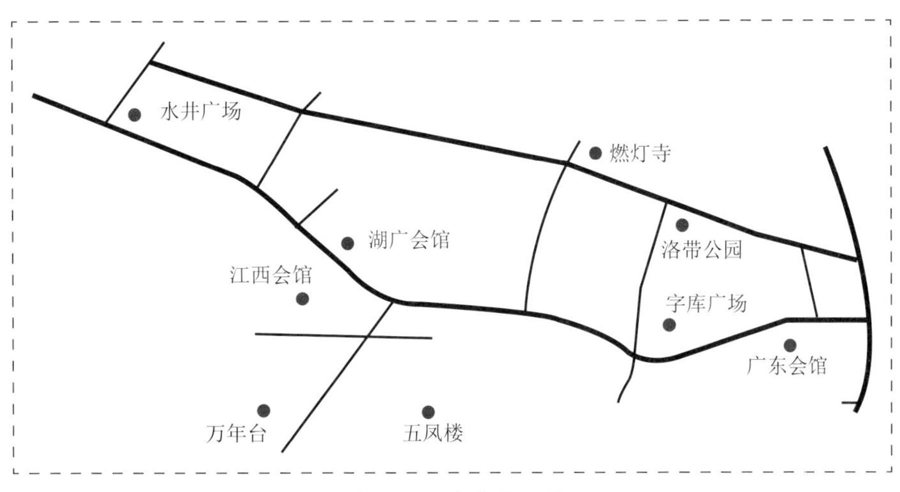

图 3-85　洛带路网图

5. 环境

街道空间对自然环境进行利用，随后对街道中的人文环境也加以利用。

自然环境是一种有形的实体，包括天、山、河、湖、树等。传统街道空间中的建筑也是一种环境，例如墙、柱、挑、檐等，它们与自然环境一同影响着街道空间的意义。这些事物组成了人们熟悉的元素和街道空间的可识别性。街道空间中的母题符号经常作为可识别性的重要元素，例如街道空间中的象征性符号——檐柱、出挑等构件，主导着街道空间的特征。无论是自然还是人为的环境因素，都解释了街道空间与它们之间的关系，通过有形的外形促成了有形的空间。

街道空间的形式主要是指街道空间的自然特点，诸如长、宽、高等，同时围合建筑的特征也影响着街道空间的形式，诸如建筑材料、色彩、构件等因素。传统街道空间能以不同的方式建造，例如，街道两侧建筑界面可以为木材、石材和土，实体元素也可以组成不同类型的空间形态。在同一街道空间范围内，街道形态可以根据建筑材料与其组合形式来分辨。街道空间形式与类型具有不同的概念，同一种材料可以建构不同的街道空间形式，而不同材料围合的街道则可能表达出不同的空间类型。例如要区分“木穿斗”与“夯土”，需要街道两侧的建筑呈现完全不一样的材料与构造方式。街道空间的形态主要与水平延伸一致，生活世界中的事件也因此以水平的方式展开。在垂直方向上，街道空间与自然环境相结合，上部开敞于天，表明街道空间的生活属于世界的一部分。

街道空间在空间、形式与自然环境的共同作用下，形成了街道场所的特征，即表达出场所意义。当然街道空间的产生、发展与环境密切相关。事先已经存在的“环境”在一定程度上引导着街道空间的形成与发展，同时环境对街道空间也是一种“制约”，因而街道空间以直接或者间接的方式与环境形成协调，在特定的环境中表达自身的形态和意义。在巴蜀文化的大背景下，街道空间以自然为基础，其形式得以充分表达。在这种情形下，街道空间的形态常被抽象成了图式。川渝传统街道空间的形成多与交易相关，这种形成的原因和过程经历时间的变化后，形成了街道空间中的特性。街道空间的场所中必定发生各种生活事件，每个事件都有一个时间发生点，所以场所中存在着多个时间点，街道空间场所比事件本身更具有连续性和持久性，持久性也是传统哲学对存在意义的重要解释之一。在一些时间点，街道空间可能不被发现和利用，此时街道仅仅作为一个空间、一段历史被展现。街道空间并不是永恒不变的，它具有持续性和可变性。在一个时间点，它可以在一个意义上被掌握和体验，在另一个时间点，它又可能在相反的意义上被感知，是“间断性”的持续。持续性是场所精神的重要内涵，它与空间、形式、环境密切相关。而场所的可变性则源于对空间不同的利用、解释。例如在经历了移民文化后，洛带古镇保留了不同地区移民的文化，在街道空间中有多个不同的场所，体现出不同的识别性。多个不同的场所在街道空间中形成了不同的点，不同的点之间相互联系与交易，形成了交易场所。点和线的形态涉及了拓扑学的特征。当然这种拓扑学性质不是简单的数学问题，而是一种点与点之间的联系，拓扑不仅让洛带的识别性表现在某个时间点，而且一直保持相同的场所属性，不断在古镇的形成与发展过程中延续。街道空间的意义与其保持一致结构的相互关系是最稳定的。二者之间可以组成一种稳定的“表达”，它不受时间影响。每一个街道空间在任何时代体现的“表达”是一致的，但并不说明其场所意义不能变化。场所意义的变化具有不间断性，每个时段其意义的变化可能是细微的，这样就出现了进一步表达的可能性，随着时间的推移，这种细微变化累积到一定程度，新的场所意义就可能产生。

传统街道空间都有独特的个性，这些个性是随着时间发展而逐渐变化的，但个性所表达的场所精神却是无法改变的。人存在于这个“生活的世界”中，不断地理解与使用这种意义，这是一个不断发展与修正的过程，即场所的意义要通过各个方面的协调来体现，并不断“体现存在”。场所意义随着时间的推移会衍生出新的意义的可能性，此时街道空间表达出的特征可能会替换掉原有时代的空间特点。传统街道空间是表达古镇传统性的重要场所，因此人们需要深入理解存在于记忆中的各种街道元素，包括了天、地、植物、河流、建筑、穿斗、柱、廊、挑等。对街道空间的记忆进行理解可以重新对事物进行认识，并能更好地发现自己在街道空间中的存在（图 3-86）。

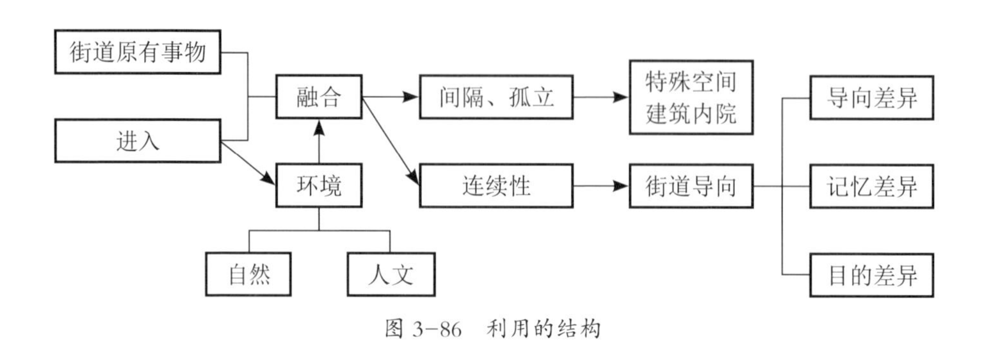

图 3-86　利用的结构

（五）理解

对街道空间的利用最终目的是对这个“小世界”进行解释和理解，强调街道空间在古镇乃至地景、世界中的意义。街道的分类已经在一定程度上探讨了它们的特征和意义，街道在生成意义的基础上，人对其进行进一步的解释使得传统街道空间具有特定的被理解性。

1. 美学上的理解

川渝传统街道空间以它所处的自然环境、文化背景、建构形态以及建筑材料为形成的基本条件。同时街道空间具有艺术性，记忆是艺术发生的源泉，因为街道空间表达的是人在大地、天空以及建筑之间的生活状态，是场所的艺术。正是这种艺术使街道空间获得了多样的意义，形成与场所相关的结构。从单条街道的空间看，围合街道的建筑和街道空间产生一种相对偶然的关系，而从整个古镇看，街道空间形成一个网络，它们的起始点、走向也不是简单的功能主义所决定的，而是一种随机的必然性，在一定程度上更具有多样性。艺术性决定了对街道场所的理解是不可避免的，因而街道空间与其存在的环境都具有现象学的意义。理解是每个住民所具备的，这种理解成为他们作为存在的重要组成部分。无论哪种类型的街道，都可以体现出“美”的意向。

从空间意义的生成与审美价值取向来看，空间体验既是一种历史场所的深渊型回忆，也是对聚居生活的一种理性认识；既是一种空间审美价值实现的途径，也是一种空间意义与场所精神的“审美升华”。[1]街道空间及其组成部分要发挥其基本的功能，必须要拥有意义——街道空间看起来要像街道，柱廊要像柱廊，出挑就是出挑。街道空间及其围合界面应该有所意指，而不仅仅是一种存在。在一定时段和地点，街道空间不会展现其自身的全部艺术，而我们总是从某个特定的视点去感受与观察，从街道的开始到结束，从外部到内部，从空中到地面，因此我们看到的只是一个部分艺术形象（图 3-87、图 3-88、图 3-89）。街道空间的艺术性往往相对独立，即使将罗城的船形街做成普通的线状街道，交易的属性也不会发生变化，但其街道的艺术属性将大打折扣。我们不能把街道空间仅仅当成传统古镇的艺术品用于观赏，而要不断地进出其中，使用这个空间，这种使用不一定与审美体验取得一致。

图 3-87　恩阳街道（四川恩阳）

图 3-88　松溉街道（重庆松溉）

图 3-89　洛带街道（四川洛带）

1　王一川．意义的瞬间生成 [M]. 济南：山东文艺出版社，1988:234-271.

从审美的角度感受街道空间是可行的。当我们看到街道空间的时候，并未将它与周围任何事物进行联系，此时街道空间的美就已经呈现在眼前。然而当某人以一个历史学者的视角去看街道的时候，他会将街道中各个元素的形成与发展进行联系；一位交通学者则会联系到街道空间的宽窄与交通通行能力；当一位旅游学者看到街道的时候，他会联系到街道空间的再开发与利用，以满足旅游业的发展要求；当画家、设计师甚至游客看到街道空间，常从功能、审美与空间的角度去感知与体验……感知、想象、情感、理解是体验古镇美学的几个心理要素。美学上的理解由此而生。

审美式的观看按照对街道空间的专注方面来进行定义。通常注视与关心的元素不再引起我们视觉的注意，而是无意识全力关注眼前那种能引起我们共鸣的事物。例如街道空间中的形态、街道中的檐柱，因为它们不同于现代街道空间中的元素，更容易引起人们视觉上的注意。特别是对有特定乡村生活背景的人具有深刻的感染力，在他们眼里，街道的空间和元素具有家的象征，因此某种特征或者比例就拥有了永恒的美感。

不同文化背景生成的街道空间，有些是依据功能自发而成，而有些则是匠人超出实用的需要使其具有更深入的场所意义。对街道空间和元素美的关注，往往是人生活经验的一部分，美学的考虑让人进入到行走、聊天、交易等街道空间的事件中去，但这并不足以让人产生艺术的欣赏。而街道空间中的各种元素服务于这些事件，形成的美感要服从于这些意图。斯特拉曾经对审美对象进行过基本描述，他主要是针对绘画中的艺术问题，我认为将审美运用在川渝传统街道空间上，主要包括以下几个方面的内容：

①街道空间美学不是意指，而是一种存在。这种存在涉及形态、宽窄、界面、柱廊等多方面的因素，是具体而详实的。

②街道空间既然具有美学的意义，那它就是一个完整的体系。我们对街道的认识往往是从局部开始，随着行走从一个局部到另一个局部进行认识，最后对整个街道空间进行审美。

③对街道空间的审美，需要距离的变化。近距离的审美使人看到街道

空间中的细节元素，诸如廊、柱、挑等，其古朴、沧桑的形态刺激着人们的心灵。而中距离的审美使人欣赏到檐柱、檐廊和阳台连续韵律的美。远距离可以欣赏到街道空间形态的变化，形成一种线条美（图 3-90、图 3-91、图 3-92）。

图 3-90　街道近景龙头饰物（四川柏林沟）

图 3-91　柏林沟街道中景魁星阁（四川柏林沟）

图 3-92　高庙街道远景（四川高庙）

④街道空间的审美使人们与自我、人们与环境融为一体。街道空间中的人不仅能感受到街道的艺术，而且自身在其间的行为诸如交谈、交易、游憩等也成为街道空间审美的一部分。

我们把美学作为哲学的一个主要分支，美学的建立归功于鲍姆加登的论述，使作为哲学的美学成为理性主义的产物。他创造了美学这个词作为逻辑一词的相似物。当逻辑致力于建立指导理性实践的准则的同时，美学致力于建立指导审美判断的准则。[1]这种相似实际上隐含了某种使用与审美上的矛盾。当我们从一件艺术品得到了某种愉悦，这种感觉和体验美食等并不完全一致，美学的快乐并不是简单地拥有的感知。对传统街道空间的审美同样具有理性的意义，对街道空间的一种判断，结合自古以来的特征，都由一种规律所控制。街道空间中各种元素的组合被认为是互相适应的或者是不适应的，则其美或者是不美就得到确认，不美的东西自然就会逐渐被淘汰。这在当代人们的感觉中或者事实上都是这样的。莱布尼茨认为世界总是充满着有机的规律，那么传统街道空间应该几乎没有多余的事物，一切都是顺其自然而成的形态。街道空间的完美性正意味着其空间的完整性。这个完整性并不像纯美学中的难以增减元素的特性。一旦某个元素进入了街道空间，它很快就与其他元素达到一种新的动态平衡，形成一种新的整体。同样某个元素离开街道空间后，剩余元素也会重新组成一个完整的艺术品。街道空间的艺术性是动态的，例如当大量的人在街道空间进行活动的时候，体现出传统生活场景的美，而当街道空间无人时，则体现出传统建筑与街道古朴、幽静的美（图 3-93、图 3-94）。在体验街道空间美学性的时候，我们的思维中必须考虑到综合性、矛盾性和冲突性，但最终美学秩序将会占据上风。由自然景观美的欣赏提升到了对理想生活的追求，这就是人文精神对建筑景观的灌注。[2]柏拉图将普通的艺术作品看作是乏味的模仿，并以模仿为基础。因此街道空间所表达出的只是原型的影子，而真实的事物具有原型。街道空间作为艺术作品成为“影子的影子”。因而，艺术的意义不再作为真理而表现，成为普遍性与特殊性的一种结合。街道空间的艺术与普通艺术品存在着区别，街道空间的功能与“真实的世界”关系更为密切。

川渝传统街道空间具体的美学意象主要表现在连续性、韵律性、渐变性以及对比性等几个方面。

1 卡斯滕·哈里斯．建筑的伦理功能 [M]．申嘉，陈朝晖，译．北京：华夏出版社，2001:19.

2 赵万民，李泽新，等．安居古镇 [M]．南京：东南大学出版社，2007:16.

图 3-93　生活场景的街道（四川罗泉）

图 3-94　安静的街道（四川三宝）

连续性主要是指街道中的元素不间断地延伸，形成视觉上的延展（图 3-95）。

韵律性主要是街道空间中的元素诸如出挑、檐柱、穿斗等重复出现，形成节奏感（图 3-96）。

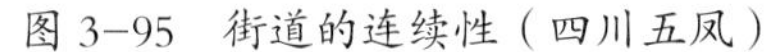

图 3-95　街道的连续性（四川五凤）

图 3-96　穿斗韵律（重庆西沱）

渐变性常和韵律性同时出现，例如檐柱的韵律感在视觉透视的作用下形成渐变（图 3-97）。

对比性主要指各种材料的对比，涉及木、石、砖、土，它们给街道带来了空间场所知觉的变化（图 3-98）。

图 3-97　街道檐柱的韵律（重庆铁山）

图 3-98　街道中的对比（四川罗目）

街道空间的艺术性是自主的，艺术性的意义都是指向自身范围以内，并不完全表达某种单一的意义或者具有某些感情色彩的事物，它作为传统文化中极为动人的存在而将自身展现在我们眼前。街道只把它应该的样子展现给我们，只作为一件艺术品将生活在街道空间中的人从那些成为生活很大一部分的任意性和偶然性中表达出来。

2. 生活意义上的理解

街道空间是一个生活的世界，对街道空间生活的理解，不能简单化为单一的行为、感官的刺激、情感的表达，而是对多个因素的综合理解。这种综合理解也随着街道空间元素的变化而发生转变，因此人的存在是“实在的”和“具体的”。街道空间是川渝古镇生活世界的表现形式之一，表达出自然元素与人工元素两个方面。因而对街道空间场所的理解也要从这两方面入手，同时分析它们之间的互相影响。

海德格尔认为，建筑是以大地作为居住的背景，在天空下安置共存的邻里。街道空间的居住景观是对环境的释义，建立在人参与自然事物的基础上。

川渝古镇在“生活的世界”意义下，公共区域中人们最基本的关注点是街道空间。所有街道空间都有某种共性，同时又兼具自己的个性。人对某个传统街道空间的体验具有主观性，人采用某种行为去顺应这种事物或者以某种相反的态度去拒绝。如果人将街道空间作为一个客观存在去关注它，虽然各种元素和空间存在方式与形态不同，但总能体会出一种共同的内在属性。人对街道空间的感知是行为发生的主导性因素。所有的感受都可能指向不同的元素，但这些不同的元素往往具有相同的内在属性。街道空间这个“生活的世界”中的元素可能具有不同的属性并且相互依存，对它进行充分的理解，往往会存在一定的难度。所以要从街道空间各种元素的联系中寻找普遍性的规律。对传统街道空间的理解从其建立之初就已经开始，即街道空间生成过程中内涵准则的建立。在街道空间建立准则的过程中总是在各个元素上间接地表达。

当大家谈论到“街道”的时候，一般不是指一条特定的街道，而是指街道的一种特性，这种特性不以具体的术语存在。对街道主观的感知和对街道的客观认知是不相同的事件，主观的感知是作为一种经历在思维中的存在，因此感知包括了更多的事物，虽然感觉是对街道空间认识的起点，但它给认知带来了新的结构，形成了特定的感知，并在街道空间的活动中多次重复地认同。预先感知是我们在街道空间中存在的一部分，作为个体——住民或游客存在于传统街道空间中，扮演着不同的角色，这种存在正是进行预感而获取街道空间意义的重要条件。个人表象构成了行动者对于外部世界那些独立于社会关系的现象的认识，就是行动者对于遗传和环境的认识。例如街道空间中开饭店的人可能对卖其他物品的人的感知，觉得有利或者觉得是一种干扰。而集体表象则是他对“社会环境”的“看法”，也就是对外部世界中由于人们在社会中联系在一起而产生的那些成分的“看法”，例如在街道中约定时间的赶场，成为古镇甚至方圆几里的人的共同“看法”。行动被认为是由社会因素决定的，人们对社会环境或“社会现实”的理性的和科学的可验证的知识是其中介。[1]街道空间中个人体现一种认识，集体表达共同的看法，正如街道空间中活动的单人或群体。柏拉图认为存在着先验，事物的认知包含有相同性、差异性、统一性等，并且所有的属性与某个图式产生关联。作为“生活世界”的传统街道空间被侧界面划分为室内与室外，因而街道空间被分成公共与私密两部分，室外部分就是我们常说的天空下的“世界”，室内部分则是和“世界”相连而形成的可变的拓扑系统。天空是永恒的，而两侧建筑具有可变性。这种分隔形成了街道其他事物的基础。亚里士多德认为“生活的世界”中的各种知识来源于其自然属性。他认为“存在”和元素的名称、所处的位置密切相关，各种存在的个性是特殊的存在形式所表现的。这说明街道空间必定体现出一种本质的力量，空间的形态、交通的走向决定了其内部场所产生的位置与布局。因而街道空间是由不同的存在方式组成，它包括不同特征的小场所，多个小场所形成一种拓扑关系。两位哲学家将事物都归结于本质现象与属性，正好用于对街道空间的定性认识。在塑造一个物体的时候，一般大家都希望用某种恰当的形式来表达其独特的属性。川渝传统街道是一个适合传统交通与休憩的空间，一些具有文化或者象征属性的元素在街道中呈现出合适的形态。

柏拉图和亚里士多德的理论在理解街道空间上扮演了重要的角色。街道空间存在于大地上，不仅仅是物质上的，而是与人的属性息息相关。世俗生活是川渝古镇永恒的主题，占据了古镇形成、发展过程中的统治地位，伴随着时间、空间和事件。在街道空间的文化中，世俗生活构成了古镇思想整体性的一部分，正如传统宗教建筑表达的语言——天、地、人、神的综合图式。住民将街道空间看作“生活的世界”，并理解为一个内部有定性意义的实体，这种思想贯穿着古镇的发展历程。自古以来古镇的形成都需要一定的自然和人为环境，在生成以前，因为自然或者人文的因

1 塔尔科特·帕森斯.社会行动的结构[M].张明德，夏遇南，彭刚，译.南京：译林出版社，2003:400.

素，都有一定的“提前存在”，当具体的生活与“提前存在”有机结合的时候，古镇及其街道空间就会随之产生。笛卡尔在哲学上提出了异常的图式与背景，他是以矛盾和假设为出发点的。街道空间存在的确定性源于住民的思想事件，以他的理论，街道空间被划分为主观与客观对立，这是不够全面的。

要真正理解街道空间，需要深入领会海德格尔关于“存在”的意义，“存在”解释了关于世界的概念。很多有形的思想也被其哲学意义神秘化。传统街道空间正是天（街道上部开敞处）、地（地面）、人（住民、赶场交易的人、游客）、神（街道空间中的宗教建筑）的完美结合，一切在整体的线状空间中得以展现。四个元素与它们在街道中的存在方式融合在一起，形成一个被定性认知的世界。街道空间中的四个元素连续性地与各种事件融合，各个元素相互联系成为一个整体的系统。实际上四个元素之间也不断地相互制约与协调，形成了各自的特性，并以“存在”成为街道空间中的一种形式，例如罗泉的盐神庙是四个元素相互作用的结果，也是宗教与世俗文化融合的产物。

定性的街道空间在不同的古镇空间中，从类型学上来说是相同的，但它们表现不是一致的。天、地、人、神各自占据街道空间的一部分，表达出自身的意义，并结合成一个统一的整体，根据街道空间的不同，四个元素所占比重也不一样。有的街道空间两侧有大量的宗教建筑，或者街道空间形态具有特殊的意义，那么街道空间的“神性”就占有重要地位，例如罗城、福宝等街道；有的街道属于交易性较强的空间，“人”的因素占主导地位，例如石桥、华头等街道；有的街道防御性强，形成顺应天时、地利的空间，例如涞滩、路孔等街道空间。比重小的元素则常常隐蔽在主导因素之后，引导一种并列或者附属的功能。对街道空间的定性理解是一个过程，在街道形成的过程中，理解不断变化与深入，这个理解的过程叫作“显隐”，将隐藏在表象背后的事物本原揭示出来。因此，对街道空间的理解就是去认识这个“生活的世界”中各个元素与体系，单个元素和整体的体系都是存在的一种状态，也就是所表达的“意义”。

海德格尔认为应该用“镜像”来认识事物的本质，镜像在他的哲学意义里表示一种生成，一种已经发生的事物。这个世界是对天、地、人、神的一种镜像，它们相互作用形成了一种适应性。街道空间是一种“发生”，各个元素与事物在镜像中以不同的方式共享，如人与街道的共享、神与街道的共享、天与街道的共享、地与街道的共享。各元素都以街道为中心，形成一个空间复合体系。

梅洛·庞蒂的知觉现象学认为人是一种存在，从而探讨了理解事物本身的意义，通过感知深入事物并使它被表现。因此感知就是对事物的一种重新生成，并通过格式塔属性获得。人进入街道空间的范畴，使街道空间被感知，传统街道空间的问题在于它属于存在的事实。通过格式塔心理学，街道中的人对街道空间感知一次又一次地塑造着街道空间。人在其间的行走，时刻以人为感知中心，因而，感知不是街道空间的理性规律，而是对街道的认知。既然感知是完形构成的表达，那么人主要是通过街道空间的外观来认识它。街道空间的各个元素通过边界或者轮廓表达，边界形成一种图式。任何事物的边界都表示一种起点或者终点，同样街道空间本身具有边界，内部各个元素也具有边界，主要表达出作为明确实体的外观，而各种元素边界之间的空间成为联系元素的纽带。街道空间中有一种“氛围”形成了，它逐渐融入街道空间的行为，表达出自然环境特征、街道和人共存于一个空间。伊里亚德深入地研究过空间与场所作为宗教地点时具有强烈的神圣性。同样街道空间内部的功能与场所并非均质的，其中包含多个功能的分区和不同的次级场所。街道空间在形成的时候具有多个不同的中心，中心包括交易点、寺庙、会馆、码头等多个传统街道形成的激发元素，其间可能含有宗教元素。每个中心都是一个具有扩展性的元素，功能和意义从这个点出发，向多个方向延伸。当街道形成的时候，各个中心仍然发挥着重要的功能，这些中心构成了街道空间中不同的功能区，形成了不同意义的场所，特别是具有宗教意义的地点——寺庙、道观等，都属于街道空间的创造性原点，它们表达的神圣性很大程度上影响着街道空间甚至整个古镇的场所意义。伊里亚德认为这些宗教“点”基于预知性的存在，自人类在原始社会认识大自然开始。

福宝古镇建在五条山脊的自然环境中，三条河流交汇之处，呈现“一龙盘三龟”（一条古街盘绕三个山丘）的形态。福宝古镇建于元末明初，因为地处偏远，交通不便，居民生活贫困，因此以庙宇兴场镇，取名“佛宝场”，后改名为福宝镇。建筑因山就势，依山傍水，充分体现出自然与人文的融合。聚落形成的街道高低起伏，富有动态性。特别是主街回龙街中民居与“三宫八庙”交替出现，各式屋顶交错出现，形成丰富的空间效果。因此街道生成了各种文化意象，不仅具有交易、居住、宗教等文化，而且具有中国天人合一的哲学意义。街道空间联系了多个功能各异的建筑，建筑各自的空间领域可以理解为街道空间中各种定性的场所。

福宝古镇提供了一个“生活世界图像”，不仅具有坡地上三维立体的空间形态，而且具有传统场所的文化价值。福宝街道中各种会馆、寺庙划分了各自的领域，形成了相对分区，但这种分区是混杂的。宗教区、居住区和自然环境相互交融影响，分区通过高差、建筑的形制、街道空间形态的变化体现出来。街道作为一个连通福宝的空间，是穿越整个古镇的主轴线，随着高低起伏，可看见古镇的群体和建筑的屋顶（图 3-99）。街道忽高忽低，顺坡穿行在古镇中，不断与周围建筑发生着关系，以它自身的秩序代表着一个个小的“生活世界”。街道空间作为福宝的轴线元素，从坡底到山顶的小庙，沿途街道空间的宽窄不断变化，在某些公共建筑的附近，街道局部变宽，形成小的广场，而在居住建筑附近，街道相对变窄，表达出街道空间的一种“生活”的秩序（图 3-100）。屋顶以某种特定的坡度与天空发生着关系，街道空间顺坡起伏，这些特征反映出中国传统城镇顺应自然的特征。整个古镇借助某种力量顺势蔓延，与自然巧妙地融合在一起。同时街道空间用“居住”表达出天空与大地的关系，弯曲的形态、原始铺装的地面、开放的木板门以及显露的穿斗构件，无不表达着人与自然的“栖居”关系。福宝古镇由无数个与环境相融合的统一体系组成，对其场所的文化与意义做出了解释。街道空间中文化气息的体现，可以从前面谈到的场所意义中获得理解，也可以从街道空间顺势不断向前延伸来获得理解。街道清晰地表现出一种秩序，是自传统街道形成起所期待的一种场所属性。街道中的各种寺庙、会馆是街道空间场所中确定出来的一个重要部分，成为一种公共场所，或是对某种神灵的崇拜，或是对特殊人群的定义，都表达出对自然与文化的理解。与自然环境相结合的街道空间，与建筑内部的院落相连，这在“仁字堂”的院落空间中得到了展现（图 3-101）。建筑内部院落空间的存在方式与街道空间相互主题化，并借此重新表达自己——街道空间的延伸形成了院落的表达，而院落的拓展形成了街道的场所。从一定意义上来说院落延伸了街道空间，而广义的街道空间由多个院落组成。

图 3-99　街道屋顶（四川福宝）

图 3-100　公共建筑街道变宽（四川福宝）

图 3-101　仁字堂出入口（四川福宝）

每个古镇作为一个有机体，其街道空间的整体性是由层级特定的统一特征组成的。统一性在不同街道空间中仅仅作为一种对比标准，不同的传统街道空间独特的个性是由它所在的天空与大地之间存在的方式表现。街道空间本身就是对天空与大地的理解与解释。自然环境的统一性，山、河流、平原等都在天地之间表达自身，期待着被理解。同样，街道空间所包含的街道、广场、公共建筑、民居等则是对人与事物的解释。古镇整体环境的统一性通过街道空间展示“生活的世界”，街道空间环境的统一性是通过建筑空间展示“小宇宙”存在的基础。街道空间成为一个具有特殊文化意义的中间层级，并且具有形态特征，表达出格式塔属性。街道空间都被赋予了多种界面，界面围合了街道空间的形态并产生了具有特征的轮廓。因此街道空间具有最基本的功能要素，进而发展出场所文化特征。街道空间可以以不同的表现方式来体现，它主要依赖于建筑界面的特征，同时也依赖于山、河、植物等自然元素。人工和自然元素细节的特征共同构成了街道空间场所的文化与意义——封闭、开放、内聚、发散等等，即形成了各自独有的个性特征。某个街道空间能被体验出具有丰富的文化与意义，就能被理解为具有场所的意义。

街道空间作为川渝古镇中等层级的一种场所，所有街道代表着可以理解的统一性。任何一个街道空间都在古镇的领域内，不断延伸，存在于自然环境中，形成自己的个性，但不具备普通意义上的统一性。传统街道的场所精神是蕴含在空间中的，其中包括其自身空间、建筑空间乃至整个古镇的环境空间。当街道空间将“街道场景”带入人活动的范围，成为文化场所的重要组成部分，场所精神由此建立。因为场所精神具有一定的统一性，导致整个街道场所的意义都具有相关性，以至于这种天空、大地、神、人、环境所形成的场所关系具有连续性与稳定性。当我们感知街道中传统文化意义的时候，体验到过去发生的事件，但街道中的场所仍然具有生命力，并没有随着事件的消失而瞬间发生改变，而是随时间的推移而逐渐改变场所意义。古镇的领域被树林、河流、岩石等地景元素划分，通过界限获得了本质的意义。街道空间则通过同样的要素形成了限定，形成了生活场所并因此而产生文化意义。

古镇包括了大量小的自然和人为场所，特别是街道空间作为整体的一部分，一般具有自己的范围，但它们最典型的特征是形成了格式塔特点。街道中常有典型的特征和标志常基于自然场所形成，例如河流具有汇集作用，在两河交汇处，最容易形成货物的集散，因此码头出现的可能性最大。同样在最高点常形成中心，成为具有象征或者神圣意义的场所，例如寺庙、道观、高塔。如果从整体的街道空间来看，街道空间中的所有次级空间都以格式塔的关系来形成链接。因此川渝富有特色的街道空间，主要是依赖于大地和天空的某种关系而形成。对川渝传统街道空间的理解可以表达出对它某种有意义的使用。例如我们谈到的“自然场所”实际上就表达了对自然场所的利用和改造，逐渐形成聚集区，从而产生街道，人开始对街道空间的使用表达出对进入和街道之间关系的理解。在进入街道空间后，正如在福宝古镇中看到的一样，人可以体验和感知到不同环境特征，包括建筑与空间的变化，也包括自身对人文因素的参与、理解，以及自身思维意识向其表达的亲和或者疏远。在街道空间中，人在使用中的记忆、感知、方位、行为都是理解它的基础。街道空间整体呈现的格式塔特点形成了人对传统街道空间的认知意向。

传统街道空间不是一蹴而就的，而是经过相对漫长的发展才形成的，各种历史文化杂合其中，基于不同时间、不同地点、不同事件对传统街道空间进行理解。宗教崇拜与神圣化通过各种寺庙和道观表达，与街道空间中民居所表达的“生活世界”的世俗属性相对应。世俗性是一种定性的事物，能够从时间、地点和发生进行表达。例如福宝镇的“仁字堂”，是清朝天地会的场所，是当时世俗文化体现和表达的场所（图 3-102）。“仁字堂”的建立是基于时间发生，又是对场所的认识，能从时间中被感知。当传统街道空间作为一个“生活世界”，因为时间是流逝的，当你在理解其意义的时候，则时间停留在过去的一点，或者是源自过去同时又指向未来。传统街道空间所表现的是复杂的历史的组织，随着历史的发展，街道空间的特征会保持或者发生变化。无论是“相同”还是“不同”，传统街道空间一般都表达了它自己的个性，即场所精神，时间和场所精神紧密联系在一起。因而对传统街道空间的理解会随着时间的延续而不断发生，形成一种认知的过程。对传统街道空间场所的理解，被时间抛弃，同时又被时间决定，我们可以从中获得它的本质意义。

图 3-102　仁字堂场所（四川福宝）

因此对川渝传统街道空间的理解，主要根据自古以来人对街道空间的使用和使用者对街道空间在主导意向上的认知，例如罗城镇中人对船形街的认知，对于形态的喜爱来源于对某种生活物资的强烈需求，对这种需求的形象化基于一种不同寻常的力量，这种力量隐含在对“生活世界”的理解中。当然当代社会对传统街道空间的新理解代替了以往的传统和意识，现在的罗城镇取水早已不是问题，那么对船形街和水的关系的理解开始减弱，从以前“生活发生”演变成今天的“聚集场所”，比传统的理解更加具有本质性，这种转变又代表着一种新的开始。这说明了对传统街道空间的理解是一种可以变换和度量的“本原”。

在传统街道空间中，我们所见的都不是一个稳定的体系，这样也使得我们的感知并非完全确定。我们对传统街道空间的认识，首先要理解街道空间的整体意义以及它内部所包含的小场所的意义，即所表达的场所精神。街道空间中不同的小场所可能表达出不同的意义，但它们都统一在整体街道空间中，我们对小场所的理解也是基于街道空间的整体属性。从社会学、哲学角度来理解传统街道空间内部空间存在的方式和意义，这也是川渝传统街道空间多种文化所表达的"存在方式"（图 3-103）。

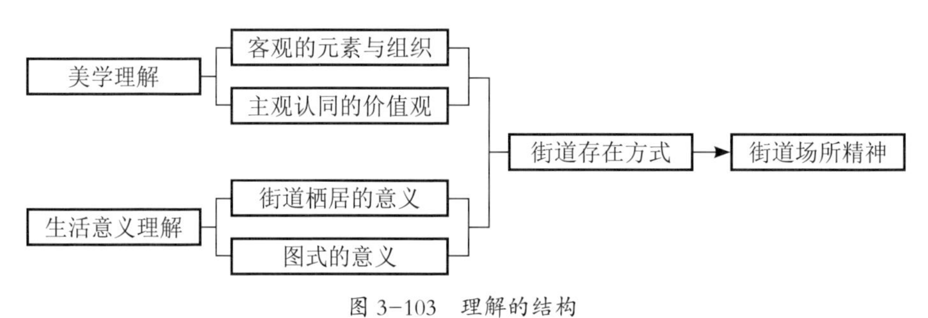

图 3-103　理解的结构

（六）实施

实施是根据对场所意义的理解进行建造，即传统街道空间的形成，同时也是次级空间场所生成的过程，在定位、理解、利用的前提下，探索实施过程将会深入了解街道空间的意义。定位和理解已经促进了街道空间的形成，而实施的过程促进了认同型、行为滞留和型仪式型街道，同时也导致了进入型、内聚型和居住型，进一步建构其空间结构和文化意义。

街道空间大多为人造物，每个建筑都可以认为与街道空间的存在密切相关。因此当人工元素与传统街道空间中的意义发生联系的时候，那么对整体街道空间有意识地进行利用就会成为理所当然的事情。随着当代城镇化的迅速发展，传统的逐渐丧失，如果我们能对传统街道空间中的社会、文化意义进行研究，则能梳理出文脉如何潜在地促进传统街道空间的功能的实施。

用哲学的方法来看，传统街道空间中的任何事物都是在相互联系和反映中被理解。街道空间作为联系天与地的一种关系，是一种“存在”，而各种人工元素（建筑、空间等）与街道空间的整体性密切相关，虽然不是直接的关系，但都属于整个街道空间的次级场所。当建筑和其他元素共同构成传统街道空间的时候，空间的某种形式被实现，并可被解释成一个场所，和居住空间、交易空间、游憩空间等密切相关，其属性由在某时段内的使用状况决定。

街道空间被当作场所使用成为一种聚居区，各种元素以潜在的纽带联系在一起。天、地和时空是场所意义的基本本源，街道空间的实施不止一条或者几条街道空间的形成，还应该关注文化“实施”深层次的意义。街道空间因为实施的时间、地点以及使用的不同而呈现出不同的形态。深层次的意义则是宽泛、多样的。因此实施的内涵完全可以用于解释传统街道空间的意义，表达出“生活世界”。实施与地方文脉关系密切，正是文脉的潜在作用形成了街道空间传统的文化。这与当地乡土建筑的建造特征密切相关，也包含有一些人的行为、心理或者特定的宗教与信仰。风格与传统文化相结合，形成传统街道空间的特点。街道空间中的事物与相互影响的人在这个预先形成的空间场所会给出多种行为的某一选择，界定情境，形成场所，由多种可能性的街道环境，实施具有某几种可能性的场所领域。

洛带传统街道空间中，会馆建筑是串联街道空间的节点，它们普遍具有四川建筑的一些特点，例如青瓦、穿斗、云墙和院落组团，同样会馆也融合了移民本土建筑的特点。广东会馆的院落内运用了跑马楼，在建筑形态上又运用了四川的云墙，江西会馆在空间格局上运用了四川民居的院落形式，在建筑形态上带来了江南水乡的马头墙。因为防御的心理，洛带古镇会馆建筑都以对外相对封闭的形式而实施——几乎没有窗，在街道中仅对外开不起眼的小门作为其中的一个出入口（图 3-104）。随着时间的推移，移民的生活习性与本土习俗逐渐趋同，防御心理也逐渐减弱，“传统”与深层次的意义的对应关系发生了变化，向多元意义发展，因此会馆在原

图 3-104　洛带广东会馆通向街道的小门（四川洛带）

有建筑形态下，逐步“实施”成为一种休闲、聚会和纪念性场所。虽然会馆外在形式依旧封闭，但其内部空间努力向外与外部空间尽量融合，会馆的出入口通过装饰、其他建筑引导等方式进行强化，加强了其公共属性。这实际上形成了一种不同类型的“实施”，与洛带的传统街道空间形成联系，成为街道的一种扩展。因而洛带街道空间可以看作传统巴蜀文化、特殊历史时期移民文化以及地方建筑风格相互作用的代表。这充分说明街道空间的“实施”超越了普通的日常生活意义，实施存在的意义依赖于各种因素相互之间的作用。通过街道表现整体性的存在，传统原始的聚居特性逐渐弱化，说明了传统街道空间是一个动态的场所，与居住其间的人表达出的“生活世界”具有高度的一致性，并在不断的发展过程中更新、适应。因此传统街道空间“实施”是对自身场所最贴切的解释。洛带街道空间部分传统场所的消失如同某些文化习俗的消失一样，传统文脉延续性的部分断裂使得传统街道空间部分意义消失。但什么物质或者现象取代了消失的传统呢？

取代的过程又是怎样发生的呢？传统街道空间中表达出一种特殊的“秩序”以彰显它的存在。洛带传统街道中的秩序不是一种被理解的过程，而是存在于人们的“探索”过程。大多数人在传统街道空间中仅仅是一种发现和再发现的行为过程，被理解的过程则深藏于“探索”过程之中。

1. 实施的意义

从海德格尔将天、地、人、神看作世界最终的组成时，“生活世界”因此而实施。从前面谈到的福宝或者洛带可以看出，传统街道空间的实施过程，意味着传统建筑与文化、哲学被“利用”和“理解”，它们在发展的过程中不断“延续”与“断裂”。对传统街道空间的利用导致了“生活场所”的发生与存在。这种实施的存在要么倾向于自然，要么倾向于传统文化，或者二者兼而有之。实施所产生的协调或者矛盾让我们产生了“理解”和“探索”，因此我们总想知道街道空间中到底存在着怎样的“意义”。洛带的街道中隐藏着什么秘密？它那看不见头的弯曲街道后面有什么景观？福宝带有坡度的街道中，高处和低处有什么？人们会顺着这个街道去寻找这种“实施”。随着高处寺庙、低处码头等的展现，场所外在因素和内在文化结合的过程中带来了一个具体的“实施”，存在于个性与共性之中，人们为了理解这类建筑，因而实施了某种具体形态的场所，如同海德格尔认为的：“建筑在世界中具有共存的邻里。”其中包括了传统的文脉、自然因素、外来文化和人的因素。任何一个古镇的事物总是倾向于表达出不同的特征，事物在古镇中形成了有形的街道空间。川渝古镇作为一种传统文化已经存在了几百甚至上千年，如果从其街道空间场所的意义开始，便能从利用和理解的方面阐释“实施”的过程和意义。

望鱼古镇，位于雅安以南三十多公里周公河的上游，紧邻洪雅县瓦屋山镇，因茶马古道在此设有歇脚的地方而形成通过式落脚点，是昔日南方丝绸之路、临邛古道往来成都的重要驿站。其街道空间建于明末清初，坐落于河边突出山体的一块巨石之上，因巨石形似一只守望着周公河游鱼的猫而得名。望鱼古镇的选址虽因驿道而兴起，但也体现了中国传统的风水观念，即“枕山、环水、面屏”等要素。古镇的规模较小，仅有一条比较直的狭长街道，这样小的规模很容易让人获得一个清楚的结构，从其空间特点可以判断出川渝传统街道空间的一些基本特征。街道两侧全部是木结构、小青瓦的传统民居、吊脚楼，青石板道路贯穿整个街道空间，石板随着时光的流逝变得光滑，因此体现出某种“实施”过程的意义（图3-105）。该街道空间表达出拟人化的特点，行走其中，可感知到当年茶马古道中那种人来人往的繁华。传统街道两侧的建筑曾经是戏台、会馆、钱庄、当铺、杂货铺、旅舍、饭店、茶庄、药铺和衙门，现在大多已演变成普通民居，穿过这种街道会有某种联想的体验，与传统中的各种期待相遇。街道只有一个导向，仅仅为通过式，因为用地狭窄，街道中没有形成真正的广场，仅在用地相对宽裕之处，建筑形成退让，成为“类广场”，使人流、货流在街道中形成聚集，以一种相对隐晦的方式实施起街道空间的“生活世界”（图3-106）。因为地形的限制，公共建筑并不起眼，隐藏于两侧的民居中，仅以突显的牌匾来表达自身的存在，属于街道的聚集中心。公共建筑与民居融为一体，民居的院落成为表达私人生活的场所（图3-107）。望鱼镇街道中建筑场所的使用和位置与场所的性格特征密切相关，两侧建筑对街道空间的形成和强化也呈现出建筑之间连接的整体性，形成传统街道的秩序。这种秩序随着街道空间的发展而日趋实施与完善，是典型的自然属性和人为属性的结合。街道空间两侧的檐廊与山坡上的吊脚清晰地展示了川渝穿斗式民居的轻盈，特别是柱廊，不仅仅是柱子的简单排列，而是一种更实际的结构元素，这种结构元素形成了传统街道空间的“母题”，成为一种灰空间，标识出通向街道空间的过渡，表达出檐廊与街道空间的密切关系。街道空间与檐廊空间实施了一种有意义的语言而形成某种统一，在整个古镇的文脉中，区分出各个场所属性和建筑特征（图3-108）。街道空间中的场所超越了所有空间元素简单地叠加，因此这种“实施”是“整体性”性的。街道顺着道路延伸，形成一个线状的图形，在宽窄、长短发生变化的时候保持着它自身的特点，这种特征在传统街道中已经形成了特定类型。望鱼镇传统街道空间的形式表示那个传统的时期天、地、人、神实施的普遍存在，这也是川渝地区数百年以来用这种街道空间保存了“传统语言”的特征。望鱼街道两侧的建筑以韵律重复和连接的方式进行组合，也是古代传统的思想和人们生活经验之间的结合。传统街道让其本身来表达自己的形态，并以其适应气候和环境的古朴生态之艺术思想来发展。在街道空间中，每一个单体元素或者局部空间都可以表现出某种完整性，同时各个部分是街道的有机组成，以自身的规律来协同运行。因此川渝传统街道及其内部组成部分实施出一种地域性的“存在方式”，并将生活的世界转变成图形表达出来。在这样的图形中，街道空间所代表的活动场所以及在内部的人构成两种元素，天空作为一个巨大的空间容纳着这两种元素，其间的宗教则表达出神性，充斥在这个空间中，这种神性常以庙宇或者道观的形态出现，矗立在为它们选择的“合适”位置，以观音、关羽、弥勒佛等“人物”标志某种神圣，使天、地、人、神形成系统秩序表现。

图 3-105　望鱼街道（四川望鱼）

图 3-106　街道退让的类广场（四川望鱼）

图 3-107　街边公共建筑（四川望鱼）

图 3-108　望鱼柱廊（四川望鱼）

川渝地区民居主要为干栏建筑，根据不同的环境可以分为滨水干栏、平地干栏和山地干栏。[1] 川渝传统街道空间的建构实施，其最主要的语言符号来自南方的穿斗（图 3-109）。街道所表达的穿斗语言广泛适应于中国南方地区，穿斗适应了南方那种温暖、湿润、多雨的气候。街道空间能在适应南方气候的前提下对实施做出调整。例如当在坡地上的时候，街道尺度会相应变窄，同时在街道外侧实施穿斗吊脚以支撑构成街道空间的建筑。相反在平原地带，街道尺度则相对较宽，以穿斗柔和地实施街道空间。而在北方地区，街道空间中的元素和空间需要适应"寒冷"的特性，形成了厚重的抬梁结构体系，加上平地相对较多，因而往往拒绝像川渝传统街道空间那样以轻盈的穿斗形成自然弯曲的形态，不能形成川渝古镇中特有的交易、居住等场所意向。

1　戴志中，杨宇振. 中国西南地域建筑文化 [M]. 武汉：湖北教育出版社，2003:63.

图 3-109　南方穿斗构件（四川望鱼）

传统街道空间断面中，形成一个凹的空间，光线从上部射入，内部事物形成一种相互交织的整体。光在这个凹空间中使街道空间实施了阴影与明暗的关系，特别是体现出木质的色彩，给川渝古镇以至中国南方古镇烙上了标记，因而实施了对街道空间生活上的理解。在实施的过程中，每一个人都在其中担当者角色，形成了多种意义，同时对神的崇拜也在其间得到了证实。这样天空与大地不仅是生活场所的背景，还具有了神性的特征，神圣的特点参与了生活世界的实施，世界的意义在街道中得到了纯粹的净化，特别是夹杂在其间的寺庙、会馆，与民居不同的屋顶形态暗示着建筑物的等级，标识着街道空间中人们心灵的寄托。同时这个凹形场所的建立仅仅限于街道空间延伸的范围，因此传统街道空间场所是一个实体与有限的空间，大地虽然无限延伸，但只有存在凹空间的地方才有这种特殊场所的意义。

舒尔茨曾经调查过挪威、瑞典等北欧国家建筑实施的方式方法，认为北欧的建筑从广袤的森林、开阔的大地、雄壮的山脉中找到了自己的方位和方向，表达出某种去物质化的力量。在北欧地区建筑的存在都是以天空和大地为背景，并感觉不到空间的多样性，同时在光影的作用下以不稳定的外观和相对简单的形态来充分表达场所意义。相反在川渝地区，街道空间是一种相对狭窄而不断延伸的空间，正如同在一个导向性很强的容器中，光线与街道空间结合形成了一种整体性，并通过人的活动形成了复合场所。但川渝和北欧，亦包括中欧部分国家，街道中也有类似的地方，欧洲建筑中常出现“格子”状构件，呈现出当地的树林意向，根植于大地，与装饰、结构完美地结合，形成一种具有力量的交织线条，表现出分散的特点（图 3–110）。川渝传统街道中，也常以“木”为主要建筑材料，整体以木板门、檐廊的列柱为主要特征，并未形成格网，具有整体性。但檐廊中的柱、建筑内的柱，也形成了一种向上的趋势，呼应着川渝当地的树林。

图 3–110　德国街道中的格子建筑（德国）

街道空间中的寺庙、会馆等建筑所体现的场所不同于街道空间中民居所展示的生活世界，有的甚至是外来因素的影响，但公共建筑仍然将传统街道中的场所意义吸收运用。洛带古镇的广东会馆高耸的云墙就是典型例证，它表现出广东文化与巴蜀文化相互交织的特征。广东会馆场所是基于广东移民的移情，是对他们自己的“生活世界”的整体性的表达。街道空间中的宗教建筑常以多重院落的空间组合形态存在，院落空间都以一种潜在的方式导向宗教主殿。同时公共建筑院落空间与街道空间联系相对紧密，也形成了类似街道空间的属性，在对寺庙这种不同于普通民居的使用、边界、形态等要素进行解释的时候，场所意义最终集中到宗教场所的中心，形成一种图式，表达出与普通街道空间不同的路径。人通过街道空间进入到这样的场所中，参与到场所意义的“实施”，这种不同的意义是从对神的崇拜中而表达的存在。其延伸的特征在潜在意义中是存在的，仅仅是因为神圣和世俗的分区导致了文化和意义的变化，成为一种人神同在的场所。传统街道空间中的世俗是一种基础，神圣的宗教空间在街道空间的基础上进行扩展，相对高大的宗教建筑成为街道空间中被衬托出的元素。这种“实施”奠定了街道空间某种意义的基石，同时也导致了街道在文化与艺术上的复合。

在街道空间的建筑中，等级较高的建筑通过屋顶形态图式和空间组织来表达意义，屋顶形态一般为方形，以出檐或者封火山墙使得它们在街道空间中呈现出“突兀”，表达出建筑类型和某种特定的等级制度，生活的场所和神圣的场所使它们达到了对传统街道空间完整和谐的理解。

传统街道空间中场所的意义与当代场所意义明显有差异，因此现在人们一般也不能全面理解其以前所表达的场所意义。随着街道时间和空间的变迁，任何变化都对实施的世俗场所和神圣场所进行“破坏”，一些不可预知的力量经常与街道空间的意义相冲突，这时我们能够感觉“生活的世界”在天和地之间的变化，也能让世俗空间中的神圣气氛强化或者弱化。当在具有宗教氛围的院落中行进的时候，人在脑海中得到一种纯净的图形。因而人以各种不同的行为和心态去参与到这种“实施”中。神的意向是在殿宇之中被建立，而在殿宇之间的院落中很大程度属于世俗与神圣的混合场所。殿宇内神的场所常是昏暗的，光作为一种烘托，反衬出神秘的气氛，对光的解释不是通过被光照亮的物体，而是被照亮与否形成的对比而产生的感觉，与基督教、伊斯兰教追求光线的照耀不同。

在传统街道的建筑中，场所的意义主要通过世俗和神圣来表达，基于方形和圆形的平面，其建造方式让场所的复合性体现出来。川渝传统街道空间中方形的平面居于主导因素，从穿斗的构件到建筑的形成，实施了一种永恒和谐的秩序，这种“穿斗”符号让人神同形的实体延伸下来，即街道空间中的民居形成了一个居住的“小宇宙”，而寺庙、会馆、宗祠等则代表在“神”的图像下创造的另一种主题，这种“神”是广义并且可能是抽象的。例如洛带古镇中的广东会馆，其假想的神是对家乡的思念，这导致了建筑院落整体坐北朝南，遥望自己的家乡。在江西会馆中，除了建筑朝向以外，整体建筑形态类似于当地的大屋场形态，并配以江南水乡的封火山墙，形成了江西传统建筑场所的意义，还供奉了江西人心中的神——许逊。湖广会馆中供奉了大禹，又称为禹王宫。通过传统地域文化与“神”的意象相结合，形成了公共神性空间。因此无论何种街道中的建筑，文化、历史、传统都以一种象征性的方式，利用各种图形来完美地适应各种建筑任务。特别是会馆类公共建筑，对场所的适应在开始的时候考虑相对较少，本土的文化元素附加于传统的空间格局中，成为一种“附加”的特征。在本土文化的不断影响下，当地“母题”特征逐渐强化，诸如穿斗、云墙等物质元素。随着移民与当地文化的融合，原始的意义逐渐消逝，特别是在空间的使用上，传统场所作为客家人集会的功能已经失去。而传统街道边的民居，除了保留居住功能外，也派生出新的功能——满足街道空间的交易。这说明单个建筑常常不再是单一的生活世界，它从室内的场所意义开始改变，成为街道空间中的一种符号。在一定程度下当地所熟悉的物质、元素和移民所带来的文化差别逐步消失。街道空间中许多建筑的场所功能逐步弱化到只有通过传统的元素和人的感知才能体验，成为一种形式主义的表层。在这种变化中，外来的元素与传统元素差距越大，就越能

产生不同的场所空间和事件。

2. 符号与意义

“形式追随功能”除了对建筑的形成进行了一个定义，同时也说明了街道空间体系的实施。这个体系的实施，说明了街道不是简单单一的功能，从现代的观点看街道空间的宽度应该由车行和交易的方便性来决定，因此这个“小宇宙”的实施仍然存在着度量因素。但为了表达意义，街道空间不自主地实施了某种符号体系，对照索绪尔的符号理论，其所形成的街道空间中的符号是随机选择确定的，并依据其本身的代码来表达意义和解释。依据美国皮尔斯的符号理论，我们认为街道空间中的所有元素都由不同的符号说明，同时最终的解释由街道空间和符号之间的媒介的解释者来说明，诸如活动于街道空间中的居民、路上交易的商人等。在部分特殊的场所，不需要解释者，符号同样可以发挥作用，此时符号与所表达的元素形成一种形象上的一致或者某种标识的意义。例如罗城、肖溪的船形街其形态和符号就完全一致，不需要解释就表达出场所的意义。街道空间场所的实施是从具体到抽象，再从抽象到实施具体场景的过程，是对场所最终表达意义理解的重要组成部分，或有另外部分作为主观对场所的认识和感知。从德里达的解构主义出发，这种实施存在着分解与重构的过程。在街道空间形成与发展的过程中，各种物质元素的组合在不断地分解和重新组织中。当人进入到街道空间的时候，街道空间的局部会发生变化——人的行为与空间发生一定的关系，形成新的建构。

因此街道空间不是一个“简单的符号系统”，其间存在着符号、抽象、隐喻、图式等多种表达方式。街道空间通过一种可理解的方式，使它的多样性得到了表现。

海德格尔认为桥通过连接联系着两岸，又是一种特殊的景观。街道空间连接着古镇的内外，联系着两侧的建筑，也作为景观和场所。海德格尔在《艺术作品的本原》中以古希腊神庙为例，解释场所艺术集合和表达周围环境意义。同样，街道空间在文脉的作用下也被认为具有特别的意义。街道空间从场所意义上来说并不是简单地叙述性事物，当采用图式符号来解释街道空间的时候，表达了街道空间场所包括的一切内容，从显性的功能一直到隐性使用的场所。街道空间包括世俗与神圣的场所，任何外来的事物都通过街道对外的开口进入这个围合空间。充分说明了街道空间的实施不但集合了自身空间特色，而且结合了建筑环境、自然环境等多个因素，成为一个比简单建筑空间更大的“小宇宙”，更适应人的外向性。只要街道空间存在于古镇的某个位置，它就履行自己作为古镇一部分的功能和角色。通过大量可感知元素，街道空间呈现出可感知的“生活的世界”。海德格尔认为古希腊的神庙站立在山顶上就表达出与天、地的关系。街道空间也从与天、地、人之间的关系中限定了自己的个性，它作为一种复合的图式，将人的感知带入一种存在的文脉中。街道空间上部或者端头的开口通过对外的文化交流，影响着街道空间中的特征，以一种特定抽象的符号表现出来。文化的传承逐渐实施起“生活的世界”，通过文化形成的这个“小宇宙”使街道空间表现出主体空间、灰空间、广场空间等要素。

任何事物都可以由一种广义的符号来表达，不仅仅是表象的，还可以是图式、符号甚至特殊感知，形成一种逻辑上的秩序。海德格尔认为符号首先给予了事物的存在。川渝传统街道空间是符号与具体元素、空间形成关系的结果，使其成为一个统一的整体，街道空间最终展示了它的可见性。街道空间的形成与发展，存在着符号意义上的先验。正是这个存在的空间，通过广义的符号能够包括其中的所有事物。在实施的过程中首先运用的都是有形的元素，最终发展成为“图式”，用以充分描述某类形态所体现的统一性。图式也表达出场所的特点与意义，联系着街道空间与天空、大地的关系，形成特有地域环境景观。

重庆的万灵古镇，又叫路孔古镇，集合了一定的符号模式，比较充分地体现出川渝传统街道空间的多样性。古镇沿山靠水，整体布局沿濑溪河顺坡展开，形成“山、水、城”三者紧密联系的多方位空间形态，以及追求“天人合一”的中国传统自然观和环境观。南宋时期，万灵逐步成为水码头和物资集散地，修建了部分供往来交易的商人住宿的旅店和存放物资的码头商店，顺河建构了主要街道的空间雏形。明朝时期，街道中形成一些供商人住宿和堆放物资的商店，水码头属性进一步增强。街道空间场所意义与码头场所意义结合，实施了古镇多样性的符号模式。清朝康熙、乾隆年间，部分外来移民来到了万灵。移民为了同乡间的交流与交易，在街道中修建了会馆，其中湖广移民修建了供奉大禹的“禹王宫”（图3-111），形成外来的“图式”符号。清代嘉庆五年（1800年），当地乡绅及居民为了防御川东白莲教起义的战火，以水码头为中心修建成大荣寨，后来为了防堵抗清农民起义军，当地人又对大荣寨进行了修建，城墙成为整个街道空间封闭的符号。这些不同的“小宇宙”在万灵镇这个地方相遇、相互影响，形成了当前街道空间，并表达了特征与意义，体现出某种与众不同的特色。由此可见，街道空间总是通过文化的符号成为一种居住和表达基本意义的景观场所。

图3-111　万灵的禹王宫（重庆万灵）

万灵古镇有四大城门——太平门、狮子门、日月门、恒升门，它们将整个古镇包围起来，形成具有防御性的寨。传统街道空间三面开口于周边田野，一面开口于濑溪河边，田野相对来说比较开阔，其领域特征是空旷的，夹杂着绿色植物，随着缓坡的起伏，成为西南地区较为典型的地景特征。传统街道有一城门开口于河边的城门外，空间相对狭小，在城墙与河流之间形成一条路，但河面上一座古桥，联系着河对岸，给河边压抑的空间一个舒展的场所（图 3-112），以大地与河流作为背景，形成景观。部分移民跋山涉水来到这里，在开阔的田野中筑起自己的领域。随着战火的

图 3-112　万灵的古桥（重庆万灵）

发生，将镇筑城墙变成了寨，城墙作为一种永久和难以渗透的物质存在，对外表达出极强的封闭性，而城墙内部街道空间则显得开敞，人们在这里交易、喝茶、休闲。人在来到寨的过程中体会到强烈的排斥感与防御性，当穿过城门洞，则形成一种“相遇”，无论是移民还是当地住民都成为交流者，提供了不同事件在开敞街道空间中的多种可能性。当然内部街道

空间中仍然有开敞与封闭的区分，街道中的民居因为物资的交流具有开放性，而街道中的会馆则相对封闭。实际上这种街道空间以一种绝对世界的形式持续变化存在，从交易开始的街道空间和木构建筑，变化为带有城墙的"小宇宙"，从自发的场所变成刻意的场所，中断了连续不断的浅丘地景。自古以来树木苍翠的平地被认为是"宜居"的，而荒漠、陡峭的山地等被认为是具有"敌意"的。古镇外树木苍翠的地景也形成一种秩序，与天空一起形成一种本身拥有的存在。古镇的建筑生于林木，作为一种对将树木转换为栖居景观的回应，被认为是巢居的抽象变化。地景中树木的存在定义了地景的意义，同时传统街道将这种意义以建筑的形式表达出来，而城墙的实施使古镇整体获得了有形的封闭特征。

涞滩镇始建于晚唐时期，兴盛于宋代，历史文化底蕴深厚。如同万灵古镇一样，具有强烈的防御性，古镇坐落在雄视渠江的鹫峰山上，其势巍峨，寨墙高筑，如龙盘虎踞于山势之间。其中最主要的城门——涞滩瓮城，是石筑瓮城的代表作。整个瓮城呈半圆形，长约 40 米，半径约为 30 米，设有 8 道城门，易守难攻（图 3-113），是涞滩街道空间的起点。第一道城门具有向外的排斥性，进入瓮城后，第一道城门则具有内聚性，第二道城门形成第二次排斥性，内聚与排斥，形成了瓮城的场所特征——一种关闭的空间，象征着被动与死亡。正是这个空间隔区分镇外与镇内，往来镇内外都要经过这样一个特殊的场所。使得内部街道获得了一种特殊的格式塔空间属性，形成一个紧贴其形态的有形空间，将镇外地景与镇内街道联系起来。城墙内部为古镇，石砌的寨墙内，保留着大量的清代民居和狭窄弯曲的青石板街巷。古镇中靠近小寨门的文昌宫则采用了严整的四合院布局，在古镇中建立了一个规整的场所。在一定程度上，文昌宫代表着涞滩镇内的一个"场所中心"，是一个具有基本意义的形态。它的入口开在街道空间中，形成一个小的三角形广场，入口是石门（图 3-114），区别于普通民居，预示着场所意义的变化，进入大门是一个对称的院落，正中是一个戏台，可以隐约感知传统中国建筑布局的意象，好比建筑中的堂屋，戏台具有表演和交流的功能，此时作为文昌宫的元素，成为具有特征的“存在”，有明确的符号形式和形态。人在传统街道中的行为存在着某种统一性，允许活动的人作为各种场所的一种特征，传达给所在场所一种意义（图 3-115）。位于涞滩城墙边的二佛寺下殿的形制为两层楼的重檐歇山，依托建筑两侧的巨大岩石形成自然的出入口，木柱、穿枋、檩条按照山岩的地势和岩体的位置，鳞次栉比地层叠在起伏的绝壁上，给人以美的享受。因为通过城墙边的踏步可以来到古寺，因此防御性减弱，大殿仍然是镇内街道空间的一种延伸。从古镇中居高临下可看见寺庙的屋顶与巨石，巨石仿佛是屋顶的支撑，形成了自然与人工的组合（图 3-116）。当下到寺前，两块巨石形成了寺门，构成一种通道，具有“颈”的意象。通过这个门便进入寺庙空间，整个寺庙以背靠的岩石为界面，形成石窟，寺庙中光线较暗，用相对昏暗的光照来表达佛的神圣性。佛教建筑表达出与自然和谐的特征，都是通过它本身的建筑特征来表达与完成，在与自然环境的关系中，建筑首先占据一个有利的位置，建筑符号与空间组织保持着一种对称与简明。二佛寺下殿延伸至城墙之外，成为传统街道空间的一个终点，街道空间结束于这个佛教场所，并且它在城墙外，开放性相对较强（图 3-117）。明亮的外部空间与昏暗的建筑内部形成强烈的对比，寺庙获得了一种作为“特征”的存在，有明确的形制与个性。寺庙利用岩石坚固的特性将宗教意象表达在街道空间的氛围中，虽然佛教在一定程度上可以去物质化存在，但传统街道与建筑空间、佛教之间不断相互影响，成为涞滩街道空间意向的延续。

街道空间从文化上来讲是一个集合，寺庙作为街道空间中的重要符号，起到了节点的作用。宗教明显是社会性的，宗教表现是表达集体实在的集体表现；仪式是在集合群体之中产生的行为方式，它们必定要激发、维持或重塑群体中的某些心理状态。所以说，如果范畴起源于宗教，那么它就应该分有一切宗教事实所共有的本性；此外，它们还应该是社会事务，以及集体思想的产物。[1] 宗教概念首先需要表达和解释的对象，并

1　爱弥尔·涂尔干．宗教生活的基本形式 [M]. 渠东，汲喆，译．上海：上海人民出版社，1999:11.

图 3-113　涞滩瓮城（重庆涞滩）

图 3-116　涞滩二佛寺下殿（重庆涞滩）

图 3-114　涞滩文昌宫前小广场（重庆涞滩）

图 3-115　涞滩文昌宫戏台（重庆涞滩）

图 3-117　涞滩二佛寺下殿入口（重庆涞滩）

不是事物中例外和反常的要素，恰恰相反，它们应该是事物中连续和规则的要素。[1]宗教由神话、教义、仪式、场所等多个部分构成，其中的场所是宗教所具有的少数物质化因素之一。川渝地区街道空间主要是因交易形成，宗教大多是随着交易活动产生或者移民带入，其场所融合在街道空间中成为其重要的部分，表达出街道空间的连续性意义。宗教场所进入街道空间后，自然将街道空间划分为神圣与世俗两大场所领域。不仅表达出神圣事物的性质，也表达出神圣事物与世俗之间的关系，二者完全可以共生在传统街道空间中。在涞滩镇中，寺庙前的巨石成为一种神圣的事物。所以在街道空间中进行活动的人，一般都认为佛教要高出世俗的人，自己显得卑微或处于一种附属的地位，那么其的活动区域就会与寺庙场所进行区分，一般不会在寺庙内进行传统的物资交易，而将其作为一种聚会的精神场所。

通过两个古镇的例子可以看出，街道空间具有生活、防御、宗教等复合性。街道空间中神圣、世俗的统一性决定了它局部甚至整体的意义，将人与世界的表达意义结合起来。涞滩二佛寺下殿建筑形态不同于普通寺庙，除了象征神圣的巨石这种特殊的符号以外，平面上不仅有重檐屋顶而且利用岩石进行空间的围合，并形成石窟（图 3-118）。二佛寺下殿通过神圣而集中的建筑空间传达出人生的永恒与轮回。无论是民居还是寺庙，它们都实施了一个集合，因建筑而形成的川渝街道空间，从最早的雏形开始，居住建筑与宗教建筑将世界中不同的意义集合为各种不同的符号，并在所形成的街道空间中表达一定的功能和象征一定的意义。街道中的寺庙首先将进入、相遇、重新发现统一起来，因此宗教意向在街道空间中对场所的利用成为一种重要的存在，并以具体的符号表达出来。宗教存在能为我们提供一种认知事物的基本概念，以符号的形式引导街道与客观物质世界实施关联。

1　爱弥尔·涂尔干.宗教生活的基本形式 [M]. 渠东，汲喆，译.上海：上海人民出版社，1999:33.

图 3-118　涞滩二佛寺下殿石窟（重庆涞滩）

由此可以看出，川渝传统街道空间在一定程度上沟通了不同类型的世界。万灵镇和涞滩镇充分证明了街道空间及其格局的形成不是偶然的，而是自然、人文相互作用而形成的。街道空间中不同类型的场所和世界一般都具有共同的因子，它们都以各自的部分通过符号的形式进行一个有机组合，成为一个全面的合成体系，形成街道空间。两个古镇的例子表明了对川渝传统街道空间世俗上的理解与环境特殊感知之间的作用，甚至神圣的意象，从中可发现传统街道空间中多个小世界的空间与意义是如何实施，在实施的过程中，每个小世界都相互交叠并影响。海德格尔认为人存在的表现是一种明显的天空与大地的关系并且是对这种关系的充分利用。就川渝传统街道空间而言，这种关系包括街道存在的空间形态、空间范围（主体空间、边缘空间、灰空间等）和实体元素与符号化的标志物。街道空间的形成实质是人们在一定条件下，在利用中对人工物质的实施和排列（图 3-119）。

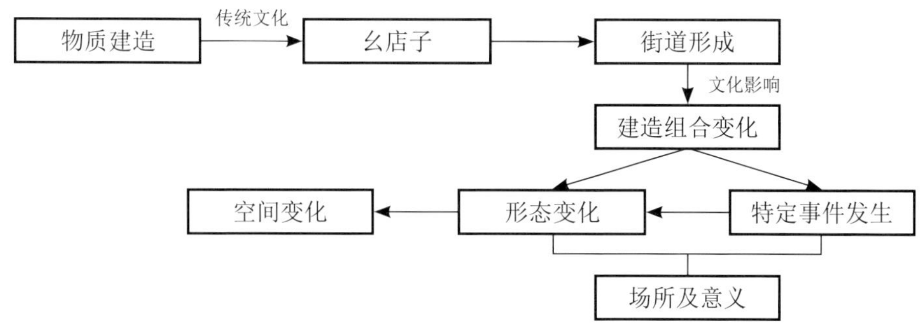

图 3-119　实施的结构

（七）格式塔

形态与空间互为图—底关系，相互组合成为一个具体图形的街道空间，体现在街道空间的平面、立面、空间以及建筑形态中。街道空间的环境由其所表达的图形决定，并通过格式塔进行空间组合。

街道空间所呈现的“图形”表达出整体性。所有事件的产生都是川渝地区本土文化在场所中的体现，事件与“图形”形成一定的关系，影响着空间的组合方式。川渝古镇是人对本土环境适应而生成的聚落，诸如福宝、李庄、涞滩等的街道空间给人的印象与它们边上的建筑和环境的关系高度一致，不同传统街道都表现出一定的个性。古镇保留自身的特点是源于街道空间组合与特征。林奇认为任何聚落都是图 – 底关系所表达，具有格式塔的属性，主要从标志物、节点、路径、边界等元素表达出来。[1] 川渝传统街道空间中的界面都充分体现了这些元素。

例如重庆涞滩传统街道的形态与空间就是在天与地的大环境下展开的。因为天与地，街道空间中的路径、边界等主要顺着大地水平延伸，大多数标志物则是垂直方向与天发生更加强烈的关系，正如上文谈到的“连续性”，它们在街道空间中以某种形态和方式在图形中体现，这是格式塔的图形关系。连续性不仅仅是在街道空间的事物中发生，更是街道空间内

1　凯文·林奇．城市的印象 [M]．项秉仁，译．北京：中国建筑工业出版社，1990.

外事物相互联系的综合表现。连续性也是街道空间自身的延伸和限制性因素，自然地景是连续性的，通过大地、河流、植被等体现延续性，建立在大地上的街道空间是人工元素，它可以依山傍水地延伸，这就决定了其连续性的“边界”特点。涞滩古镇实际建于山头上，以山头为界，所有街道空间的连续性到城墙为止。对于某条街道空间，连续性体现的是某些特定的图形。涞滩传统街道空间的连续性被限制于瓮城城门（图 3-120），说明了街道空间的防御性，而街道空间侧界面连续的木板门又表现出街道空间对镇内的开敞特征。街道空间是在一种图形范围内的格式塔属性，是一种动态的空间类型。

图 3-120　街道的连续性被限制（重庆涞滩）

1. 空间格式塔

川渝地区传统街道空间是一个典型的图形，表达着本土文脉，同时与天、地和自然环境发生了关系，人的活动使这个图形成为空间场所。无论是什么样的街道，其空间组成的形态表现为多样性，不同的组成部分都是格式塔图形关系的组成元素之一。

格式塔理论将街道空间区分为各种图形，任何一个图形都具有封闭的边界。街道空间的形态由边界确定，它的侧界面和顶界面帮助我们将整个街道从古镇环境中识别出来（图 3-121）。边界一般都具有连续性，物理上非连续性的边界常因为某些元素具有相同的属性而得以“延续”。一条传统街道空间具有典型的图形特点，与之相连的其他街道空间可以看作这个街道空间图形的延续，也可以看作这条街道图形的图底。街道空间在水平方向上不断延伸，形态与空间也相应变化，与图底形成了动态的格式塔关系。边界不仅仅是水平方向的限定，要使街道成为空间，必须在垂直方向上同时限定。所有垂直上升的自然、人为元素都有格式塔的意义，并在一定程度上限定空间形态。因此川渝传统街道空间通过木、砖、泥、石等建筑构件形成的垂直界面和坡屋顶檐口线控制了街道空间的高度。街道立面让街道与天、地形成三维空间关系。街道空间在自身特征以及街道内各种事物的共同作用下成为一个相对稳定的体系，因此它具有“空间稳定性”和“场所可变性”。特别是侧界面，从街道空间的横断面可以看出其与空间的关系，如果从人对侧界面的使用开始，那么侧界面两侧的室内外空间成为“底”；反之，如果从空间开始，侧界面则成为边界，成为一个促使行为发生和被使用的空间。

随着水平轴线延伸，两侧建筑体量向前发展，街道线形空间逐渐呈现，古镇的骨架渐渐清晰。舒尔茨曾经提到过人造物的“张力”，两侧建筑从地面升起，形成“峡谷”，顶端开放，两边围合，与自然环境相互依赖。街道空间场所意义是其存在的基础，与自然环境、文化环境以及人在其间的行为都有密切联系，会随着环境、行为的变化而发生演变。大多街道场所的形成最初基于某种交易，形成后随着街道功能的复杂化，场所的转换和更替时常发生，从一个场景变成另一个场景，这由时间、气候以及人的行为决定。街道空间整体建立的同时，局部场所空间也不断地发展变化。局部空间以街道空间场所为背景，在形态和结构上相互补充完善，同时它作为整体空间的一部分却又具有整体性的特点。川渝传统街道在形成的过程中，两侧多形成带商业属性的民居，场所的意义多与生活密切关联。

图 3-121　街道的识别（四川阆中）

（1）节点

传统街道空间因为两侧建筑物（侧界面）相对较低，所以主要是一种水平连续性为主的通路，单体建筑在传统街道空间中连在一起，因此外部界面是连续的，而内部建筑空间则进行分隔，功能和场所上仍然保持相对独立。大中有小，小中见大的图式关系非常明确。传统街道空间以其连续的属性在地景中扩展，周边自然环境在一定程度上既是街道空间发展的条件，也是其发展限定的图形，在街道空间的扩展延伸中，不断触及环境一次次建立格式塔空间意义并与其逐步协调融合。同样建筑内外空间本来就形成一个图－底关系，而建筑外部空间的串连形成了街道、檐廊等，与两侧连续的建筑共同形成图－底属性（图 3–122）。

图 3–122　建筑与街道空间的图底关系

街道空间中各种节点是表达格式塔意义的重要因素，交叉口、广场、转弯处等节点都是显性因素，当人观察街道空间特别是界面发生变化的时候，就进入一个节点空间，而街道中的节点与街道本身互相包含，则形成一种自然的过渡。节点如果是广场，我们就以边界或者拐角作为认知，识别出广场的形态。节点的延伸形成街道，而街道又作为图底突出了节点空间。例如阆中古城中的华光楼和中天楼，位于街道的交叉口处，以高大建筑的形式控制着节点，此时街道空间成为节点的图底，高大的建筑也成为整个古镇的标志。又如洛带古镇中的字库塔，位于街道空间的转弯处，以它为中心形成了一个小广场，字库塔和广场形成互补的图形（图 3–123），同样罗城船形街广场中的戏楼，与整个广场形成格式塔图式，实体上戏楼作为升起之物，控制着整个广场。以广场空间为底，则看出周边对广场的限定，以建筑实体为底，则表达出广场的形态（图 3-124）。格式塔不仅表现在图 - 底关系，而且在方向上有控制性的体现。在罗城的广场中，向心力指向戏台，戏台成为整个广场的中心。在向心性属性中，轴线会不自主产生。除了普通街道自己发展而成的空间外，街道中的广场、节点等隐性轴线方向则是由人在其间的行为模式所决定。传统街道目的是建立一种可以体验的空间，并以轴线为基础形成不同的“方向”。如果纵向延伸的街道空间导向标志物存在，会形成景观轴线，例如西来传统街道导向新修的塔，塔立于天地之间，街道与塔在图形上互相衬托，具备了象征的格式塔意义。

图 3-124　罗城戏台对街道的限定（四川罗城）

图 3-123　洛带街道中的字库塔（四川洛带）

街道空间有很多重要的节点。从街道延伸的空间序列看，街道空间串起了重要的纪念物、节点；反之，这些重要纪念物或者节点的空间发散并相互联系，生成街道空间。伊利亚德认为所有文化都有一个起源点，即一个中心物的产生。“幺店子”是川渝传统街道空间的起源点，它以天地为本，通过交易形成一个小的空间，是认定和定位的过程，这个空间具有方向性和拓扑性（图 3-125）。“幺店子”中简易的临时交易商店与道路形成了图—底关系，形成一些不规则的空间，虽然这个空间不像西方城镇中的广场具有相对完整的图式，但从空间场所的起源点来看，其本质是一样的。街道空间的生成必须体现出一个基本围合，川渝古镇的形成很大程度上依赖于街道空间的生成，因此纵轴线的延伸显得非常重要。轴线上的街道空间以两边侧界面的水平对称取得了质量上的平衡，以格式塔组织图形的方式发展成一种空间的聚集。

图 3-125　桥头幺店子（四川洪雅）

（2）意义

街道空间中的各个子空间有不同的表现形式，但它们都有一种潜在的统一性，要么统一于这个体系，要么体现于另一个体系，子空间与周边或者整个街道空间都组成有机的联系。一个或者一系列的空间，当所属的空间体系不同时，它们所体现的图形意义也不相同。从广义上来说，格式塔属于图形上的理论，传统街道空间立于天和本土地景之中，建立在当地自然和文化的结构体系上，以其特有的图形法则和意义体现出来。

四种因素即街道中心性、导向性、空间性、限定性决定了街道空间格式塔意义的表达。它们是街道空间图式稳定的重要因素，例如，文昌宫和二佛寺是整个涞滩古镇的中心，导向性使街道路径得以产生，同时又形成了街道空间，成为一个容纳传统事物的容器。除了界面对街道空间的限定外，古镇的城墙限定了整个古镇的边界，同时也是城墙边小路的侧界面，四种因素决定了涞滩街道的空间的格式塔图形意义。

川渝传统街道空间实际上是一种有形的水平结构，而局部拔高的纪念物诸如寺庙、塔等成为街道空间中的地标，成为竖向的结构。在欧洲传统街道中，这种竖向结构非常重要，表明了竖向轴的存在，与天地发生了明确的关系，例如尖顶的教堂，它克服了“力”，表明了与天的关系，而教堂中的穹顶则隐喻了“天穹”（图 3-126、图 3-127）。川渝传统街道空间中的纪念物竖向意向相对较弱，大多以平缓的形态向上延伸，加

图 3-126　欧洲教堂的尖塔（德国）

图 3-127　欧洲教堂的穹顶（匈牙利）

上坡顶的因素，形成了水平与垂直两个方向的延伸，与天、地以及街道图形互相以格式塔方式呼应。特别是街道中的塔或者戏台等建筑，轴线和坡顶的韵律感同时存在，垂直方向中蕴含着一种水平的延展与放松，双向交汇成为一个完整的图形，形成了传统街道空间竖向与水平的图式表达。

无论何种传统街道空间，都有自己特有的“气氛”。例如大部分传统欧洲街道空间导向城镇中心的宗教场所或者市民广场，而在希腊则顺应地形和气候，形成白色封闭的交通式街道空间（图 3-128、图 3-129），川渝传统街道空间同样具有自己的“气氛”，这种气氛与天、地有明确的关系。中国传统文化中的“人法地，地法天，天法道，道法自然”，[1] 正好印证了川渝传统街道空间的格式塔意义，在街道空间中潜在形成类广场，成为交易空间、交流空间或者聚会空间，广场与街道无明确分隔，且互相依存，互为图底关系，正体现出“无为而治”的文化特征。

两侧的民居赋予了传统街道空间生活气氛，特别是民居与街道相交的灰空间与街道空间形成格式塔互补形式。民居边的檐廊或者柱廊是街道灰空间的代表，通过光影变化形成了空间明暗的相互衬托，明确了空间的形态和界线，形成檐下生活小世界。灰空间联系着街道空间与建筑空间，与二者形成互补的空间格式塔，成为“融会贯通”之处。

图 3-128 传统欧洲街道（波兰）

图 3-129 希腊封闭式街道（希腊）

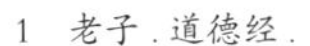

1 老子．道德经．

（3）融合

建筑设计大师路易斯·康认为事物总想成为它自己，每个事物都有特有的属性。就建筑、规划来说，建筑或者群体都具有格式塔的属性。自然环境与人为环境具有构成上的差异，自然环境通过天然的边界表达出图形的属性，而人为环境在满足需求的前提下“构成”了自身。因此街道空间的格式塔属性与使用相关的事件紧密联系。传统街道空间中的秩序是对存在的具体反映，前面谈到的“选定”“认同”“利用”“理解”“实施”都是存在的表现，是人为空间场所与自然环境的协调与统一。当“幺店子”在自然环境中生成的时候，为了表达对自然场所的认同和统一，空间和场所必须对环境进行呼应和延伸，成为格式塔呼应关系。事件与“意义”相映射的生活不断地发生，理解随之深入，随着实施的逐步开展，街道空间在互动以及人行为的融入过程中形成和体现。例如，人进入一个具体的传统街道空间，街道就被作为人可体验的空间元素，在触发感官的基础上表达出同化、选择、适应的过程。街道中的人在散步过程中，发觉街道某个区域有人聚集，随之他可能走近去发现并观看甚至参与，正式进入到这个空间体系。这也正符合皮亚杰认识发生理论中提出的同化和适应的双向过程。

街道空间通过“选定”来形成，说明街道空间具备方位特点，因此街道是容纳各种事物的容器，成为具有方向性的“场所”。从通俗意义上看，任何一个空间都有“空”的属性，自然环境中的山洞、树林间的空地等，人为环境中的建筑空间、街道空间等，它们都是在有形边界的限定下形成的格式塔语言。任何元素都可以通过某种边界来分出一种“空间”，其基本形态都是“包被”的，通过边界“连续”的限定而成，同时选定后形成的方位确定着街道空间的走向。

街道空间在被利用的时候，通过空间领域、边界、纪念物和起（终）点四种方式表达格式塔属性。传统街道空间领域是我们真正所利用的，界面控制着形态与路径，纪念物营造着特殊意义的场所，起（终）点是街道空间的开端或者结尾。因此街道空间有一种明确的延伸方向，街道中的纪

念物是人停留的场所和聚集的中心，街道空间的开头或者结尾则是空间端面。当我们生活其中，用“前”“后”“左”“右”等方向术语来形容位置的时候，街道空间的格式塔属性就显得更加具体化。当这些属性回归到天地之间的时候，街道空间就会成为自然环境的一个人为图形，街道的延伸性构成了格式塔属性中的几何形态与拓扑连接。街道空间通过各个节点相互连接形成某种几何形态，成为对街道空间利用所形成的方向和终点的表现，因此街道空间在格式塔的作用下成为一条变化的轴线，节点成为转折点，纪念物成为其间的某种场所中心。街道在文化内涵的引导下变化延伸，不断与各种事物融合，形成了空间形态与事物的多样性。街道边的民居和公共建筑（寺庙、会所、祠堂等）给街道提供了某种空间场所或者事件。事件在街道中组合，如同空间一样，形成“互补”。例如赶场时除了交易外，还有聊天、打牌等事件发生，事件在不同的空间中进行，此时以交易事件为“图底”，其他事件会显得异质和突出，反之，交易事件就会凸显。根据事件各自所占的物理空间，互相形成联系或者排斥。

街道空间的边界常不是单一元素，在川渝传统街道空间界面常以灰空间的形式出现。例如，侧界面常以廊这种“灰空间”的形式出现，在这类空间中，认同、选定、相遇等意义得以充分体现，即某类空间事物与相邻的空间事物进行图式互补。灰空间形态的形成，正如同文丘里所提出的建筑“墙”的形成——可拆卸的木板门是典型的建筑空间与街道空间或者半公共空间的分隔面。建筑的形成从外到内，同时又从内到外，产生必要的对立面，又由于室内不同于室外，墙——变化的焦点——就成为建筑的主角。建筑产生于室内外功能和空间的交接之处。[1] 灰空间是一个“过渡空间”，与墙不同的是它一般具有一定的进深，具备事件发生的功能和意义，街道空间的生活公共化功能与建筑空间的私密功能在交接处发生碰撞，赋予了灰空间能分别与街道和建筑相互作用的格式塔意义。功能的交

1　罗伯特·文丘里. 建筑的复杂性与矛盾性 [M]. 周卜颐，译. 北京：中国水利水电出版社，知识产权出版社，2006:86.

汇属于街道空间的利用，同时木板门的开口大小与位置，不仅仅表明了允许灰空间（街道空间）的融入，也决定了允许灰空间（街道空间）融入的大小和位置，形成格式塔图式和意义的区别。

川渝传统街道空间的格式塔特征表明了它的存在方式和意义，街道空间的统一性和变化性结合了天与地的关系，成为具有功能、可以理解的图形。其间发生的事件也是被认同和理解的，成为整个街道空间的一部分。交易、休息、娱乐等生活、生产事件得到了确定，与街道空间共同组成一个动态的体系。街道垂直方向的轴线主要体现出与天地的关系，具有“精神意义”，例如磁器口古镇金轮寺的塔，形成逐层向上的扩展（图 3–130）。又如街道中的戏台，垂直向上的轴线远弱于塔，但它的水平扩展性则强于塔，精神意义与生活意义得以共存（图 3–131）。总体看来，传统街道空间中的格式塔意义主要由建筑的垂直性、空间的纵深性和标志物表达。街道空间的存在是基于建筑内外空间的综合体系，人在其间的活动形成了潜在的“轴线”，造就了与各种活动相关的场所。这种场所尊重本土的历史文化，形成某种内在的场所统一性。各种活动、事件与街道空间作为不同功能层次以格式塔的方式结合起来，总体决定着各个层次，同样各个层次又烘托出整体。

图 3–130　磁器口金轮寺（重庆磁器口）

图 3–131　青林口戏台（四川青林口）

由此看出传统街道与现代街道的空间形态有较大的差异。现代城市街道两侧的界面大多为非连续性，一栋栋建筑呈现出独立的姿态，相互关系非常松散，街道空间的图－底格式塔属性被破坏，大量规整的十字交叉口存在其间，街道成为交通通行的空间，仅以宽度决定其交通属性。现代城镇街道空间虽然也有明确的水平轴线，但它是基于交通通行而形成的，也因为大量交叉口的存在，其水平轴线经常被截断，形成断裂的空间与界面（图 3−132、图 3−133）。

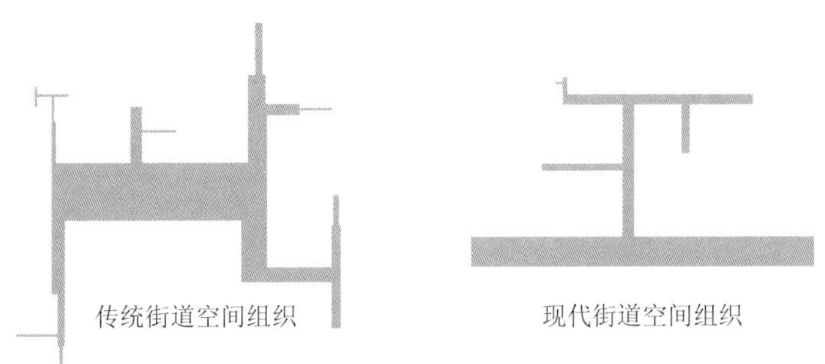

图 3−132　传统街道与现代街道空间组织区别

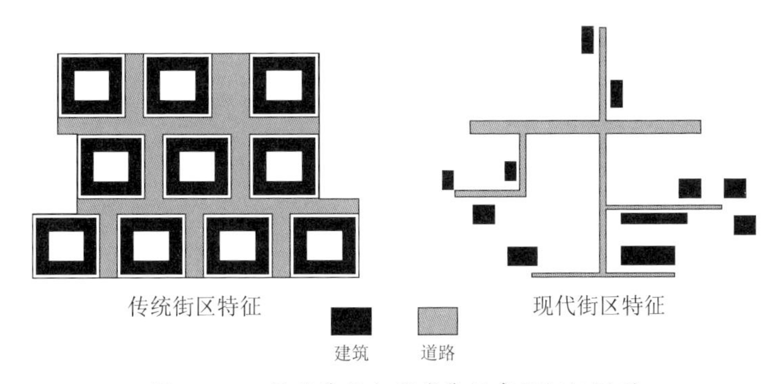

图 3−133　传统街区与现代街区空间组织区别

2. 形态格式塔

形态格式塔包含有构件特征、穿斗建构以及轮廓三个方面组成。

（1）构件特征

传统街道空间通过界面划分空间表达范围，界面的不同元素具有某种内在的统一属性，即相同的类型，这种类型或是文化上的，或是某种建构上的，甚至是心理认同上的，潜在成为意向上的格式塔。街道两侧的建筑，具有门、窗、柱、墙等多个元素，都是一个小型的“生活世界”，竖向的构件建立了与天的关系，水平的构件体现出与大地的密切联系，构件在民居中是为了形成空间，因此民居中的人并不会过多地关注构件。而在街道空间中，这些元素组成了侧界面，成为凸显属性因素，被人关注。界面的不同元素以“自然发生”的各种形态来体现街道空间具有类型的特征。这些元素一般通过特殊的组合来形成，例如屋檐常通过出挑和斜撑得以实现，出挑和斜撑在某个建筑中具体形态一般是一致的，它们在檐下形成组合阵列，顺着街道空间排列，而街道两侧其他建筑的出挑或者斜撑可能又是另外一种形态，也顺着街道空间规律延伸，虽然形态不一，但它们都属于“挑”“撑”，成为街道图形的重要组成部分，与街道空间和建筑界面形成“互补”关系（图 3-134、图 3-135）。

图 3-134　街道边的出挑（重庆偏岩）

图 3-135　连续的支撑（四川五凤）

街道空间中的构件在不同的场所中被赋予不同的属性，每个构件可以分属于不同的建构体系，例如门隶属与建筑空间中的分隔部分，同时又可以属于街道空间中的隔断或者内外空间的联系点。门作为出入口与街道连通，成为一个过渡空间，扮演着街道空间与室内空间转换者的角色。因而在侧界面的木板门开启的时候，常会引起人的注意并带来各种潜在的预期。木板门在川渝街道中承接着室内空间与街道空间的转化，它的可拆卸性实际上是本土建造方式的体现（图 3-136）。川渝建筑以当地的木、土、竹为材料形成了穿斗建构方式，其主要特征是构件组织灵活，可拆卸替换，因此街道两侧木板门的可拆卸性是原始建造类型的表现。门表达了街道空间内与外的界限，同时也是进出的标志。西方建筑学认为门或者窗是一种明确的开口，门是建筑对外的通道，窗是建筑的眼睛。在川渝传统街道中，木板门的开口是能够改变位置和大小的，因此它对于街道空间是可变的，进而引起联系通道和空间场所的变化。街道空间两侧的窗多为支摘窗或者隔扇，采光功能较弱，与街道空间的通透性不强。支摘窗中有支撑构件，支撑在传统的意向中有展现一个“新世界”的意向，例如柱子被认为是支撑了“宇宙”，支摘窗将建筑外界面开了洞口，“支撑”出一个新的内外空间交流通道。窗和光常联系在一起，光进入了建筑，表明了私密性与公共性发生联系。街道侧界面有韵律感的元素主要是挑梁和柱，挑梁从穿斗结构中伸出承载着檐廊屋顶，柱支撑着梁形成了一个小的生活世界，使檐廊与室内空间或者街道空间发生对话，成为一种“小宇

图 3-136　街道边可拆卸的木板门（四川火井）

宙”。这也充分说明了梁、挑、柱构件的意义，它们之间也形成了支撑的关系。体现了川渝地区建筑最基本的构件组合方式。

传统街道中的构件很多，从大到小，以一定的方式进行建构组合，它们的之间形成了形态上的联系，同时与街道空间也形成对应关系，成为川渝传统街道中重要的图形表达元素。

（2）穿斗建构

穿斗不仅是川渝地区也是广大南方地区传统建筑建构的重要方式，与南方茂密的树林环境形成密切联系。街道空间的建构是穿斗对环境做出的理解，与欧洲的编织格子建筑街道空间的建造方式类似。它们的共同特点是构架的交织，并弱化了某些墙体的形态。川渝多云雾的天气使街道以相对暗灰的色调表达自己的特征，一定程度下柔化了街道空间的形态与边界。而地中海边的希腊传统街道在强烈的阳光下表达出明确的轮廓与阴影，与川渝街道形成鲜明的对比。川渝古镇的墙面一般从地面直接升起，柱或挑支撑着檐口，形成限定的基本形态（图 3–137）。因为民居为街道构成的主体，所以建筑的基座比较弱化，以屋身和屋顶体现形态。1:2 平缓的屋顶强调着与天的和谐关系，木板与穿斗组成的屋身形成川渝建筑特有的轻盈特征。穿斗骨架之间形成木板门或者编条夹泥墙，组成构件中维护结构，形成轻质外界面，传统的穿斗形态源于自然、文化的不同层面，为街道空间的生活场所赋予了深刻的内涵意义。平缓的建筑屋顶与有韵律的梁柱，象征着川渝树林的特征与形态。木板门、檐柱等在街道中连续出现，形成一系列的开口，源于穿斗构造，它们在垂直方向上隐喻着树的阵列，与周

图 3–137　街道民居的基本形态（重庆铁山）

边树林形成图式呼应。穿斗构件在光的作用下形成了韵律感，在街道空间形成某种“对话”，同时与四周环境中的树林产生联系，具备“树林”的隐喻意义，具有形态学的特征，即相互呼应的格式塔图形补充关系。

川渝传统街道空间基于其基本界面特点来体现其文化特征。界面的四种形态——檐（柱）廊、木板门、檐口、铺地将街道空间的穿斗属性体现无疑。川渝传统街道穿斗构件常矗立在石头上，部分柱础为石，还有部分是将柱插入石头上的凹槽，形成石基座。这样柱从大地上支撑着象征天的檐口，形成与人类生活密切相关的力，包围着街道两侧的“灰空间”。连续的柱和檐口指示着路径的延伸方向，木板门具有划分私人和公共空间的作用，同时保护着个人空间的隐秘性，铺地多采用青石板，表明道路的功能，象征着一种引申。四种界面中的主要元素相互影响，所有界面都可能出现木材质（在传统的桥上地界面有木材质出现），将传统街道空间中生活的世界通过图式体现出来。穿斗形成的框架是街道建构的符号，也是对本土文化的理解，使用传统木材形成的场所通过形态来表达空间，同时也说明了川渝传统街道空间“诗意地栖居”于大地之上。街道空间建筑山墙上的梁、柱与斜屋顶形成了街道空间形态的图式之一，也成为川渝传统古镇的符号表达。反之形成的街道也表明了空间场所对日常生活的庇护。穿斗的组织形态表明街道空间具有变化的倾向性，当地居民的行为将街道空间的稳定性和可变性结合在一起。

首先，从视觉上看，穿斗元素进入人的视野呈现出多个形态，但根据人脑对图形的识别，不同形态的元素可被看作为相同的事物。圆柱在投影上是方形，街道空间中的柱进入视觉后，可能因为光影的原因呈现为长方形，但大脑在识别的过程中将其还原为一个圆柱体。同样因为距离的关系，相同的柱可能因为距离不同而表现为长短粗细不同，大脑在识别过程中将其还原为同样大小，这就是“透视”（图 3-138）。而侧界面的门窗在透视作用下并不是矩形，但这种表面上的感知被大脑中的信息所矫正，最终被认知为“方形”门窗（图 3-139）。这也正是格式塔中知觉恒常性的表现。

图 3-138　柱的透视
（重庆铁山）

图 3-139　窗的透视
（四川青林口）

其次，传统地方材料形成的穿斗榫卯表明了街道空间对周围环境的协调。街道空间穿斗所体现出的边界形态通过梁柱的组织表现出格式塔属性，边界在形态上的差异是环境不断影响的结果。川渝相对阴晦的天气与木结构相融合，使街道空间的界面更加虚化，以一种易变的形态表达出天地的关系，不像砖石建筑街道那样成为一个相对稳定的体系，因此川渝传统街道空间的“统一性”从来都没有以固定的模式形成某种形态，街道丢弃了固定的发展模式而成为灵活的整体。穿斗中的各种构件此时不能再被认为是简单的构件组合，而是一个能自然生长的体系。穿斗体现出相对稳定的形态并欢迎各种本土材料的加入，包括砖、石、土、编条夹泥墙等，与穿斗形成了定性的稳定关系，各种材料之间互相协调，成为构件感知中的格式塔，材料在街道空间的组合表达了传统地方特征的存在。虽然街道

空间的形态不同，都以穿斗间架为基础，因此街道空间在穿斗的变化中表达了地方特征。川渝地区街道空间的组成方式对其自身存在的空间形态提出了要求，从川渝北部一直南部，最明显的特征就是穿斗与各种生土材料的结合，虽然有不尽相同的构件组织方式，但它们的形态变化与景观环境相互协调。例如穿斗通过榫卯形成了“树”，土或者石与穿斗又进行插接，形成了支撑树的“地”，暗示着街道空间自然生长的过程。穿斗体系也会受到其他文化因素的影响，例如在塘河传统街道空间中出现了砖柱与欧式柱头的支撑体系（图 3-140），但数量一般较少，说明外来文化对街道空间具有的影响力相对较小，仅仅成为穿斗图式中的一种补充。西方传统街道空间界面体块厚重，表现出形态统一而稳定。而川渝传统街道空间形态具有可变性，其自身表达出穿斗这种轻盈的构架体系。生活的场所在一定的时间是稳定的，同时也是可以发生变化的，街道中稳定的砖石和易变的穿斗结合起来。

图 3-140　侧界面中的西方元素（重庆塘河）

最后，穿斗的连接包含两个方面：其一为直接，其二为意接。直接就是街道界面通过穿斗形成的建筑，其穿斗构架之间通过屋顶的檩条相互联系，再覆以椽子、顺水条、挂瓦条、瓦形成建筑体，成为街道空间的限定边界。意接是指穿斗间没有直接的联系，通过人的心理完形，将格式塔图形联系在一起，例如小巷中两侧穿斗间距很近，屋檐出挑几乎连在一起，在人的心理感知上，两侧穿斗连为一体，形成意接。意接一般从街道主体空间中感知，当小巷延伸过长的时候，其意接的意向会逐渐被削弱，而形成街道主体空间的支路（图 3-141）。无论是直接还是意接，其在街道空间局部或者整体的存在都明确地表达出来。通过梁架连接穿斗的时候，木板门、编条夹泥墙等以一种呼应自然的意义和变化的方式形成。街道中的建筑以平缓的坡顶回应天空并与周围环境发生联系。

图 3-141　支路空间意接（四川罗泉）

以穿斗组成各种不同类型的建筑空间，就像用一种母题对音乐的旋律进行统一。特别是寺庙、会馆等，在街道空间中属于一个相对有共性的图形，也属于不同于两侧民居的特殊建筑类型，它们成为街道空间中线状空间与格式塔图形的联系物，并以穿斗母题为主进行变化。在多数街道空间中，山墙上的穿斗符号表达出街道空间的统一和变化（图 3-142、图 3-143、图

3-144）。而在部分街道，诸如李庄的羊街中，砖石代替了大量的木构架，街道空间成为一个更加持久的场所，说明在牲口的交易过程中需要一个相对封闭的空间。街道空间以穿斗为基础的变化而形成连续性，街道需要空间或者元素的连接，而连接正是以格式塔的属性为基础。

图 3-142　塘河穿斗（重庆塘河）

图 3-143　福宝穿斗（四川福宝）

图 3-144　西沱穿斗（重庆西沱）

（3）轮廓

川渝传统街道中的空间与世界相通。当人进入街道，体验了它的形态，带来了对这个场所空间的理解，形成了格式塔的意义。街道空间在与自然环境的融合过程中造成了图－底关系的相互转化。在福宝古镇中，山势的起伏让街道图形在大地上呈现，黄龙溪的水则让街道空间在河边表达，而在罗城中船形街就是一种隐喻，“云中一把梭”“山顶一只船”表达着特殊的意义，戏台和柱廊所围合的广场作为灵官求雨的场所，这种对场所的使用成为对街道空间的解释。因此川渝地区自然环境与街道空间成为一种和谐的统一体，街道空间起源于自然环境，同时在它形成后，自然环境又适应了街道空间。界面的构件不仅互为图式，还与街道空间组成体系，成为街道格式塔语言的重要表达。

云顶场边上的云顶寨充分表述了实体体量与穿斗骨架的关系。山顶上的穿斗语言隐喻了树在山顶上与天、地、环境的关系。云顶寨与云顶场共同构成了街道空间，寨子位于云顶场街道空间的端头，四周以城墙围合，形成一个整体的图形，适应自然人文环境，成为一种利用。内部的各种建筑以木穿斗形态为主，辅以土、砖、石等材料建造，建筑所形成的图形是各种细节的有机统一。寨子不仅是街道空间的某种延伸，也与云顶场的街道空间形成场所意义的对立。这在后面的实例中再具体介绍。

整个街道空间被某种轮廓所限定，因此街道空间无论是连续还是间断，取决于所体现的形态特征。街道空间与天空联系主要通过两侧建筑的屋顶体现，特别是其类型和坡度。川渝传统街道两侧建筑屋顶大多为生土材料－小青瓦，形成屋顶肌理，坡度基本为 1:2，大多为双坡顶，与原始建筑所支撑的屋顶形制一致，使街道空间获得了一种图形（图 3–145）。前面谈到过街道空间的轮廓由世俗和宗教共同决定，因此多种材料与木构架充分协调，屋面成为街道空间的隐含立面，而地面的石材限定了建筑的位置，或者表达了街道空间界面在大地上的呈现。

图 3–145　街道中双坡顶民居（四川望鱼）

石基础、木板、编条夹泥墙、柱和屋顶檐口组成的墙，限定了建筑的空间，同时也决定了街道空间的形态。窗或者木板门与街道空间关系密切，它们以一种“洞”形态参与到街道空间轮廓中，成为私密空间与街道空间的界限。檐廊空间在川渝街道空间中属于一种路径，它的形成与气候有关，与街道空间的交易功能密切联系，同时作为一种空间轮廓决定了街道的形态。檐廊凸显了灰空间根植于地面的属性，定义了街道的半公共特征。

街道空间元素的不断重复和延伸与街道空间的内涵意义密切相关。轻质为主的墙成为川渝街道空间统一性的重要组成部分，列柱所形成的开间在 3 ~ 5 米之间，形成韵律感，由近向远处延伸，表达出街道空间从自然环境中生成一种和谐的轮廓。整体街道空间的形态并没有出现某种特定的比例，但在两侧的建筑中，无论平面还是立面都遵从某种隐含的比例。民居平面大致成为一个对称的矩形，立面上坡屋顶的高度与墙的高度大致为 1:1，持续地表达着街道空间从某种动态的自然环境演变成相对稳定的人为场所。1:1 这个比例充分表达出场所中天与地之间所形成的平衡性。同样街道两侧的公共建筑平面和立面上常以对称的形态出现，成为一种仪式化的场所，具有某种共同属性的人在其间的活动必定会有精神上的意义，形成了街道空间中可理解的轮廓语言。

街道空间各个构件的连接存在于某种形态与功能的基础之上，不仅包括格式塔的特点，还让街道空间表达出天与地的基本关系。人们对街道空间的认知过程首先与对其空间形态的理解有关，是当地地景与天所形成的关系，其内在动力就是在文脉下的一种张力。当这种内在的力与特定环境相遇时，产生出一种有形的轮廓，使街道空间的存在有了具体表达。这种文化的力主要体现在建筑的穿斗和屋顶，而木板墙或者编条夹泥墙将它们联系在一起，穿斗与屋顶形成建筑的基本骨架时，墙体的连接使街道空间的界面呈现出一定的变化，或成为灰空间，或成为柔性界面。

因此街道空间具备格式塔属性的轮廓，包括了将天地之间的关系和街道空间的轮廓进行的统一。人从传统街道中感知到图形轮廓，街道空间同时从轮廓中获得某种意义，诸如日常生活和特定日期的交易，正是街道空间场所所创建的“生活世界”，其外在形态给予了时空的相对稳定性。街道空间是一种具体的事物，主体空间、灰空间、扩展空间等都是一种有形的轮廓，是以对一种线形形态的表达为基础的空间，其轮廓作为限定元素，具备通透和阻隔两种特质。

小结

街道空间，无论其以什么功能呈现，都要以人们对街道的认同和利用为基本前提，在此基础上形成了认同型、依从型、行为滞留型、仪式型、进入型、内聚型、居住型通道七类街道空间，除了居住型通道，其余街道空间均有一定的认同属性并产生一定的场所意义。虽然这种分类不能够做到面面俱到，但可以作为文化与意义研究的一种重要的参考。

川渝传统街道空间属于“生活的世界”。人们对一定环境的认同为街道空间的产生与发展奠定了基础。随后对事件场所的定位决定了街道空间的走向，在街道空间内部，横向和纵向定位确定了街道的长度和宽度，并决定了场所意义。街道场所具体通过刺激、安全和标识性三个特征体现出其意义。街道空间的意义表达导致人对其场所的充分利用，利用的过程总是遵循街道内部的“秩序”，大致通过进入、融合、间隔与孤立、连续性、环境等方面实现。在充分利用街道的前提下，对这个“小世界”进行解释和理解，其中包括美学和生活意义方面的理解，有的基于生活模式，有的基于认知模式，街道成为天地之间的一种“存在”。实施是街道空间再次调整形成的过程，在不断地利用中，街道对自然和人文的不断适应，最终呈现出当今的形态。在以上意义中，认同型、行为滞留型、仪式型和内聚型不仅仅物理上的意义较多，而且更多体现在心理上的意义，而依从、进入和居住通道则更多表现为使用功能。

街道空间的存在定义为利用、理解、实施，它们彼此相对独立而又相互联系，使得街道空间成为一个复合的体系。在自然环境与人文环境的协同作用下，人们在街道空间中参与了这种存在的意义。街道空间是一个微观的“小世界”，人们对它的利用建立在理解之上，然后不断地建立发展，使人在其间的各种体验成为现实，人的存在与街道空间的存在各自建构成为一个综合体。这几个意义在所有街道空间类型中都有体现。

对街道空间的利用存在着两个方面，分别是“时间”和“空间”，时间促成空间上的使用，利用强调了街道空间的存在，使时空融为一体。这些意义我们已经定义为“记忆性”“区别性”和“导向性”，街道空间为此提供了发生的“场所”。

川渝地区传统街道空间格式塔属性，实际上是其场所意义的表达，包括空间格式塔和形态格式塔两个方面。格式塔属性是图形的基础，因此人存在于街道空间将所有关系转变成图形，并形成相互存在的关系。街道空间以一种可以让人理解的场所出现，其穿斗、木板门、编条夹泥墙、砖墙、夯土等的建造过程潜在地营造着某种有意义的场所。

当街道空间成为具有一定意义的图形时，局部构件与整体空间形成了场所意义的连续与契合，特别是穿斗作为重要的“符号”成为街道空间的“母题”。街道空间成为聚落中的场所，在地景中呈现出形态并易于识别，成为一种图-底关系，也体现出哲学意义中的“此在”。传统街道空间本质上代表着自然环境与人文环境的融合，例如福宝传统街道空间，随着坡地的起伏而形成三维立体的街道空间形态。街道空间的形态在生活上与我们的行为相关，是一种人性化的表达。

第四章

各片区传统街道空间实例解读

G

GEPIANQU CHUANTONG JIEDAO KONGJIAN SHILI JIEDU

川渝地区传统街道空间与自然环境、传统文化和意义密切相关。在前面的理论探讨中，举例涉及了很多典型的传统街道空间，现分片区解读部分有代表性的川渝传统街道空间。

一　川南、渝南

该片区主要包括自贡、泸州、宜宾以及重庆南部部分地区。这些地区以山地丘陵为主，少量的山间河谷地势平坦。城镇形成之时，人口稀少，生产力较低，对平坦肥沃的土地更为珍惜，很多城镇在形成之时，充分考虑到生产生活，常常利用坡地、山顶等自然地形地貌形成场镇，而保留平坦的沃土，所以城镇形成于两河交汇的滩地、山脊、陡坡等处。川南地区水运发达，是云南、贵州、四川、重庆间的物资集散地，形成了泸州、纳溪、合江三大中心，同时也形成了数百商业中心镇。它们大多紧邻河流，通过物资交易逐步形成，因为地形坡度的变化，形成一座座小型山地古镇。这些古镇中比较有代表性的是泸州福宝、重庆塘河、中山和李市镇，它们的街道空间形成了具有高差的坡地特征。因为临近贵州，建筑构架常取“房不离八”，以八为吉数，一定程度上决定了街道中宽大的坡屋顶和局部带顶的街道空间。[1]

福宝古镇位于塘河流域，是四川、贵州、重庆物资运输必经之地。古镇形成之初，因为少量的交易，“幺店子”在山脊上形成，其原因可能是为了保护平坝地区的良田。古镇整体位于大槽河与一条小溪的交汇之处，小溪环绕着古镇西边，大致回转了 180 度的弯，形成一个类似半岛的区域，传统街道主体空间位于这个区域，古镇东部为古渡口（图 4-1），东部部分区域沿着大漕河发展为带状空间。古镇沿山脊形成了有特色的街道空间，两侧建筑建在陡峭坡地的岩石上，形成吊脚，用编条夹泥墙围合形

1　李先逵. 干栏式苗居建筑 [M]. 北京：中国建筑工业出版社，2005:74.

成房间（图 4-2）。街道空间随着山脊起伏而发生变化。主要街道空间形态为一条弯曲的折线，中间有几条支路（图 4-3）。街道空间的东西两端均顺山而上，形成典型的坡地空间（图 4-4）。街道中段位于坡地最高处，相对平坦，是物资交易最主要的街道空间，因此汇聚了大量的公共建筑，成为节点最多的街道空间（图 4-5）。多重的节点则具有多重的场所功能和意义。不同类型的人在这个街道空间中寻找到各自所需要的空间，并在空间中发生不同的行为，形成各种场所，产生心理的某种归属感。

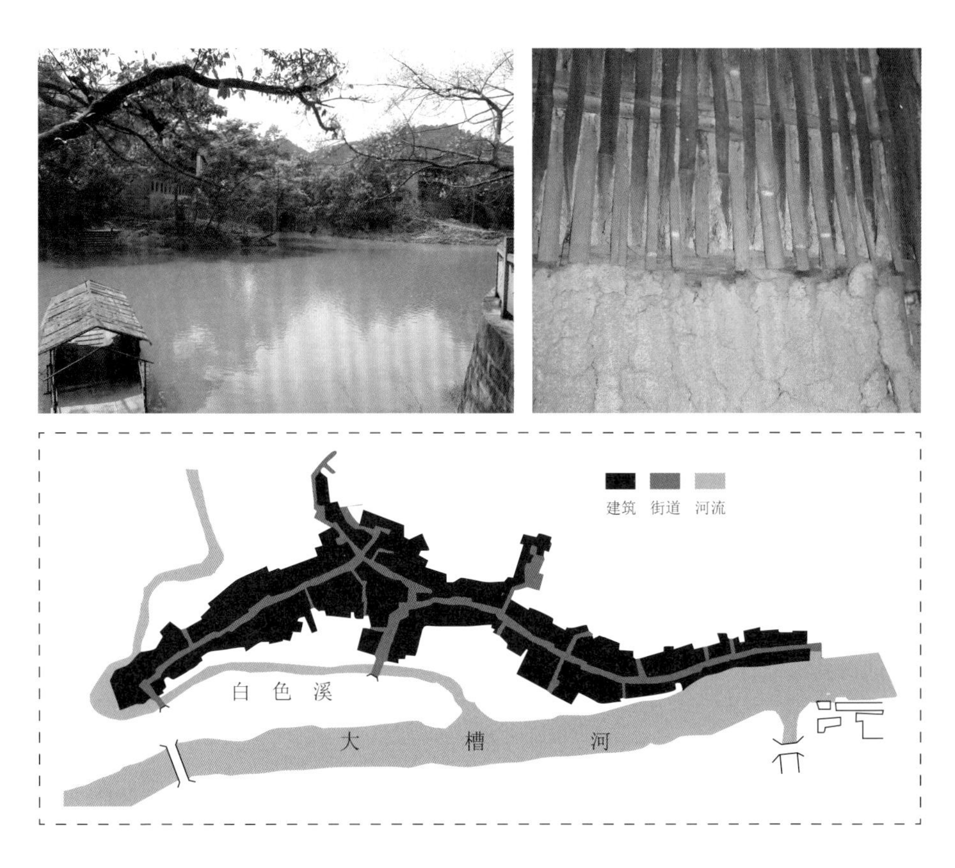

图 4-1 街道东面的渡口（四川福宝） | 图 4-2 编条夹泥墙（四川福宝）

图 4-3 福宝镇街道特征

图 4-4　福宝坡地空间（四川福宝）

图 4-5　平段街道节点（四川福宝）

街道空间两侧的建筑形成叠落，建筑的山墙充分暴露在外，露出穿斗构架和编条夹泥墙。在形态上与福宝地区的树林形成密切联系，街道空间的建构对其周边环境做出解释，弱化了轻质墙体的形态。使用传统木材形成的场所通过穿斗形态来说明空间，同时也说明了福宝的街道空间"诗意地栖居"于山脊之上。街道两侧建筑形成的吊脚用于功能房间或者物资储藏，部分空间与街道空间直接连通，成为街道空间的延伸（图 4-6）。对于平缓的街道空间，人的注意力主要集中在街道空间侧界面发生的事物上，难以形成三维立体的感知。而行走在福宝的街道空间中，高低起伏导致建筑呈现出重重叠叠的韵律感，不断影响着人对整体街道空间的感知。特别是整个山体被建筑占据，又以河流作为古镇的边界，形成一种"界限"，很大程度上使街道空间成为一种与古镇建筑互为图底的格式塔关系（图 4-7）。

福宝街道空间的形成也有一个传说，福宝以前并不存在，当地有一王姓人死后，尸体被老虎从地下刨出并吃掉了一条腿，王家后人为了避免此类事情再次发生，就在其墓边建房子看护，而墓正好就在山顶上。当时物资交易较多，王姓人家在小溪上搭了便桥，形成幺店子。随着人流的聚集，周围农户也开始各种交易，兴建房屋，久而久之便形成了街道。福宝

图 4-6　吊脚与街道（四川福宝）

图 4-7　街道与建筑的图 - 底关系（四川福宝）

镇街道最初的雏形是幺店子，物资运送过程中，人一般在半山或者山顶平台休息，同时在相应区域建造临时建筑，兼具防洪、防盗的作用，因此南来北往的各地客商在山顶建造了各自聚集之处——湖广会馆、江西会馆、福建会馆等，加上四川本土商帮所建的川主庙，成为一个人流与物资聚集的场所。随着人流和物资交易的增加，街道空间沿着山势扩展，东面延伸到半岛的端头，西面延伸到古渡口，成为典型的线状街道空间。街道空间的形成与民间传说紧密联系在一起，把川渝传统街道空间的形成、特征看作社会文化的一种结果，说明传统街道空间由潜在的文化和哲学推动形成。街道空间侧界面排列组合的潜在秩序，印证了海德格尔天、地、人、神的意义，表达出“诗意地栖居”。

民居和公共建筑在街道空间两侧混杂，私人场所与公共场所交叠在一起。作为农业和商业中心，不仅包括交通、交易等多个场所的功能，也包括生活的意义。街道两侧建筑的聚集，区别了与周边大地的特征——一种高密度的聚合。说明了人以及各种行为对这个区域的认定，因为在山地，街道空间变化以河为界，未形成平原地区的密度渐变，以一种戛然而止的状态终止于河流和陡坡。福宝古镇形成伊始，来往的人就拥有了一个共同的世界，他们直接面对山顶上这个似成非成的空间，或休息、或交易，部分人甚至在此居住谋生，在人与人的交往中形成了街道空间的雏形。这个雏形随着人的活动进行空间适应分配，生成了一系列场所。不同的商帮在此聚集，各自建立了聚集之地——会馆。对外的交易场所分布在会馆外，部分农户在此从事手工或者货物交易，居住于此，因此形成了公共和私人两类空间的聚集。房屋顺路建成，区分出内外，留出了道路，用于通行和交易，街道空间初步形成，这是福宝街道空间得以认同的过程。有了场所，同时具备交易的动机，人在街道空间中的交易互动成为街道空间的主要事件，它占据了大部分的街道空间，不同的交易利用了不同的街道空间，因而也界定了不同物资交易的不同场所，在大认同的基础上，“小认同”区分出福宝街道空间的层次。而观察者正是与交易无关的人员，他们位于街道场所的某些间隙中，扮演者可随时加入或者离开，在观察者和扮演者之间转换。山脊作为一种被认同的环境，物资、空间等在此汇集。在江西会馆、湖广会馆、川主庙等形成后，人们通过公共建筑或者民居的特点来表征自己的行为，江西会馆集中江西商帮，川主庙则汇聚四川商会，各处良好的场所氛围营造了街道空间的安全与和谐，促使街道空间在此“安家”。

从福宝传统街道的起止点看，一边是码头，一边是通过小溪的小桥，一定程度上具有防御性。西侧小桥是进入福宝街道的门户，正如海德格尔所提出的“颈”，桥的通过性比普通街道空间弱，因此决定了它是一个限定性线形空间，也成为街道空间的“端”，表达着街道空间的开始或者结尾。街道东面码头没有桥，人与货物通过船的运输进出，防御性在一定程度上更强于西面的桥。

福宝的街道是对交易的明确表达，同时也是生活的一种体现。从其形成过程来看，具有内在“秩序”，诸如江西会馆、湖广会馆、川主庙的首先形成，而后是做生意的个体工商户的私人建筑加入。这种秩序的存在，使公共建筑与私人建筑在交叉发展过程中体现出交易意义的一致性，并成为一种公共认同感，而各个会馆各自的场所中则由不同的规则表达出各自的认同感。

离福宝古镇不远的塘河古镇，规模相对较小，但其格局、形态与福宝有类似之处。二者都都沿着小河生成发展，小船可顺溪流运送货物，可顺流而上到达遥远的山区，因为货物的集聚而形成一个个场镇。塘河的生成与兴旺主要是水运，也是塘河流入长江前的最后一个场镇。它选址在河湾处，为坡地，因此也形成了沿山脊的街道空间。码头是街道空间的一个端，以栅子门作为起始点，逐渐上坡，沿山脊形成单线空间，终止于山顶的川主庙。沿河一条支路与主街道连接，支路上也以栅子门作为防御。支路与主干道相交处形成一个“节点”，成为类广场（图 4–8），同时山顶川主庙前也形成一个广场节点（图 4–9），两个主要的节点聚集了街道空间的“事物”——交通和交易。同时两个节点控制了整个街道空间，加之街道空间两侧基本没有支路向外联系，形成了一个相对封闭的空间。山顶川主庙位于显赫的位置，显示四川商帮在塘河镇中处于主导地位。街道中未见其他地区的会馆或者宗祠，说明外地商帮、移民在此未成气候，在川渝古镇中是比较少见的。根据季富政教授的研究，塘河流域地处偏远，战乱波及不大，外地移民难以进入，四川商帮势力较大，因此在塘河流域的场镇都有川主庙，并占据街道空间的主要位置。

图 4–8　塘河街道类广场（重庆塘河）

图 4–9　塘河川主庙前节点广场（重庆塘河）

图 4-10　塘河的栅子门（重庆塘河）

图 4-11　塘河街道的建构（重庆塘河）

重庆南部的塘河古镇是一个水码头，因为水运物资的聚集而形成，为了防止外人进入，码头特意只建成了一条街道，并以栅子门作为防守（图 4-10）。据考证在川主庙的山头与码头对岸的山上曾修建有碉楼，目的是增加对码头和街道空间的防御和控制，这在川渝古镇中也是比较罕见的。街道空间从码头开始逐步上升，一直到高处的川主庙，坡地使街道空间层层抬高，两侧建筑随着坡地分台砌筑，与福宝街道空间类似，露出建筑的山墙面，穿斗构造暴露无遗，与塘河流域茂密的植被进行了呼应，植物的生长过程与意义在街道的形成中通过建构的方式得以表达（图 4-11）。屋顶的坡度也被体现，符合川渝地区 1:2 的特点。这种轮廓不过是局部视觉的总和，一种轮廓的意识是一种集体的存在。构成轮廓的感性成分不可能丧失把这些成分定义为感性的，以便向一种内在的联系和共同的构成规律开放的不透明性。[1]踏步之间设置了休息平台，各个平台可通向街道两侧的建筑，沿街房间大多用于交易，因为用地紧张，建筑面向街道的开间一般较小，进深较大，多呈现为狭长形，为了解决采光，多在平面中间挖小天井。因为交易的需要，塘河街道边建筑界面大多

1　莫里斯·梅洛－庞蒂. 知觉现象学 [M]. 姜志辉，译. 北京. 商务印书馆，2001:36

采用木板门，位于码头附近的清源宫是船帮行会兴起的会馆，对外界面以砖砌空斗墙为主，所以封闭性较强（图 4-12）。同样，位于山顶的川主庙也是四川商帮的聚会之处，因此对外界面也是封闭的。街道中各个界面的封闭与开放取决于场所中事件的属性。

图 4-12　塘河清源宫界面（重庆塘河）

塘河的街道整体上被栅子门封闭起来，形成一个相对独立的场所。人们在里面生活、交易，好似一个大天井，人们对此空间具有很高的“认同性”，每个居住、交易的人潜意识里都自认为是大家庭中的一员。同时又都具有自主性，能够把握自己“活动”的形制和范围，但这种把握并非彻底的，总要受到时间、空间、其他个体或群体的影响。例如地面踏步某个休息平台，主要与它同标高的建筑发生空间联系，边界建筑中人的交易限于这个平台上发生。街道中的休息平台扩展到建筑的门口，因此产生了“空间交接”，建筑出入口形成了半公共空间，私人居住场所与公共交易空间融合在一起。地界面在塘河的街道中是具有坡度的，街道主体空间可以通过踏步连接，而靠近建筑的“准道路”部分则形成陡峭的堡坎，缺少通行功能，成为各家各户独自的“灰空间”（图 4-13）。地界面以坡度的形式与大地景观构成了格式塔的图式。地界面的交通和交易，不仅是一种行为的表达，它体现的场所意义也是以前交易、生活体验的回忆。

图 4-13　塘河街道边灰空间（重庆塘河）

街道中的清源宫和川主庙是为数不多的公共建筑，分别位于街道两端，清源宫靠近码头，利于船帮行业的集会，川主庙位于山顶。二者封闭的界面表达出对外部空间的排斥与隔绝，说明虽然塘河的街道用于开敞交易，但不同的帮会仍具有自己的组织和行事规则，这种场所在特定的时间非本帮人员不能进入。而这两个公共建筑内部空间以庭院为主，以对称的方式构成院落，院落内建筑的界面相对开敞，形成交往空间。清源宫的出入口和众多寺庙会馆一样，位于戏台下部，穿过戏台进入院落，正对着的是供奉川主——李冰的正殿。为了显现出主殿的地位，建筑同时也顺应坡地，主殿整体抬高，左右两侧为厢房，在院落、厢房、主殿内都可看到戏台。一旦船工聚集，大门一关，则形成一个议事场所。而如果大门打开，有人在戏台表演，清源宫空间就与街道空间连为一体。因此清源宫内的院

落空间可以认为是街道空间的扩展（图4-14）。顶端的川主庙，除了正面的出入口外，四周都是高大的空斗墙。特别是川主庙前广场边有一栅子门，栅子门外为典型的民居，民居与川主庙的高墙形成了一条半封闭的街道，说明街道场所意义的不同，栅子门内部街道是封闭交易的属性，而栅子门川主庙外部街道则是一种居住性空间。据推测，以前这里可能为外来居民的临时住宅或者是简易旅店（图4-15）。在满足一定条件的前提下，这里的人可以进入街道空间活动，否则只能作临时停留，从边上绕过塘河古镇（图4-16）。塘河街道空间由此产生了三种“语言”表达——交通、交易、居住。因为街道是坡地，所以多用骡马运送物资，至今仍然保留这种交通方式（图4-17）。四川商帮有自己的特征，自古以来川商的特质是“和”，兼容并蓄，纳百家之长。但在混乱岁月中为了保卫自己的利益，根据自身行事准则，建立塘河交易型码头，为了控制住码头，在边上建清源宫，决定了塘河街道空间特定的语法——安全，用栅子门封闭整个街道空间。码头和沿河边各一个，山顶一个，防止外来生人或者盗匪的进入，而帮会人员大多相互熟悉，街道空间成为一个相对安全

图4-14 清源宫内部（重庆塘河）

图4-15 川主庙外部街道（重庆塘河）

的领域。街道中形成的川主庙和清源宫，因为建筑等级相对较高，体量较大，运用了云墙等当地传统建筑元素，在街道乃至整个古镇中成为一种经久性的标识物，而所有建筑中的穿斗也体现了川渝传统建筑文化符号。

图 4-16 川主庙边栅子门（重庆塘河）

图 4-17 骡马运输物资（重庆塘河）

福宝、塘河这两个塘河流域的街道空间有着共同点——最主要的就是一种交易空间。但是二者产生街道空间的文化背景则相去甚远，从而导致街道空间中功能和场所意义有明显的差别。

川南地区古镇众多，除了大量沿河发展的此类街道空间外，还有特殊类型的街道空间。例如位于乐山犍为县的罗城镇，与普通的水边古镇不同，它坐落于山头上。据《县志》《罗城历史乡土记》记载，一户欧姓人家在此地为农户出售和交换耕牛提供场所，即“调牛”。后来开办客栈、食店，并做其他生意，形成了“幺店子”。附近有户杨姓人家，看到后十分嫉妒，认为这里是杨家地盘，想霸占这块市场，欧姓人不答应，于是觉得该给这个市场取个名字，以区别于杨家湾，考虑到客商来自四面八方，东南西北自古以来被称为“四维”，“四维”合而为“罗”，又因明代称农民为“土人”（土著人），集市又是靠他们的辛勤劳动修建而成。综合上述两层意思，故取名“罗城”。[1]

罗城街道空间形态特殊，具有象形性。船形街东西走向，两端窄，中间宽，好像传统用于织布的梭，所以很多人称它为“云中一把梭”。又有人认为它像一艘船，宽大的檐廊好比船舷甲板，中间的戏楼和端头的灵官庙好像船屋，因此又叫做“山顶一艘船”。街道空间的形态主要由侧界面限定而成，罗城船形街两侧主要为宽大的檐廊，进深最大为六米，通过阵列的檐柱支撑而成，并形成一段弧线。檐廊下空间主要用于摆摊设点、休闲、交易（图 4-18），因为出檐较大，檐廊内光线较弱，因此在廊顶设置亮瓦采光。前面提到过，檐廊属于灰空间的一种，在川渝地区普通的街道空间中，两侧的灰空间衔接街道与建筑，起过渡作用，一般较窄。而罗城两侧檐廊进深大，已经完全成为独立空间，檐廊外侧连续列柱，区分了街道与檐廊，列柱形成一个连续的界面，潜在限定了廊与街道的功能区分。檐廊有避雨和遮阳的功能，因此随时都有人在此停留休闲，赶场之时，檐廊下彻底成为交易场所，因为是灰空间，人进入檐廊便有一种温馨和归属感。檐廊内部与建筑也产生了关系，普通檐廊只是进入建筑的过渡，而罗城檐廊因为宽大，所以大有替代建筑而成为活动空间的意味。门开向檐廊的建筑，内部光照较弱，难以在人的视觉中引起注意，因此建筑对街道空间的围合作用减弱。檐廊与建筑间形成一个灰色区域，木板门的界定使建筑与檐廊

图 4-18　罗城檐廊（四川罗城）

1　转引自 :http://baike.soso.com/v6993988.htm

空间连通，檐廊又与街道密切联系，作为主要空间的宽大檐廊在两侧都形成了“灰空间”，这与其他川渝传统街道空间中的檐廊有明显的区别。

自清朝以来，川渝各个城镇中都搭建戏台，因为戏台用于表演，对集聚人气有很好的作用，因此在赶集、举行庙会时，戏台附近都形成了集会场所，自然就成为局部的中心空间。戏台根据修建的位置不同，大致分为公共戏台、宗祠戏台、会馆戏台、私家戏台等，它们的功能就是分别聚集相关场所的人。船形街中的戏台是汇集人气的观演建筑，实际上它限定了整个船形街的场所意义——街道不是一个普通的交通、生活空间，而是一种聚会的场所，以向心性和仪式性的精神意义表达出来。戏台并未将船形街彻底分隔为两个独立的部分，戏台整体抬高，下部可以通行，使得船形街隔而不断（图 4-19）。戏台的高耸也成为船形街的视觉焦点，从空间艺术性的角度来看，有画龙点睛之意。戏台后部立一牌坊，说明了船形街具有某种精神上的意义，或为了纪念某事，或表达一种崇拜的意义。当生活越来越世俗化后，纪念与象征的意义逐渐淡化，根据街道功能需求，紧挨牌坊修建戏台，因此出现了戏台和牌坊紧贴并存的奇特景观（图 4-20）。

图 4-19　罗城戏台下的通道（四川罗城）

图 4-20　罗城街道中的牌坊（四川罗城）

总体看来川南地区多丘陵，街道空间顺应地势发展，其形成的刺激因素主要是依靠水运而产生的交易，伴随交易，多种事件逐渐融入，成为种典型的复合场所。

因此川渝南部地区街道空间无论何种因素形成，它们具有以下特点：其一，因为交易和气候多雨的原因，在开敞的街道空间中基本形成了廊，各种活动围绕着廊开展。其二，大多都具有防御性，在街道端头建有栅子门。从文化意义上看，兼具开放性和防御性，形成了外收内放的特征。其三，川南地区本土商帮势力相对较大，街道中的川主庙、清源宫等本土帮会建筑占据了街道中的山头、码头等重要位置，形成了以这些公共建筑为主要节点的街道空间体系（图 4–21）。

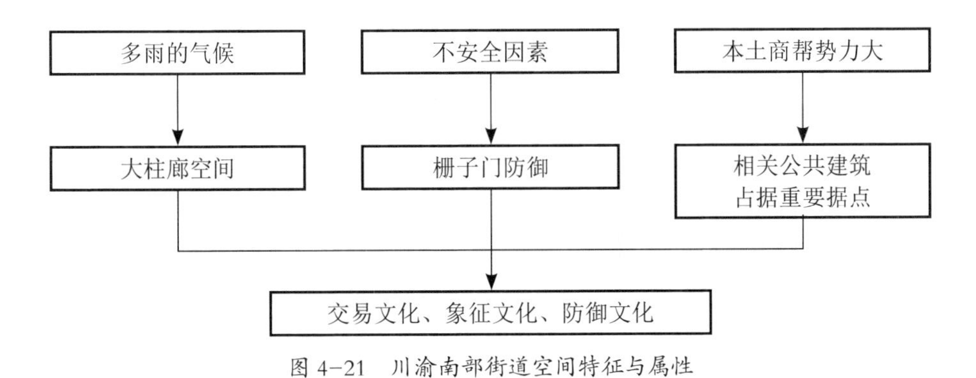

图 4–21　川渝南部街道空间特征与属性

二　川东与重庆大部分地区

川东与重庆地区以山地和丘陵为主，面积范围相对较大，原生态传统街道空间较多，它们多在坡地上。比较有代表性的街道空间为广安肖溪、石柱的西沱、重庆巫溪的宁厂、重庆江津的中山和李市。

如果说川南的罗城是山顶一艘旱船，那么肖溪镇就是江边一只真正的船。它位于渠江边，整体长约 100 米，街道空间位于江边，基本平坦，东西走向，两头窄，中间宽（图 4–22）。街道两端为人的主要出入口，东侧出入口因为有小溪，所以通过桥进入街道空间，进入街道前的一棵大树预示着场所的开始（图 4-23）。前面谈到过桥是一种“颈”，不但是路的体现，而且具有一定的防御功能，说明了肖溪场具有某种潜在的防御倾向。而进入街道空间前的大树形成了场所，提供了一个休憩的空间，街道空间中的事物属于一种“聚集”，树提供了一种隐性的场所。进入街道空间以后，并未直接进入船形街，而是钻进了小巷，当转过两次 90 度的弯后，豁然开朗，船形街呈现在眼前，小巷成为船形街的一个空间序列。街道西面的出入口有一个开敞的凉亭，它与两侧的檐廊相连，使街道空间两侧的檐廊得以连通，现已经不存在（图 4-24）。以前凉亭成为街道空间的“端面”，不仅区分了街道空间的起始，也是整个场镇的边界，它成为一种节点，隐喻着街道空间的开始或结尾。凉亭与街道端头的王爷庙戏楼（现已损毁）连通，也可作为观戏场所，说明了端面元素的集合性。戏楼比两侧建筑高大，形成与两边民居不同的造型，成为船形街的中心元素（图 4-25）。对比船形街的两端，一头是“曲径通幽”的小巷，另一头是“高大优美”的建筑，体现了街道空间两端场所意义的不同。东面的小巷表明“到达”的气氛更重，而西面的戏楼和凉亭隐喻“认同”的氛围更强。西侧的戏台有汇集人的作用，因此船形街西面空间更多倾向于集会、观演，东面与人进入街道空间赶场的关系更密切，主要作为交易空间。潜在功能上的不同造就了街道空间元素形态的差异，同时也对船形街进行了潜在的功能划分，因此街道空间通往码头的小巷偏向于西面，与交易场所紧密联系（图 4-26）。在街道空间形成过程中，人们对其进行了潜意识的定位，将街道空间分为聚会、交易、货运三个主要功能。通过行为的认同，将这三个部分在渠江边表达出来，随后在潜在分区的功能引导下，人在各个分区中活动，也营造着场所。大的功能分区形成了三个“顶位聚集”，而人在其间的各种行为——买卖、喝茶、交流等形成了“子聚集”，各类聚集的相互交叉，形成了肖溪街道空间的生活场景。

肖溪街道空间形态为船形，中间宽两头窄，主要目的是在人聚集的时候使街道空间能有更多的空间容纳各种事物。特别是在联系码头的小巷附

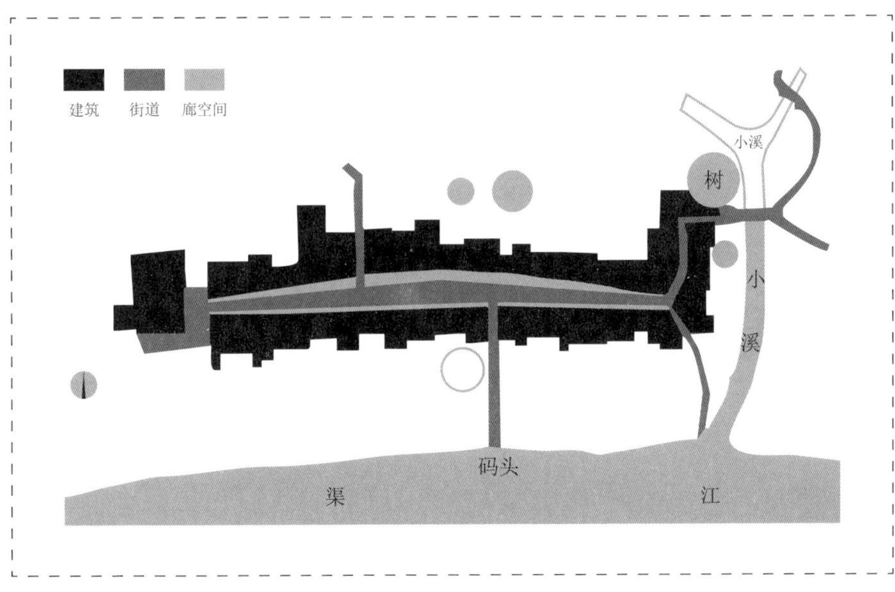

图 4-22　肖溪镇街道形态（四川肖溪）

图 4-23　过桥入口处的大树（四川肖溪）

图 4-24　以前凉亭位置（四川肖溪）

图 4-25　以前王爷庙位置（四川肖溪）

图 4-26　通向码头的小路（四川肖溪）

近，街道空间相对较宽，为货物的进入与周转提供了更大的空间，于是整个街道空间采用中间宽两头窄的变截面处理。赶场天，人流、货流从场口大量涌入，在中间较宽的地方形成缓冲。街道空间根据具体使用情况进行空间变化，这不同于通过式街道空间。肖溪船形街既有功能上的需要，通过功能形成的形态也具有某种象征意义。

肖溪镇街道空间中较有特色的也是宽大的檐廊，檐廊空间最宽的地方大概 5 米，最窄的地方大致 3 米，整体宽度小于罗城大约 6 米宽的檐廊，但肖溪的檐廊是从中间向两边逐渐变窄（图 4-27）。中间檐廊较宽的地方成为典型的“灰空间”，交易、聊天、喝茶、小孩嬉戏等都可在廊下开展，倾向于公共场所。而在两端檐廊较窄的地方，公共活动属性减弱，私人活动增加，更倾向于个人场所。从檐廊空间的分配来看，从公共逐渐过渡到私密，正是空间大小造成的场所意义变化。作为主体的船形街道，中间最宽的空间公共属性最强，向两端出入口逐渐减弱。檐廊灰空间也在尺度和场所属性上随主体空间的变化而变化，说明了街道活动促进场所的生成，场所又促进街道空间的产生。不同的空间尺度适应着不同的场所，最后这种特定的空间尺度也反过来限定这种场所发生的地点和范围。

图 4-27　船形街两侧带柱廊空间（四川肖溪）

罗城和肖溪的街道空间都为船形，街道空间的形态虽然近似，但从形成原因、街道空间的意义等方面看，它们并不相同。罗城船形街是基于典型的象征意向而形成，它作为山顶上的旱码头，对水的渴求导致了船形空间的产生。“罗城旱码头，衣冠不长久。要得水成河，罗城修成舟。舟在水中行，有舟必有水”就是其生成的重要理念，说明了它的空间完全是人的某种主观意向，象征符号与人们思维发生联系，创造了象征性的街道空间艺术。肖溪镇作为江边水码头，当然没有缺水的烦恼，船形街道空间的形成主要在于对功能的适应，使街道空间能吞吐更多人流和货物。这样形成的船形街又符合了对街道空间的某种臆想，因此又称作“江边一只船”。罗城的船形街是基于主观设计而建成，而肖溪船形街是基于自然形成，街道空间形态虽然相似，但其意义截然不同，属于两种不同的街道空间。

从街道灰空间分析，罗城的檐廊宽度 6 米左右，即使在街道空间变窄的地方，檐廊尺度基本不变，而且决定了其公共属性的主导地位。肖溪镇檐廊随着街道空间减小而逐渐变窄，呈现出渐变，功能也从公共逐渐变为私密，或者公、私混杂。二者对灰空间的“认同”和“利用”存在着不同的目的。从列斐伏尔的理论看，它们具有不同的空间意义，体现出不同的“生产”性。二者灰空间与主题船形空间的结合分别会产生各自不同的事件，决定了街道空间场所意义的差别。再者两个街道中戏台的位置不同，对街道的空间与意义影响也较大。罗城中间的戏台将街道分成两个部分，戏台前的空间属于集会空间，明显具有仪式化意义，后部空间较小，属于交流、交易属性的公共空间，二者通过戏台下部空间联系，有明确的功能分区。肖溪船形街中间无分隔，戏台位于王爷庙中，在街道西端头，因此聚会空间限定于王爷庙附近。既然街道中没有实物的分隔，肖溪街道空间功能与场所的区分主要是随“事件”的发生而隐形限定，通向码头的货运小巷就是重要限定因素之一。二者的戏台都作为整个街道的“标志物”和艺术中心，而它们位置的不同，一定程度上决定着街道空间的场所区分和意义表达的方式不同。

从街道空间两侧的檐廊分析，廊本作为一种灰空间，具备多种功能。特别是在赶场时，街道空间中人流量猛然增加，宽大的檐廊可用作分散人流，同时将各种交易置于檐廊中进行，不仅保障了街道空间的交通性，而且使交易不受天气影响。檐廊内部分民居充分利用檐廊作为私人空间的过厅，私人空间与街道空间连通，赶场的人在这里歇脚小憩，居住的人在此摆放桌椅等私人物品，双方在此发生情感交流，成为联系场镇与地缘情感的空间场所。宽大的檐廊也是看戏的主要场所，成为一种聚会空间。檐廊中多个“场所”的生成，成为多样“事件”的促生地。

在交易和交流的过程中，有屋顶的遮蔽，更容易形成场所，在心理上具有亲切感，成为乡里乡亲的“共享空间”，形成心理的归属和精神享受。宽大的檐廊在街道空间中产生虚实的光影变化，形成柔和的侧界面，表达出传统街道空间柔和包容的艺术特征，与西方传统街道空间形成明显的区别。

从以上分析可以看出，两个船形街形态相同，但形成的原因不同而导致街道空间的文化和意义不同。同时檐廊在功能上也略有差别，罗城的檐廊倾向于仪式化和公共性场所，而肖溪更倾向于公共性和世俗化场所，正体现出“形而上谓之道，形而下谓之器”的哲学本意。

石柱西沱镇位于重庆，属于三峡地区的川江流域。重庆地区长江流域是进出川的水路大通道，随着交通大量发展，沿江形成了各种形态的传统场镇，不同的街道空间因此而产生。西沱镇位于长江南岸，与江北的石宝场遥相呼应。它自汉代以来就是江边的水码头，是长江支流龙河流域各种物资的集散地，也是湖北等其他各地商帮在此贸易、转运货物的重要码头。西沱在宋朝的时候就是著名的“盐镇”，也是川鄂千里盐道的起点。同时这里也是长江文化、巴蜀文化、荆楚文化以及土家族历史文化的交汇之地，更是渝鄂间重镇。现保存有许多明清时期的传统民居和寺庙、会馆、盐店、商号、街铺。

西沱镇中的街道在川渝地区罕见，完全垂直于等高线布局，美其名曰——云梯街，它始建于东汉，距今有近两千年的历史，后经历朝历代的重修和保护，至今保存较完整。街道与一般场镇不同，它垂直于长江江面，像龙一样沿山而上，一百多个梯段，一千多个踏步，垂直高差 160 多米，遍布休息平台（图 4-28）。其间有两个稍微大点的平台，可通向街道外侧，在功能上起到聚集、分流人群和物资的作用，在空间上连通田野与城镇，形成过渡空间（图 4-29）。从江面上看，好像天梯直上云霄，在有云雾的时候，从街顶俯瞰，人仿佛行走于天上，所以又叫“通天街”。通常从场地设计与建筑布局来看，为减少土方量和满足道路的坡度，建筑与道路宜尽量平行于等高线进行设计，而西沱则采用垂直布局，形成与众不同的街道空间。

西沱的街道为何都垂直于登高线？从古镇周围环境结合当地传统文化来看，主要是因为直线上下的路途短于平行于等高线的迂回。西沱还是幺店子的时候，沿江就有少量的商铺，赶场之人来到这里，急于交易，而地形不算太陡，直接上下在可承受的范围内。同时街道一侧为更为陡峭的山岩，另一侧为农田，道路沿两边发展并不有利，且此处地势相对较高，有利于雨水下泻，因此垂直上下的方式就成为首选。同时西沱街道正对江北的石宝寨，两处场镇常通过摆渡船进行交流和交易，垂直于江面的街道便于人观察长江上的船只，为乘船或交易做好准备（图 4-30）。

图 4-28　西沱街道垂直高差（重庆西沱）

图 4-29　西沱街道中休息平台（重庆西沱）

图 4-30　西沱街道上可俯瞰长江（重庆西沱）

从当时人的行为和心理来看，西沱街道空间的某些特点表达出场所的意义。首先地界面垂直于长江，说明街道与码头关系极其密切，街道中所有的人和物资的最终目的地都是码头。说明西沱街道空间的认同就是江边的码头，因码头而兴。从哲学意义上来说，码头是当地人的“认同”，然后定位生成。在此基础上，民居逐渐沿坡认同与定位，形成了空间上与长江的垂直。其次，西沱镇中以柱支撑的檐廊较少，因为西沱街道以交通性运输物资为主，加上垂直于等高线，侧界面的建筑建立在退台的基地上，侧界面灰空间进深小，场所意义以通过性表达为主，沿街的店铺直接对外交易。街道空间的局部转折点，有少量檐廊存在，与梯段间的休息平台连为一体（图 4-31）。这说明街道空间为满足功能需要进行了扩展，檐廊形成了街道中为数不多的休息和交流空间，当人走累后，进入檐廊休息，既不影响交通，也促使一个“交往空间”的生成。从空间上看，梯段休息平台为露天通过式，有少许人会在踏步上休息，当檐廊空间与平台连通，大量的人会转入檐廊小憩，同时两侧建筑对外的交易性也促成了檐廊半公共场所的形成。

图 4-31　西沱街道中少量的柱廊（重庆西沱）

西沱街道空间功能分布上和码头有密切的关系，老码头因三峡大坝的修建现已经被淹没。原码头附近有王爷庙、禹王宫、盐店等公共建筑，说明了老码头的中心地位。王爷庙一般都建于有水路运输的地方，里面供奉镇江王爷，以保佑水运平安，与码头形成了文化意义场所。同时禹王宫与水码头距离最近，说明湖北商帮势力比较大，就近控制着水运码头。而沿街而上的川主庙，离码头相对较远，对码头的控制力相对较弱，说明四川商帮势力不及湖北商帮。再向上，主要是当时重要的商业店铺、私家住宅、祠堂，街道空间以码头为中心向山上发散延伸。街道延伸主要是顺着山脊，但根据季富政的考察，街道空间除了沿山脊发展外，有三段街道空间与江对面的石宝寨和玉印山形成了对景，其一为码头街道，其二为街道空间的和平街，其三为街道顶端的独门嘴（图 4–32）。可见江北和江南两个场镇虽然以江分隔，但在街道空间的组合上离不开堪舆术的介入和指导，以互为对景的形式成就了整体的场所意义。而街道空间两侧的民居，虽然用地相对狭小，但在整体布局上仍然尽量满足宗法礼制的特征，临街为店面，店面后为居住用房，中间为堂屋或者主屋，两侧为厢房。民居在当初建造时综合考虑了多种因素，因为坡地较陡，且码头是整个街道空间的认同中心，因此民居前的交易空间就较其他场镇小，其场所意义以通过式为主，物资上的快进快出成为街道空间的主要功能。

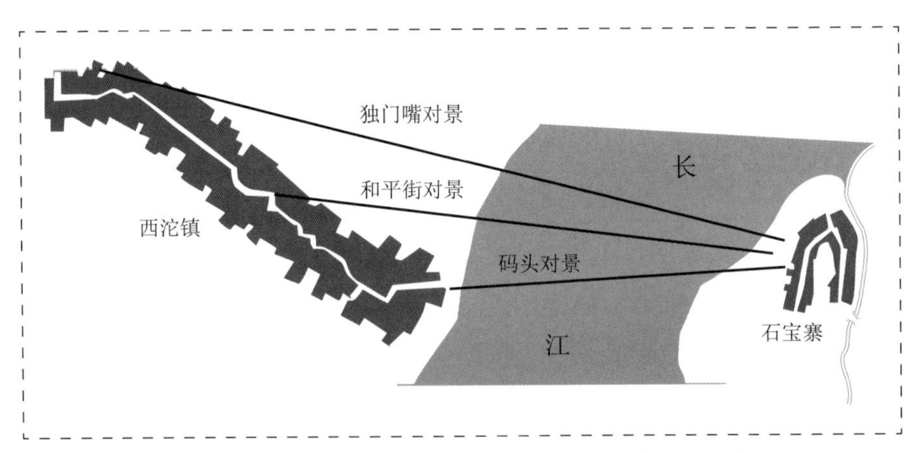

图 4–32　西沱与石宝寨对应关系（重庆西沱，根据季富政资料绘制）

西沱街道空间因快速交通和交易而成，与传统川渝街道空间有一定的差别。这种陡坡形式存在的街道，其中的重要公共建筑难以以一种凸显的特征呈现，大多以街道空间中的空间节点变化来隐喻寺庙、祠堂、会馆等建筑的精神意向。反之呈现最明显的是民居山墙的穿斗，以一种恢宏的气势面对长江，预示着街道空间的存在。以穿斗构件为肌理，但街道空间的"统一性"没有以固定的模式形成某种形态，垂直形成的街道是对大地支撑方式的回应，像有机体一样逐渐生长，在山顶上穿入云霄与天呼应，山脚下是长江，与水融合。在天与地之间，穿斗构建逐渐建立发展，成为一个交通与交易并存的世界。穿斗构件此时不能再被认为只是简单的构件组合，它更是一个能自然生长的体系，使西沱街道空间诗意地栖居在山水之间。

川渝地区自古多盐，盐业开发及其交易自古都较为昌盛。漫长的产盐历史，遍布川渝地区的盐井造就了大量的财富，同时盐业也促进了附近各种交易的活跃，随之而来的就是以盐业为主要产业的场镇的兴起。人们在野外凿井取盐，并就近建立厂房、住房、祠堂、宗庙等各种建筑，建设过程中往往不再拘泥于传统的宗法礼制，而是以生产为首要目的，形成了以盐业交易为首要特征的传统街道空间。同时盐业从业人员大多是以前的传统农业生产者，在盐业交易的过程中也沿用了传统农业的操作模式，吸引了周围农业人口到此半农半商，因此整个街道空间中仍然会或多或少充斥着传统农业的氛围。在离农业区相对较远的盐业中心，农耕影响则相对较弱。

春秋战国时期，位于川东的盐泉就开始被利用。大宁河是长江的支流，古称"盐水"，其上游支流后溪河盐资源丰富，且水运便利，直通长江，盐业发展迅猛，造就了当时的盐业大镇——宁厂。宁厂古镇位于重庆巫溪县附近，是中国早期制盐地之一。《华阳国志校补图注》："当虞夏之际，巫国以盐业兴。"，[1] 距今约 5000 年。天然盐卤泉自镇北宝源山洞流

1 （东晋）常璩．华阳国志．

出，从先秦盐业兴盛以来，宁厂古镇因盐设立监、州、县，明清时成为中国十大盐都之一。最繁华的时候，聚集了上万人。建筑众多，街道空间连绵数里，建筑取材于谷边石块，形成石界面和穿斗混合的街道空间（图4-33）。

图 4-33　砖石与穿斗混合的宁厂街道（重庆宁厂）

重庆的宁厂镇因盐在相对陡峭的河岸形成，岸边常为陡坡悬崖，很多建筑都因地制宜，只要有能建设的地方，就开始搭建屋宇。因此整体上形成相对散乱的格局，街道空间成为时连时断的形态。古青石街道逼仄，吊脚楼、过街楼等古建筑和民居沿后溪河蜿蜒延伸 3.5 公里，俗称“七里半边街”（图 4-34）。宁厂的街道空间并没有具体的统筹设计，但峡谷中用地狭小，街道空间狭窄，支路极少，沿河主路形成一个唯一的线性空间，因此这个空间必须保持畅通。局部地方街道空间四个界面完整，在侧界面相距 2 ~ 3 米的前提下，街道空间随着地形发生变化。局部沿河岸一侧开敞，或者沿山崖边开敞，形成半边街。有的地段靠岸为陡坡，靠山为巨石，无法形成建筑，因此成为山间小路，无街道空间的意向（图 4-35、图 4-36、图 4-37）。但如果将宁厂镇作为整体看待，则整个街道呈现出虚实对比的关系，成为一个紧凑而又具备开敞性的空间体系。相比一般的平原场镇，其街道空间界面的连续性较弱，特别是侧界面局部的断裂成为街道内外空间联系的场所。

因为用地紧张，街道中双侧建筑界面排列紧密，多用石材，界面相对硬朗，对街道空间限定清晰、明确，与普通街道空间的木柔性界面不同，形成了街道空间封闭性较强的特点。只有一侧建筑界面的半边街存在三种类型：第一，侧界面位于山边，街道临河，这是大多数川渝传统街道空间存在的特征，体现出街道空间对外的“开放”性，它们通

图 4-34　断续的宁厂街道空间（重庆宁厂）

图 4-35　宁厂狭窄的半边街（重庆宁厂）

图 4-36　宁厂内部单线街道（重庆宁厂）

图 4-37　宁厂山间小路（重庆宁厂）

过小路与码头、河岸联系。平原场镇的半边街为主体空间的补充，主要用于次要交通和生活场所，而宁厂镇因为用地局限，半边街承担了街道空间的几乎所有功能（图 4–38）。面向河边开敞的半边街将街道空间扩展到水边，成为一种潜在的节点。第二为面向山坡开敞的半边街，开敞性较弱，成为山坡和建筑围合的街道空间，表达出内聚性，其功能与两侧为建筑的街道空间接近，从场所意义上看，更倾向于与山发生联系（图 4–39）。而建筑建立在河岸边，因为用地狭小，建筑在河岸的陡崖边向外出挑，形成吊脚楼。第三种比较少见，即建筑位于山边，二层架空在道路顶部，河边以柱支撑，形成过街楼，街道空间更具有室内空间的意向，交易很容易在这种场所中发生（图 4–40）。宁厂还有部分地方因为用地条件欠佳，未能形成建筑，仅以一条小的石板路出现，它联系着街道中的各个空间，同时也成为街道的重要组成部分。因为地处河岸边，视线开敞，整个古镇多形成了另一种空间——河道空间，此空间主要功能是盐的运输，河形成了特殊的水运街道，也成就了街道空间的外界面——沿陡壁而建的吊脚楼，形成街道空间外侧景观，石与木的充分结合，仿佛在岩石上生长出建筑（图 4–41）。

图 4–38　半边街承担生活和交易功能（重庆宁厂）

图 4–39　对山坡开敞的半边街（重庆宁厂）

图 4-40 建筑架空形成街道（重庆宁厂）

图 4-41 街道沿河界面特征（重庆宁厂）

整个街道空间以山间小路、半边街、街道在山谷中交替出现，空间形态不断变幻，导致场所、事件的变化，形成丰富的空间美学，犹如一幅传统意义上的水墨画，这是中国传统文化“恬退隐忍”的体现，表达了以“仁”为中心的建筑理念。整个街道空间以适应环境，礼让自然而展开，形成与众不同、虚实相生的街道空间。

宁厂镇还有一个很大的特征——建筑类型与农业场镇的建筑有较大的区别，它以盐业生产车间和民居为主，缺少农业文明催生的宗祠、会馆、庙宇。农业场镇街道空间中，大量民居中随时出现的禹王宫、广东会馆、川主庙、王爷庙以及各种寺庙在街道空间中形成高低起伏的变化，成就了各种节点空间，也丰富了街道空间的各种界面，形成多种空间场所。宁厂镇建筑以民居为主，建筑面积都比较小，且因为用地狭窄，几乎没有天井与院落，以石和穿斗形成简易的悬山屋面。街道空间整体显得古朴和简洁，加上街道狭窄，节点少，空间断面相对单一，因此场所意义显得单薄，街道主要是通行和物资运输为主，交易与生活功能退居次要地位。

盐业在这里发展起步的时候，众多的商人选择来到这里，说明了一个选定的过程。随着盐业的繁荣，建筑逐渐增多，人对此地的“认定”感也越强，生产、货运与交通成为主要功能后，大部分街道空间的场所意义不再适合大规模长时间停留，而成为通过式空间。当进入宁厂古镇，成为一种“进入”，但当穿过部分街道进入半边街或者山间石板路的时候，似乎成为“离开”，但又期望着进入下一段街道，因此不断体验着“进入”的过程。虽然人处在整体的街道空间中，但“进入”与“离开”的感觉不断重复出现。这也导致对宁厂街道空间的利用呈现出间断性，在有建筑界面的地方，街道空间存在被进一步“利用”的可能，因此造成场所意义也随着“进入”而发生变化。

从海德格尔的哲学意义上来解释，建筑质朴地存在于岩石满布的峡谷中，似乎形成于天地之间，中间隐喻着神，人则在其间活动。正是这些有意义的小天地——建筑，使街道空间形成并与建筑成为相关联的统一体，建筑在与街道空间的关联中，时刻体现着生存和死亡、灾祸和福祉、繁荣和衰败，人的存在从街道空间中获得了意义。

川渝东部地区丘陵山地较多，以山为基础，建立山寨在东部地区较为普遍，形成了山寨式的场镇。它们类似于封建统治者营建的城市，反映出“筑城以卫君，造郭以守民”，是中国传统城镇发展的雏形。

山寨式的古镇大多选址山头，形成防御性很强的堡寨，有的就是独门大户形成的防御型要塞。例如广安市武胜县宝箴塞，实质上是一座具有防御性的大型民居，以城墙的形式围合院落，形成相对封闭的内部空间，因为实际上是民居，所以没有在内部形成传统的街道空间（图 4-42）。大量的山寨通过城墙围合，在内部形成多人多户的聚居，最后在山寨内形成公共活动的广场或者街道，例如合川的钓鱼城、重庆涞滩镇、隆昌云顶寨等。合川钓鱼城是因为抵抗蒙古大军时间长久，而在城内形成了帅府、指挥台、阅兵场、民居、库房等建筑元素，它们之间的相互组合构成了类似的街道空间，但其街道并未真正形成。涞滩镇是建于巨石上的场镇，并以城墙围合，主要是为了某种防御，内部有居住、公共建筑、还具有交易功能，形成了完整的街道空间，成为镇寨合一的典范。类似的有重庆荣昌的万灵镇，为防御战火，由当地乡绅修建为堡寨，形成具有街道空间的山寨古镇。而隆昌的云顶寨则是另一种特殊的山寨古镇，镇寨分离是其最大的特点，寨中以大家族居住、农作为主，交易则在寨边的云顶场，街道空间产生于寨边，形成独特的空间特点。

图 4-42　宝箴塞封闭的外墙（四川武胜）

镇寨合一的代表是重庆合川的涞滩镇，它位于渠江边，特点是以场镇为寨，以鹫峰山顶为址，形成场镇。为防御战火修筑城墙，城墙上主要形成三处城门，西面为主城门——瓮城，由六道门洞组成，在拱顶门额上有“众志成城”四字。瓮城为半圆形，长约 40 米，半径为 30 米，设有 8 道

图 4-43　涞滩镇瓮城（重庆涞滩）

城门（十字对称的4道，为人行道和车马道；其余4道为半封闭式，主要用于驻兵及兵器储藏）。当地人认为，"瓮城八洞，四明四暗，一人把关，万夫莫及"。整个瓮城与城墙连成整体，具有瓮中捉鳖的御敌功能（图 4-43）。瓮城主城门与内部的主城门轴线对齐，便于交通，也成为涞滩镇内街道空间的起点。同时半圆形的瓮城在功能上更适合防御，视线上无死角，在营造的时候也和天圆地方的中国传统哲学理念相吻合。从建筑空间上看，瓮城空间位于城墙外，以一种四周限定的封闭空间形态出现。而当城门全部开放的时候，寨内街道空间的场所随之扩展到瓮城中，一些简单的交易也在此发生。瓮城作为传统街道空间的起点，兼具防御和交易的特征。

穿过瓮城便进入了川渝古镇那种典型的街道空间，两侧店铺林立，大多为可拆卸的木板门，一片交易气氛。主体街道空间分成了两部分，呈现Y字形，形成典型的节点空间（图 4-44）。一条街通向西面的小寨门和文昌庙，另一条街通向古庙、石刻。两侧一些小巷向外延伸，形成鱼骨形街道空间，街道终止于西侧的城墙和东侧的悬崖（图 4-45）。从图中可以看出，涞滩镇的街道空间存在两种格式塔属性。其一为整个涞滩镇受城墙、悬崖的限定，东面充分利用地形，作为大地的图底和作为涞滩镇边界的图形在悬崖边重合，西侧通过城墙闭合这个图形，与大地形成明显的图底关系，图－底并未形成柔和的衬托，而是通过硬朗的边界形成对比。其二街道空间的端面因城墙、悬崖而闭合，不再会随着交易的发展而逐渐延伸，形成一个稳定的空间，表达出街道场所空间的稳定性。而街道内部空间人的行为活动会造就不同的场所，对空间形成各式各样的划分，表达出场所可变性，使街道空间成为“稳定性”和“可变性”的综合体。如果街道的交叉处为节点，古镇中的二佛寺就是街道空间的终点，它并未与街道空间直接相连，而是通过文昌宫悬崖边的小路与街道联系，下殿建立在悬崖下的巨岩边，上殿建立在山头上，成为一个完整的空间体系。寺庙、文昌宫与街道空间形成整体，共同建立在山寨中，形成完整的街道空间，在川渝山寨场镇中极其少见。

图 4-44　涞滩节点空间（重庆涞滩）

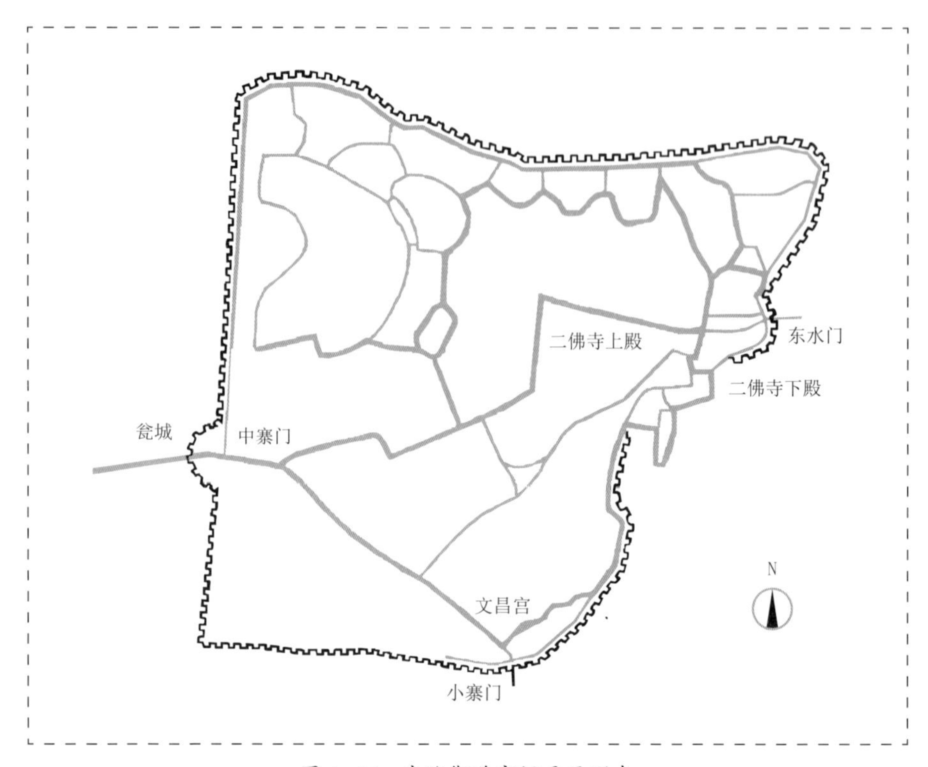

图 4-45　涞滩街道空间平面形态

与涞滩镇相比，隆昌云顶寨有较多不同。在隆昌、泸县、富顺交界处的云顶山，有明朝郭氏家族所建的庄园山寨。山寨建于山头，四周以条石砌筑，留有 6 座城门。在这个封闭的山头空间中，建立了各种各样的功能性元素，诸如居住、邮政、医务、佣人房、家丁、祠堂、桥等，并通过道路联系各个功能分区，因为建筑相对分散，局部成为类街道空间，并未形成典型的场镇街道（图 4-46）。寨内沿墙设立各种防御措施，如炮台、碉堡等，有极强的防御性，历经多次攻打，均固若金汤。郭氏族人在这里生存，历经三个朝代，成为大家族，山寨内各种居住院落星罗棋布。云顶寨存在于山顶，部分物资靠自给自足，更多物资仍然需要通过交易获得，但山头附近并无场镇，寨内的类街道空间又不具有交易功能，同时山寨附近的农民也缺乏物资交易的场所。因此当地农民与山寨中的部分人干脆就在

图 4-46　云顶寨（四川云顶）

山寨边开设各种商店，逐渐形成了场镇，沿着出入山寨道路向外延伸形成街道，街道空间整体呈现为 T 字形，一方通往泸县，另一方通向隆昌。这种街道空间依托山寨形成，与川渝其他街道空间成因完全不同，主要是其服务对象的特殊性和地理位置的特殊性。刚开始交易的时候，场镇也像幺店子一样沿路摆摊，逐步建立草棚子、建筑，泸县通向隆昌的山路被建筑逐渐占满。T 字形的街道有点像推磨的磨担，而山寨就是被推动的磨盘，因此街道命名为磨担街，隐喻磨担街推着云顶寨，财源滚滚（图 4-47）。街道空间形态上的隐喻，意味着当地人对街道格局与空间形态的认同，这样 T 字形的街道空间，说明人们对这种总体环境的经历是有意义的。建成后，人们通过各种行为对街道不断利用，达到了真正的理解，加上商业繁华，山寨中的郭氏族人与本土农民都获得了较好的经济收益，人们认为正是街道与寨子形成的石磨使人们丰衣足食。在存在着群体认同的前提下，生活与交易行为的集合，能使其间的各种人达到共同认知，共同认知的意义是一种无形的力量，将周围村落和山寨中的的人汇聚于山顶，为街道空间中的行为互动、交易、文化习俗的表现提供了潜意识的引导。

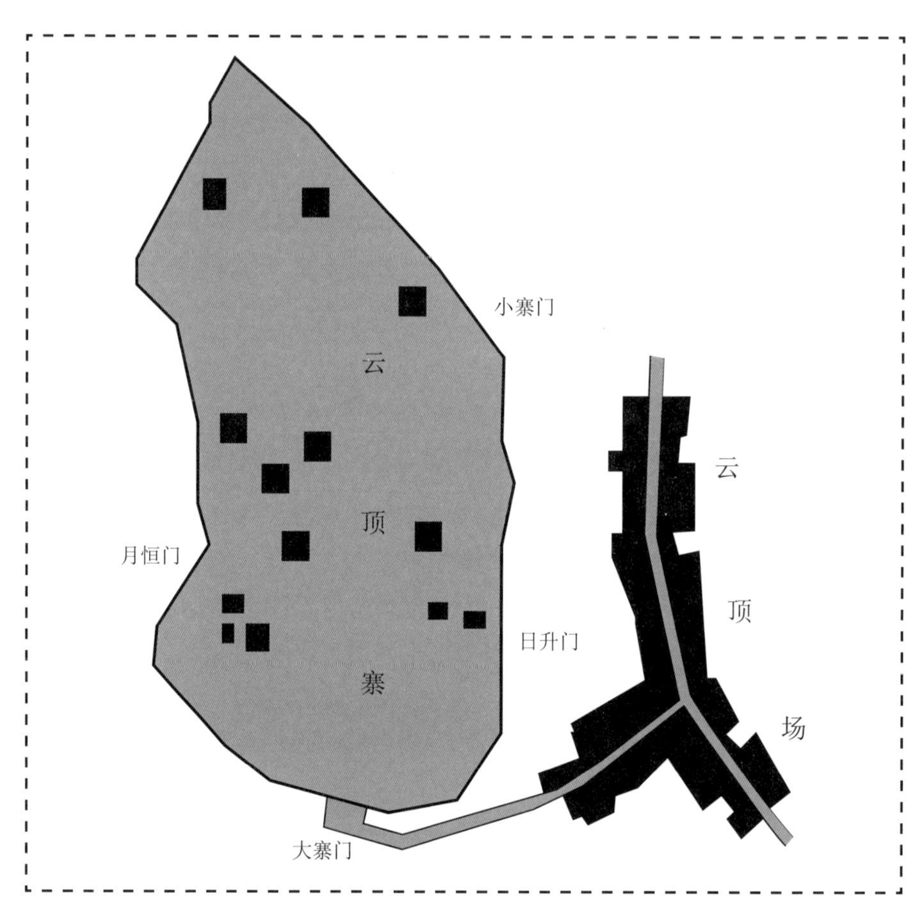

图 4-47　云顶场与云顶寨平面示意图

随着交易的兴隆，T 字形街道空间中，商业店铺类型逐渐增多，酒店、饭馆、百货、猪羊市场、铁铺、赌场等应运而生，并约定交易日期。部分人开始定居于此，形成住宅院落。街道空间的界面与普通川渝古镇基本一致，但柱廊等灰空间较少，除了山顶用地相对紧张外，场镇主要为山寨服务，不需要过多的休息场所也是很重要的原因，加上云顶鬼市，清晨即散场，属于及时快速交易，所以整个街道空间相对简洁单一，空间变化较少。实际上在山头建立场镇，地理位置并不理想，而一般山头上多是少量的建筑形成的幺店子，很少有成型的街道空间。云顶场主要是配套服务于云顶寨，用简易直接的方式形成了独特的街道空间。

从空间布局来看，涞滩、万灵镇以寨为场，街道空间被限定于城墙内，镇寨合一；而云顶寨则在寨外发展了街道空间，镇寨分离。从功能上看，涞滩、万灵等实现了多功能合一，街道空间中居住、交易、生活融为一体；云顶场是依从于云顶寨，虽然街道功能基本一致，但其开放性较强，交易发生的时间在凌晨，寨子中郭氏大家族的生产生活、守寨士兵的物资供应，都要与寨外进行交换才能满足，交易就必须有场所，于是就在寨子旁设场建镇。云顶场的街道空间平时较冷清，而到了交易日凌晨三四点，赶场之人带着灯笼火把接踵而来，街道空间灯火通明。赶集时，乡客穿梭其间，买卖时并不言语，而以手势比划以议定价格。赶集的时间很短，交易至清晨六七点钟人去街空，此集市交易似鬼魅夜半活动，因此被称为“鬼市”。据说这与云顶寨的郭氏有关，郭氏族人喜欢早起，需要食物，周围交易者为了卖到好价钱，常早早赶来交易。也有当地人称，这样奇怪的传统或许是为了防范土匪偷袭，确保交易安全。从空间上来说，云顶寨与云顶场的空间截然不同，云顶寨的封闭与云顶场的开敞形成了强烈的对比，但云顶场的依附性决定了其街道空间的简洁性。

基于川东及重庆地区坡多地少，还有一类特殊的传统街道空间。这类街道空间的代表是重庆的中山街道和李市街道。

中山古镇位于重庆江津区南部的笋溪河畔，地处川、渝、黔三省交界处。该古镇因为用地狭窄，临河建筑外挑出岩石，形成吊脚楼。街道空间非常狭窄，有九处被屋架覆盖，形成著名的“九节镇”，成为典型的半室内空间。街道狭窄导致其顶部木构件相互连通，以屋顶遮蔽了街道。使街道空间成为类似于室内的空间，不怕风吹雨淋。

街道中的商铺建筑最具代表性，依山势形成的商街纵向长1000多米，层层递进，过街建筑几乎都是能遮风避雨不见天日的“封闭式”建筑，此设计充分考虑到了川渝东部地区雨晴不定的特点。建筑多为两层“吊脚楼”，下层为铺面，楼上可住人，铺面开间做得较大，且易组合；整座古镇全系青色瓦片盖顶，红漆木板竹篾夹墙，圆柱承重，古朴凝重中透出原汁原味的巴渝人家风韵(图4-48、4-49)。

图4-48　中山街道（重庆中山）

图4-49　中山吊脚楼（重庆中山）

行走在中山的街道空间中，在屋顶的遮蔽下，仿佛在室内活动，当局部缺少屋顶的遮蔽时，又进入了相对开敞的空间，这个空间仿佛是街道中的院落，使街道形成虚实相间的空间氛围，除了传统的物资运输外，街道几乎就成为住民的活动场所，赶场、聊天、各种生活活动都发生其间，它成为一种交往空间，变成“公共客厅”。其中最典型的事件就是中山古镇的“千米长宴”，主要目的是团结亲朋好友，祝家业兴旺，同时也是吸引游客，在宴席的前两天，各家各户可以拿着空碗到古镇中任意一家随意品尝各种美味，这作为宴席的前奏，此时街道空间成为交往空间。当正式宴席时，在街道中摆放桌椅，古镇中所有的人都到街道中吃饭，街道在屋顶的遮蔽下，整个街道变成了公共餐厅，不怕风吹，不惧雨淋，狭窄的街道催生出特殊的传菜方式——“打盆”送菜，即用头顶的方式传菜，街道中摆满了桌椅，正常通行比较困难，因此送菜人以特殊的方式传送物品，要求行动穿草鞋，注意力集中，以防滑倒。宴席时街道空间完全被桌椅占据，此时两侧店铺将木板门拆下，将宴席扩展到建筑内部，拓展了街道空间。事件的拓展使的两侧房间的属性呈现出一定的公共性（访谈详见附录 2）。

重庆江津的李市镇也有类似中山古镇的内街，它的主要街道沿小溪形成了一条主要的空间，街道潜在分成了三个区，居住区、交流区、交易区，通过街道中的两个节点，潜在划分了区域。在整个李市镇，大量的交易已经被集中到街道外的集中市场，而一些从镇外来赶场的人，没有固定的摊位，仍然涌入老街在街道中进行交易。在居住区交易相对较少，但从可拆卸的木板门可以看出，以往的街道都是可以用作交易的场所。在第一个街道节点处，有几处茶铺和饭店，成为聚集人流的空间，过了这个节点后，街道中竹编交易空间出现，大量竹编占据着街道空间的两侧，部分商店空间与街道空间彻底连通，成为临时交易的场所。第二个重要的街道空间节点是一个交叉路口，路口处形成小广场，有一条小溪，一座小桥横跨小溪，河岸、小桥上摆放了各种商品，交通空间转变为交易空间。过桥后，街道继续延伸，交易氛围逐渐减弱，而街道顶部与中山古镇一样被屋架覆盖，形成半室内空间，从场镇交易属性分析，很大原因在于形成一个能遮风避雨的活动空间，当天气不好的时候，公共交易会转移到有顶的街道中进行。笔者在调研的时候，天气适宜，几乎所有的活动都在无顶的街道中进行（图 4-50、4-51）。

中山、李市镇的屋顶连接在一起，阻断街道空间与天的交流，则形成“洞”的意象。这种“洞”的私密性相对较强，常是私人与公共场所互相融合之处。断面上的包被使街道成为“房间”，建立起了一种“多意义”场所。对在其中的任何人来说“洞”都是真实存在的，内外空间一起融入到街道空间的交易、交流等事件中，在一定时间和范围内突破了公共与私人领域的隔阂。同时人的个性融入街道场所精神中，形成特有的认同感，导致某种特殊的与街道空间相关的共性形成，这种固有的归属性常有超越其本身之外的丰富涵义——仿佛存在于自己的私人空间。

图 4-50　桥上交易（重庆李市）

图 4-51　李市街道（重庆李市）

从上面实例可看出，川东与重庆地区因为地形起伏，一般都形成了坡地式的街道空间。但其地形地貌相对复杂，与湘、鄂、贵接壤，少数民居较多，文化属性相对多元。传统街道空间生成具有不同的激发因素：其一，与湖北交界的地区因为产盐，因为工业生产和运输形成了特殊的街道空间，它形成于盐业出产的地点，无视自然环境的限制，正如重庆东部的宁厂古镇，在狭小的大宁河边形成了狭窄的街道。其二，重庆与川东地区以前匪患、战乱相对较多，形成了特有的城寨一体的古镇，街道对外防御性较强，对内则以家族、地缘形成居住共同体，呈现开放特征。其三，部分相对安全的地区，街道空间因坡就势，形成复合性场所，当用地狭小无法形成川南地区的宽大柱廊，于是在屋顶加盖以遮风避雨，形成半室内的街道空间（图 4-52）。

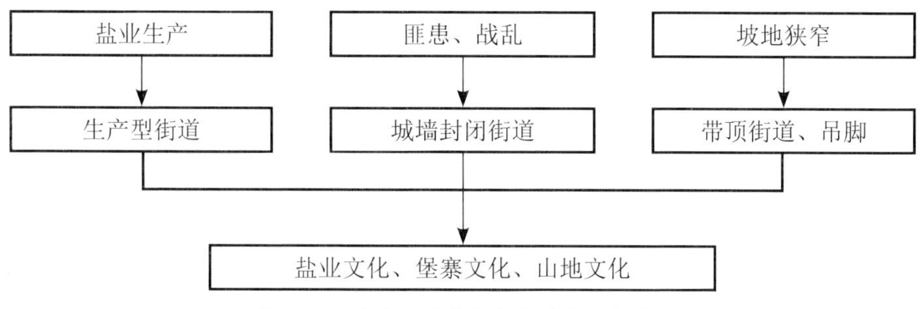

图 4-52　川东及重庆大部街道特征与属性

三　川西

川西高原甘孜、阿坝少数民族地区村寨间的道路主要是用于连通，还不能称其为有场所意义的街道空间，不在我们调研范围内。川西地区的传统街道空间主要在成都、雅安、眉山等西部地区。

雅安的上里是茶马古道上的重镇。上里位于陇西河流域，它与中里、下里形成了小盆地中的三个场镇，相互之间既有联系又有各自的服务范围，成为一个有机的体系。

三个场镇位于一个小平原地区，农业相对发达，为产生场镇提供了条件，也为传统街道空间的生成提供基础。上里古镇东接名山、邛崃，西接芦山、雅安，坐落于四地交接之处，是南方丝绸之路的重要驿站。上里位于两河相交的区域内，民间常认为是财源汇集的风水宝地。传统街道以传统民居为主要构成，建筑风格以明清时期川西穿斗民居为主。街道整体呈现出“井”字形格局，相对比较狭窄，街道两侧多数为商业铺面，寓意“井中有水，水火不容”，以水制火孽，以保一方平安。上里古镇以前聚集着五家大姓，所以又叫“五家口”，以五家大户为主要建筑节点，加上南方丝绸之路不断来往的人流和货流，农业及其附属产业繁荣，大量民居在两河交汇处聚集，形成典型的平原场镇。

图 4-53　上里的半边街（四川上里）

图 4-54　河流成为上里限定的边界（四川上里）

图 4-55　上里的桥（四川上里）

既然属于农业场镇，必定有着川渝地区场镇的普遍特征。从田野进入古镇时，先出现少量建筑，随后建筑逐渐增多。当通过河边的石拱桥后，建筑开始大量出现，界面连续，沿河形成半边街（图 4-53），随后进入场镇中心，典型的街道空间和广场出现。在这个进入过程中，建筑密度逐渐增大，场镇图形逐渐完善，与地景互为格式塔关系，街道空间也从无到有，与川渝传统农业场镇空间图式吻合。也可以认为上里聚落逐渐扩散到平原地景中，形成图形的均质扩展，而到了河边这种扩展戛然而止。反过来从公路边看，古镇整体位于两条河流交汇处，这个区域正是古镇的中心区，古镇因为河流的限定形成了明显的边界，格式塔属性凸显在地景中（图 4-54）。古镇以两座桥梁与道路相连，说明其对外存在着一定的防御性，桥成为上里镇的"颈"（图 4-55）。通过桥，穿过一条小街直接进入了上里的空间中心戏台广场空间。

从农田区进入古镇，通过街道空间的导向，将人引到戏台广场，街道空间从交通性逐渐过渡到生活和交易性场所，事件发生的多样性渐次增加，最后在戏台广场达到高潮。从公路边看，戏台中心广场仅以桥梁与主要道路相连，说明了街道生活、交易活动靠近主要运输道路的倾向性，河边的小桥联系主干道，为街道中货物的运输提供了通路，同时也具有防御和限制的功能（图4-56）。作为茶马古道重镇，上里交易繁盛，财、货在此集散，必定需要一定的防御措施，桥则正好承担了这样的功能。

井字形的街道空间在一定程度上对人进行了分流，在滨水边形成半边街，主要是为生活取水，由此形成次要空间，成为街道空间对外的一种扩展（图4-57）。上里半边街将主街道向外扩展的力量与古镇空间的秩序达成一种相对平衡的状态。从田野进入古镇的街道，交易性不强，随着空间向戏台广场的靠拢，商业店铺大量出现，将赶集之人直接导向场镇的中心，而两侧半边街则成为分流的空间。人流的引导，不仅在古镇中形成功能分区，而且对河岸也是一种潜在的利用。在作为主要交通道路的石拱桥下，河边道路与桥形成立体交叉，河边道路从石拱桥洞下穿过，区分了河边步行小空间与主要交通空间，为了相互联系，二者以阶梯互通（图4-58）。河边的小径，不仅具有联系各家各户的功能，对场镇也有界定的功能，区分了镇与外部田园空间，小径是亲水性的表

图4-56 联系戏台中心广场的小桥（四川上里）

图4-57 小河边街道（四川上里）

达，也是古镇取水的重要线状空间。几座桥将街道与周边田野连接，有的是平桥，有的是拱桥，还有跳墩子，不仅联系了自然环境，也是“颈”意义的体现。从主干道的桥进入上里，通过一条小巷便来到了上里的中心——戏台广场，此空间大致为长方形，广场一端为戏台，背后为河流，另一端连接着两条街道空间，广场两侧基本为店铺，以可拆卸的木板门为边界（图 4-59、图 4-60）。广场布局特点说明了它的聚集性，经田野道路进入上里后，空间最终汇聚于此，赶场和交易在此大量发生，加上两侧开敞的店铺，交易属性毋庸置疑。戏台说明了观演空间的存在，赶场或者节假日，广场将演变成观演厅。而在平时，广场或为交流休闲空间，或为小孩的游憩场所，但因为两侧缺少带廊的灰空间，与罗城、肖溪不同，整个空间彻底开敞，可驻留性并不强，鲜有人在广场中心停留。但上里的农耕文化属性又赋予了广场晾晒的功能，成为街道空间独特的风景（图 4-61）。广场的中心性使与其连接的街道空间具备连续性引导的特征，让街道一直在“进入”和“离开”中存在。

图 4-58　桥与小路的立体交叉（四川上里）

图 4-59　上里戏台广场（四川上里）

图 4-60　戏台广场侧界面的通透性（四川上里）

图 4-61　上里戏台广场中的晾晒（四川上里）

上里街道空间以传统川西民居为主要界面，几户大姓人家的民居成为上里古镇重要的空间组成部分，它们形成了多进院落。前面谈到过，民居空间在一定程度上属于街道空间的扩展。例如韩家大院，入口前有小型广场，联系着街道空间与民居空间（图 4-62），成为街道空间的节点，也是进出韩家大院的缓冲空间。这类大户民居内聚性和防御性一般强于普通的民居，都不直接对外形成商店等交易空间，以门为界区分着室内外空间，形成封闭性。当穿过大门，就进入了民居的院落空间，多个院落纵向和横向扩展，成为院落群体，表达了家族中各户既相互独立又紧密相连的文化特征（图 4-63）。院落在一定程度上具备外部街道空间的功能，加上院落与院落之间联系的通道，成为民居内的外部空间体系。各个院落是同家族各户人家的休闲、晾晒、聚集、交流、交通场所，与上里镇戏台空间的公共功能接近，因此相互连通的院落是民居空间体系的重要组成场所。然而它们又不是一个自我封闭的体系，当韩家发生重大事件的时候，大门敞开，其门口的小广场联系着街道与内部空间，门作为“颈”出现，使得民居内空间与街道空间连通，人员大量进出，甚至在广场、院落中摆放桌椅，形成交流场所，韩家院落与街道空间的意义此时达成一致，它的院落成为街道空间的扩展，同样韩家大院中的事件进入到街道空间中。韩家大院等主要民居是上里街道空间界面的重要组成，正因为它们的存在，上里街道空间局部呈现出宽窄的变化。民居的特征与空间影响着街道空间的形态，说明事件的不同会导致街道空间的变化。街道空间两侧的民居和公共建筑的空间并不是完全独立于室外的封闭空间，当门对街道空间开敞的时候，街道空间的功能和发生的事件会进入室内，室内的事件也会扩展到室外，使街道空间的场所和事件更加丰富，更具有生活场所的意义。位于场镇边的民居通过街道空间的延伸与古镇成为一个有机的整体，它们的开口场景更倾向于田园，与街道空间的场所属性交集相对较少，农耕属性显得更加突出。

上里作为典型的农业场镇，其产生源于农副产品交易，这类场镇在川渝地区数量是最多的。上里因为农业而形成，同时它又位于茶马古道上，随着商业、贸易以及交通的繁荣，一些非农业属性融入农业经济中，各类公共建筑的出现，使街道空间出现了形态和场所意义的变化。

图 4-62　上里韩家大院前的广场（四川上里）

图 4-63　上里韩家大院空间（四川上里）

同在雅安的望鱼镇也是茶马古道的重镇，是古时成都出入藏区的重要通道。古镇坐落于周公河岸边的巨石上，巨石像一只猫望着河里的鱼，因而得名望鱼。古镇的形成符合了中国传统哲学——枕山、环水、面屏，与当地自然环境有机地结合起来，街道也具备形胜之下的空间特色。通过100 多级石阶就可进入相对平坦的街道，因为望鱼石隐藏在山腰中，整体相对平坦，防御性强，可规避各种自然灾害，石下的周公河岸是水上交通集散的通道。

望鱼镇街道空间长 200 多米，因为自然用地的限制，街道仅形成了单线空间，中间高，东西两端略低。顶端是人容易汇集的场所，幺店子也常从此处开始形成，从高到低，隐喻着居民在此定居的顺序。同时最高点也是马队、客商歇脚的地方，最容易产生交易与交流。街道中财神殿、戏台基本处于最高点，说明了此处街道空间场所的特殊性（图 4-64）。

因为处在茶马古道上，街道是具有交通、交易、生活功能的复合空间。大量建筑沿着街道两侧修建，形成了侧界面。侧界面在局部形成凸凹

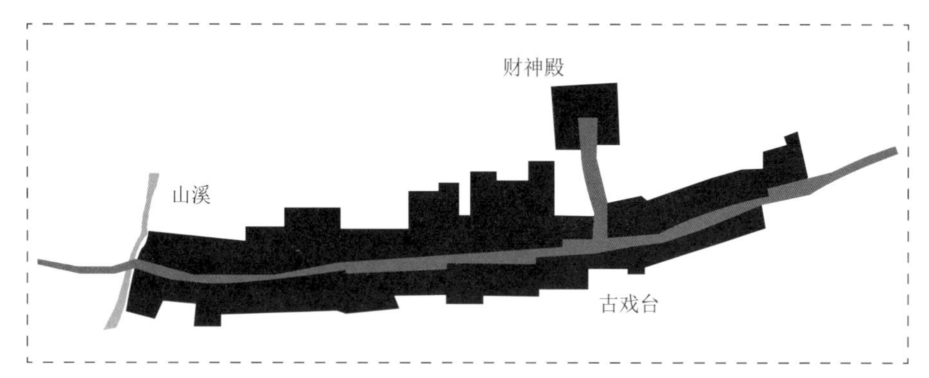

图 5-64　望鱼镇街道空间

变化，为街道空间营造了变化，也为场所和事件的发生提供了基本的条件。特别是在财神殿附近的交易中心，形成街道的扩大部分，以前还有戏台，成为交流空间（图 4-65）。望鱼镇中几乎没有会馆、宗祠、寺庙等公共建筑，节点空间比较少，因此连续性的街道在这里豁然开朗，不仅成为聚集点，也成为街道空间的视觉中心，又是街道“到达”的中心点。街道两侧没有其他支路，仅有少量建筑间的通道通往各家各户。

图 4-65　望鱼街道的交易中心（四川望鱼）

望鱼镇最大的特征是街道两侧的建筑均为木作，除了木下的柱础外，街道两侧无砖、夯土和石材，因此造就了全木侧界面的特征。街道侧界面呈现出完全的“柔”性，整个街道空间与建筑内空间的交流显得较为充分（图 4-66）。然而随着时间的推移，古镇逐渐衰败，居民搬离，很多木板门常年关闭，老旧的木板显得孤寂冷清。整体的木作也许和当地木材丰富有密切关系，街道中侧界面均为木作在川渝传统街道空间中是极为少见的。从文化意义上分析，全木作展现了当时街道空间的通透性很强，人来人往，交易量大，也说明它是要道上的通过式街道空间。边通过边交易决定了建筑具备某种临时性，以木进行榫卯建构，建设时间短，建筑拆卸也相对方便，能较好地满足交易、生活需求。木作与当地大片的森林在意义上相呼应，整个街道侧界面从望鱼石上生长出来，成为“森林”，街道成为林中小路。不同于一般的农业古镇为方便交易在街道两边形成连通的檐廊灰空间，望鱼镇街道两侧的柱廊时断时续，一般在各家各户的门口（图 4-67），说明整个望鱼街道的交易属于各自为政，没有形成传统农业场镇中那种乡里乡亲的关系。茶马古道上的客商路过这里作短暂停留，或进行少量的物资交换，随后离开，相互之间可能并不十分熟悉，因此作为交流空间的檐廊随机出现就不难理解了。整个街道空间显示出随意性和粗犷性。地界面采用青石板铺路，中部横铺，两侧纵铺，形成了空间的划分，人、马、交易摊点各占一隅，在用地狭小的情况下使街道功能分区明确（图 4-68）。顶界面檐口线因为坡地高差连续性并不强，寺庙、会馆等高等级建筑缺乏，顶界面中缺少云墙、马头墙等元素，使街道空间在木作的统一下更显得朴实无华。

望鱼街道空间体现出古朴、自然，粗犷，作为茶马古道的通过式重镇，又限于地形，形成这种不拘一格的全木空间是有深层次原因的，这在川渝街道空间中很少见。

成都平原也存在着大量的传统街道空间，例如洛带、黄龙溪、街子、平乐、元通、新场等，但成都平原经济相对发达，不少传统街道空间受到了现代化的冲击。

图 4-66　望鱼街道的开敞性（四川望鱼）

图 4-67　望鱼街道的柱廊（四川望鱼）

图 4-68　望鱼地界面铺地肌理（四川望鱼）

川西平原因为地势平坦，用地相对宽松，其传统街道空间大多沿河、沿路顺势展开，正如前面分析的上里古镇，它们有一些共同特征。其一，由于川西平原经济发达，交易繁荣，街道空间的商业场所属性更为明显，因此街道空间尺度相对较宽（图 4-69）。其二，街道的侧面一般用于交易，相对比较开敞，大多为檐廊或者可拆卸的木板门，为交易和多样活动提供了充足的可变空间（图 4-70）。其三，顶界面的连续性较强，檐口线大多为直线或者自然弯曲线，对天空形成相对固定的限定（图 4-71），与坡地街道跳跃、紧张的檐口线形成明显对比。街道中建筑的山墙面也较少露出，穿斗构件一般都在建筑的街道立面表达。其四，街道空间的弯曲或者转折一般比较自然柔和，顺应环境（图 4-72）。

图 4-69　川西平原悦来镇街道（四川悦来）

图 4-70　川西平原黄龙溪街道（四川黄龙溪）

图 4-71　黄龙溪街道檐口线（四川黄龙溪）

图 4-72　洛带镇自然弯曲的街道（四川洛带）

大邑的新场古镇始建于东汉时期，兴起于明朝嘉靖年间，西与邛崃接壤，南连王泗镇，北通出江镇、花水湾和西岭雪山，是茶马古道上历史文化名镇之一。几条河流穿镇而过，因此在新场的街道空间中时时可见流水，成为成都平原著名的“天府水乡”，被称为最后的“川西坝子”。古镇内有传统街道数条，整体格局为井字形，还有多条小巷遍布街道空间。

整个街道空间有主要街道两条，宽度 6 ～ 10 米，局部自然弯曲。侧界面几乎没有柱廊，均以屋檐出挑形成灰空间（图 4-73）。侧界面以川西连续的木板门为主要特征，民居与街道空间的连通性说明当时交易的繁华，局部街道形成小型广场，成为汇聚场所，也成为节点（图 4-74）。同时街道中又局部夹杂着少量民国时期的建筑，突兀的山墙成为街道空间中的焦点元素，表达出街道的多样性。街道空间缺柱廊灰空间，说明交易多在街道中和两侧的建筑中进行。成都附近的洛带、黄龙溪等传统古镇均具有类似的传统街道空间。

图 4-73　新场街道出檐下的灰空间（四川新场）

图 4-74　新场街道中的广场节点（四川新场）

总体看来，川西平原地区，水系比较发达，为传统街道空间的形成提供了优良的自然环境。它们主要具有以下特点：其一，地势的平坦带来了相对舒缓自由的街道空间，与前面所述的坡地街道的空间局促感形成鲜明对比。其二，它们也常常沿河流发展，但与河流的关系较为密切，表现为典型的亲水性，河流的物资运输功能成为平原古镇的重要流线组织。其三，街道内部空间开敞性较强，防御性相对较弱。其四，街道中的建筑为典型的川西穿斗民居，与坡地的吊脚楼穿斗民居形成鲜明对比（图 4-75）。

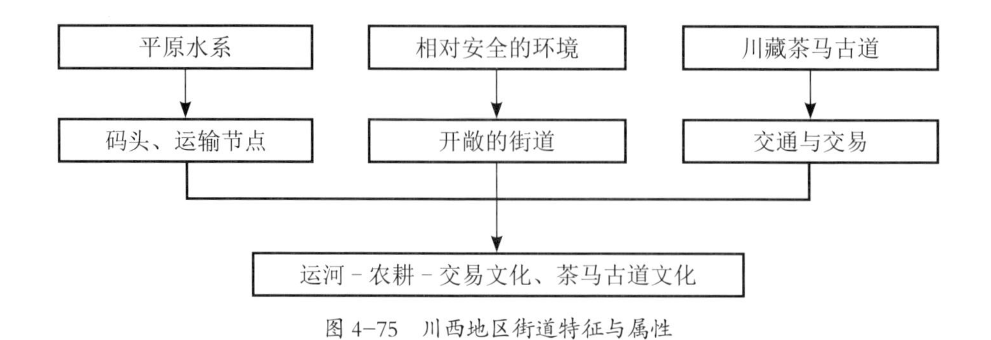

图 4-75　川西地区街道特征与属性

四　川北

川北地区主要包括了巴中、绵阳、广元、达州等区域。

巴中的恩阳是四川十大古镇之一，因为交易的繁荣，成为典型的大镇，但它并没有形成川渝传统交易场镇中简单的通过式街道。在恩阳河与支子河的交汇处，形成了复合型街道网络，包含多条道路，相交产生多个节点，呈现出复杂的"八阵图"空间结构，人在其间行走会有迷失方向的感觉。整个古镇依照风水，背靠义阳山，面对恩阳河，形成负阴抱阳、依山临水的总体格局。

古镇中有多条小路串连各个街道空间，成为片状空间结构。恩阳的兴盛与码头文化密切相关，恩阳有多条街道空间直通河边，与水运关系密切，形成了很多小码头，它不仅仅是农业中心，还是码头中心。在川北地区的大山丘陵中，有农业耕作的地方就有农业场镇，而这些地方相对缺水，形成交易的"旱码头"，因此街道空间多呈现出一字形，而恩阳的街道与普通的通过式场镇街道空间不同。

历史上恩阳曾经多次成为县府所在地，但时间不长，且断断续续，因此并未像周边的阆中、巴中那样形成规则的街道路网体系，反倒因为繁荣而相对自由发展。街道空间具备了多样性、场所性、可变性和艺术性。

恩阳的街道空间分为几种类型。最重要的是码头型空间，它们一般在河边，沿着河道或者垂直于河道。因为码头上物资在街道中运输，所以整个街道空间宽 5 ~ 6 米。两侧建筑界面相对比较开敞，形成住家、商铺、茶馆等功能，大多为前店后宅或者下店上宅的功能分区，部分建筑内部以院落进行组织。茶铺的门成为连通街道与室内的“颈”，当来往客商在此喝茶聊天的时候，街道空间与茶铺成为同一属性的场所（图 4–76）。街道空间垂直于河流，地界面存在着踏步，两侧建筑随着地形的变化分台砌筑，因而路边出挑檐廊的灰空间呈退台的形式，成为人停留或者货物临时堆放之处（图 4–77）。离码头较远的街道，承载着农业交易的功能，从山区陆路进入场镇进行物资交易的时候，往往就近选择街道，因此在背水面的街道形成了交易活动 (图 4–78)。恩阳曾作为县府所在地，居住功能是其重要的组成，因而存在着大量的生活街道空间。生活街道一般处于恩阳的核心区，街道空间界面以砖石形成墙，比较封闭，部分街道空间夹杂着小商店、饭店等生活服务措施，仍然以木门为街道的侧界面。人们常在侧界面附近活动，事件在公共空间和私人空间的交汇处发生（图 4–79）。整个街道空间因为坡度关系，交通处于次要地位，更多的是生活场所的体现。恩阳沿河形成半边街，界面多为下部石砌台基，上部立木柱，形成穿斗结构，使用编条夹泥墙，顶部出挑阳台，显得比较高大，说明了半边街的界面对河道具有一定的防御性。建筑开了部分小门，也有少量通过建筑的门洞直达古镇内街，表明物资交易与运送的需求（图 4–80）。多种街道空间组成的古镇，场所、事件的类型相对较多，空间关系也会显得更加丰富多彩。

恩阳的街道中，几乎没有使用柱廊，大多以出挑宽大的屋檐形成灰空间。究其原因是恩阳作为水码头型古镇，物资运输量较大，街道空间必须适应货物的快速流通，因此两侧檐廊不用柱子，而用较长的出挑形成出檐。从空间形态上看，大出檐缩小了顶界面，增加了街道空间的室内感，同时也比柱廊空间显得更开敞。

图 4-76　茶铺与街道的连通（四川恩阳）

图 4-77　街道退台的灰空间（四川恩阳）

图 4-78　街道中的交易场所（四川恩阳）

图 4-79　街道中居住与交易的混杂（四川恩阳）

图 4-80　半边街界面（四川恩阳）

可见恩阳街道在形成过程中，其建筑的界面不断将码头作为事件进行诠释，并有意无意地将河边的码头和后边的街道认为是一致的世界。当相同地缘或者血缘的人在恩阳定居的时候，成为街坊邻居，他们相互熟识，在这个范围内互相帮助支持，并不意味着他们形成了某种固定的组织，而是表现出街道空间的范围和场所。如果是纯血缘关系的人聚居，那发生交易事件的概率相对很低，因而就不可能形成真正的街道空间，正如前面谈到的云顶寨，大家族聚居无法形成真正的商业活动。此时相近地缘或者外来的人成为引起交易的重要因素，各个地方的人通过码头来到此处，带来了各种物资，继而产生了交易，恩阳的街道场所就在此时真正形成。无论是住民、当地附近交易者还是外来交易者，都对此地产生“认同”。每个人都在街道中潜意识地做自己的事情，在这个空间中获取好处。码头货运大多会在靠近码头的街道空间产生事件，诸如大宗物资交易、商业谈判等，而靠近陆路的则是少量的农副产品交易，说明在认同的前提下，不同的认同表达了街道空间的属性，也潜在区分了街道空间不同的场所。

广元柏林沟古镇，其名称取义古柏成林的山沟，建于汉代，是陕入蜀的驿站。整个古镇由一条主要街道组成，街道一端通向柏林湖，另一端为广善寺，形成街道空间的端。街道中部矗立着魁星阁，成为整个传统街道的中心。魁星阁东西两侧各有一条小的支路，东面以一条坡道通向柏林湖边，西面往山上有通往阆中的古道。因此魁星阁作为几条街道空间的交汇点，成为柏林沟的标志，从街道的美学角度看，也成为整个古镇的视觉中心。这与阆中的华光楼、中天楼的意向非常吻合（图 4-81）。

图 4-81　柏林沟魁星阁（四川柏林沟）

川北地区在城镇中心经常建高耸的楼阁，成为整个城镇的意向，这与中国传统风水文化有密切关系。自汉代以来，以相土尝水方式建设城镇成为重要的布局方式，城镇的定位、街道的形态与布局都要遵循一定的原则。柏林沟在重要的街道节点建立魁星阁，不仅仅是标志的需要，也表达古镇精神象征的意义，成为农耕文化的体现。魁星在中国民间信仰中是主宰文章兴衰的神，在儒士学子心目中，魁星具有至高无上的地位，隐喻士子们“夺魁”。它在整个小镇的中心，劝导大家读书上进，催人奋进。魁星阁一层架空作为街道，具有交通的功能；二层为戏台，具有公共聚会的属性；三层供奉着魁星，似乎隐喻着“唯有读书高”，具有象征的意义。因此魁星阁是整个柏林沟中心，它表达出风水意向，也体现出尊崇儒学的精神意义（图 4-82、图 4-83）。

图 4-82　魁星阁底层架空（四川柏林沟）

图 4-83　街道中的魁星阁（四川柏林沟）

从柏林沟整体街道空间分析，一条主要的街道贯穿整个古镇，魁星阁处形成两条小支路。街道一头开口于柏林湖边，从柏林湖边沿街道拾级而上，两侧民居多有檐廊，形成大量的灰空间（图 4-84）。魁星阁戏台下面的通道连接了北面的街道，四周形成小型广场，连接了东西两条小路，成为街道空间的中心节点。通过魁星阁继续爬坡而上，建筑两侧檐廊逐渐减少，说明街道空间的交易性有所减弱，形成以居住为主的空间体系。北侧街道的端头形成以广善寺为节点的广场，成为街道的端面（图 4-85）。广善寺的三进院落在一定程度上延伸了街道空间，成为一种特殊的公共场所。魁星阁北面街道居住性和宗教性成为主导，而南面的街道居住性和交易性占据了优势。魁星阁成为街道功能转换的节点、人群的分流处，同时也成为美学中心和精神中心。

图 4-84　魁星阁建筑灰空间（四川柏林沟）

图 4-85　北侧街道端节点（四川柏林沟）

如果说街道空间的认定与定位以交通、功能或者风水堪舆为基本要素，魁星阁的定位则是儒学至上的典型表达，体现了当地人对其中心地位的潜在认同。街道空间功能在居住的基本前提下从南到北交易性逐渐演变成宗教性，体现街道空间场所使用的变化。魁星阁是整个街道空间语言符号的表达，从建筑空间上探讨，魁星阁及四周广场串联起整个街道空间，成为空间序列的高潮部分。

绵阳的青林口坐落于二廊庙镇附近的小山沟中，历史上这里是川北的交通要道，明清时形成了交易繁荣的古镇，商贾云集，会馆林立。大量木穿斗结构的建筑形成了街道空间。街道整体格局为 T 字形，新街的端头为一座廊桥，名为合意桥，也叫红军桥，联系着对岸的老街，成为整个街道空间的节点 (图 4–86)。老街沿河呈南北走向，北侧街道主要由传统民居组成，侧界面为木板门，形成较强的连续性（图 4–87）。局部街道断开，露出田园风光，形成街道空间的缓冲节点。在街道末端，以一棵大树形成树下汇集广成，构成局部半边街（图 4–88），以河上的石桥作为街道空间的终点。南侧街道顺着河边延伸，但传统界面完整性相对较弱，最南端是火神庙，由火神殿、文昌殿、玉皇殿组成，成为街道南侧的端面。建筑群围合成院落，街道从院落中穿过，街道与院落合二为一，说明宗教崇拜的神圣性与街道生活的世俗性融为一体（图 4–89）。

图 4–86　红军桥（四川青林口）

图 4–87　连续的木板门侧界面（四川青林口）

图 4-88　半边街（四川青林口）

图 4-89　街道穿过院落（四川青林口）

青林口街道空间整体重心在连接新旧街道的红军桥上，红军桥的顶是街道空间的至高点，成为街道空间的视觉中心。同时它又是一个聚集场所，平日里居民在有顶的桥上闲谈、娱乐，少量当地人在桥上做买卖，赶场时大量人在此聚集，成为一个典型的交易场所（图 4-90）。从格局上又可看出街道具有一定的防御型，北侧以桥联系着对外的公路，中部以红军桥作为“颈”，形成节点，南侧以火神庙作为端头，一旦这个宗教场所关闭，相当于阻隔了街道与外部的通路。从文化意义上看，通过桥或者火神庙，到达街道空间，在使用的过程中，街道的交易性与居住性并存。街道空间中几乎没有檐廊，这与地势起伏较大、用地狭窄有密切关系。过渡空间的缺乏导致两侧民居界面多为可拆卸的木板门，生活与交易空间随着木板门的拆卸，发生贯通与融合，体现沿街居住空间的可变性。檐廊的缺乏，使得驻足停留的场所较少，一些事件持续的时间会缩短，街道空间意义的可变性就显得更加突出。

川北传统街道空间同样具备交易生活等功能，但还有几点与其他地区街道空间不同：其一，街道中廊较少，以挑檐呈现出交接空间。其二，街

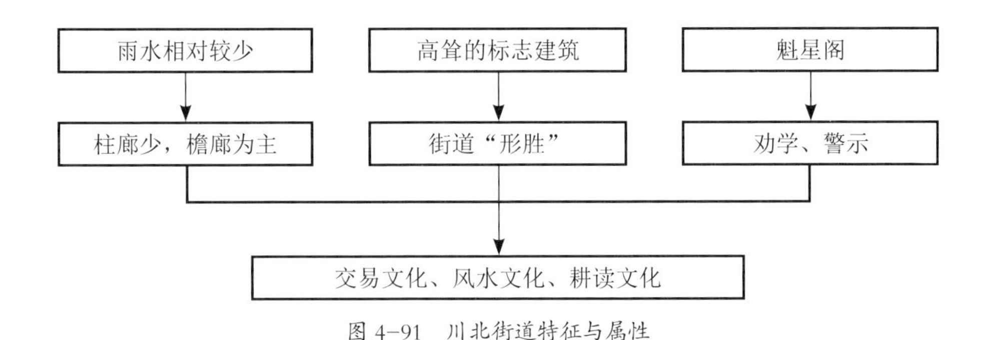

图 4-91　川北街道特征与属性

道空间的中心常以高耸的建筑形成标志物，例如魁星阁、魁星楼等，成为一个街道空间甚至城镇的标志，同时也成为街道空间的景观中心。高耸的楼阁常在街道空间轴线交汇点上，大多与中国传统风水文化密切相关，体现出“形胜”的特征。其三，高耸的楼阁也体现出农业耕读为本的特征，唯有读书而发科甲，将代表魁星的建筑置于街道正中，昭示着劝学，也成为一种警示，以建筑形式表明“惟有读书高”的文化意义（图 4-91）。

图 4-90　红军桥上的活动场所（四川青林口）

小结

川渝地区各个片区传统街道空间从形态上大致可以分为平地型和坡地型。平地型的街道空间主要集中于成都平原地区，丘陵和山区的街道空间大多沿坡变化。

川南及重庆南部片区特别是宜宾、泸州、自贡等地区，街道空间往往沿水路发展，街道空间以大柱廊为最主要的特征，交易性为主，防御性为辅。川东及重庆片区常以寨为镇，镇、寨同存，街道空间除了交易性以外，对外防御性较强，还有部分以盐业为主的传统街道空间则产生于盐泉边，其形态与属性与生产相适应。川西平原街道大多自然平直，开敞性最强，防御性最弱，具有比较典型的农业属性，街道与河流关系密切，水运较发达。川北街道空间中常以较高的楼阁作为中心标志物，不仅成为街道的质量中心，景观中心，而且体现出风水文化与崇尚读书的精神意义。街道空间形态上大同小异，但正是这“小异”体现出各自的特色，并表达出不同的文化。

川渝各个区域的传统街道空间有不同的形成因素，在多个影响因素的共同作用下，它们可能表现出不同或者相同的特征与意义。

第五章

川渝传统街道空间的保护、开发及意义

C

CHUANYU CHUANTONG JIEDAO KONGJIAN DE
BAOHU KAIFA JI YIYI

研究川渝传统街道空间的分类、意义及实例，对川渝地区乃至全国传统街道空间的保护、开发具有重要的意义。

一　传统街道空间保护现状

从近几年笔者调研情况看，传统街道空间现状大致存在着五类：第一类（A），传统街道空间处于原生态状态，街道格局与形态保持完好，空间界面完整，原住民较多，生活气息较浓厚。第二类（B），传统街道空间虽然处于原生态状态，保存较完好，但原住民较少甚至没有，缺少生活气息，少量街道老建筑有损毁。第三类（C），传统街道空间格局较完好，街道界面有局部破坏，街道处于自然更新与发展中，存在较多传统建筑，有一定生活气氛。第四类（D），街道格局完整，界面部分被破坏，存在部分传统建筑，生活气息较浓。第五类（E），传统街道空间保存完好，已经开发成较为成熟的旅游景区。现将已经调研过的传统街道空间进行分类整理统计。

	A	B	C	D	E
四川	福宝、恩阳、尧坝、乐道	沿口、宜宾龙华、望鱼、高庙、泸州白沙、炭库、云顶	西来、柏合、火井、成都龙王庙正街、老观、上里、罗目、三宝、止戈、华头、木城、罗城、青林口、肖溪、艾叶、渔箭、龙市、狮市、仙市、凤鸣、立石、泸州五通、新溪子、铁炉、箭板、元通、汉阳、贡井、郪江	罗泉、铁佛、石桥、贡井老街、牛佛、中心、泸州白鹿、悦来、犍为清溪、井口、怀远、先市、太平、乐山五通桥、罗坝、龙女、	五凤、宽窄巷子、洛带、黄龙溪、街子、新场、李庄、柳江、昭化、临邛、横江、平乐、阆中
重庆	万灵（路孔）、中山、涞滩	塘河、金刚碑、三倒拐、宁厂	走马、江津白沙、偏岩、松溉、西沱、新妙、邮亭、瑞映巷、李市、板桥、石门、吴滩、东渡口、铁山、夹滩	石蟆、草街、澄江、复兴、静观、三圣、水土、江津龙华	磁器口、丰盛、蔺市、鱼洞

以上统计为近些年笔者调研的传统街道空间，有的街道空间近几年发生了很大的变化，因此分类仅依据调研时的情况进行划分。同时在划分类别的过程中，有的难以分类，以其最重要的特征作为分类的依据。

由统计可见，A、B 类属于保存完好的类别；C、D 类相对较多，说明随着社会经济的发展，大多数传统街道空间会逐渐发展与更新，失去原来的空间特色和文化意义，急切需要进行保护和利用；E 类虽然已经进行了保护，部分开发过度，导致传统街道空间商业化严重。因此需要根据街道所处的状态分类提出保护措施。

二 街道保护与更新措施

（一）保护

川渝地区传统街道空间除了有南方地区传统街道的一些共同特征，还具备地域独有的特征和文化意义。对于保存较完好、空间形态完整的传统街道空间，可作如下考虑。

1. 保护街道空间原真性

在了解传统街道空间功能和意义的前提下，保护其空间特征的原真性传统街道空间由界面围合，需要做到以下两点：

①保护其界面的原真性。川渝地区传统街道空间主要是因生活、市集形成，生活、市集促成了界面的属性，特别是建筑侧界面。要注重保护街道侧界面可拆卸的木板门、檐廊等构件，也要保护地界面的铺装和材质以及顶界面的檐口线。保护界面的特征为整体街道空间的保护提供了坚实的基础（图 5-1）。

②保护传统街道空间形态。保护界面特征，一定程度上也保护了街道空间形态。但空间形态是一个整体性概念，不仅对局部街道空间要保护，还要保护整条街道空间的形态，进而保护多条街道空间所构成的古镇整体空间格局。街道空间的形态很大程度上被界面所限定，因此在空间上要注

重纵横两个方向的保护。横断面上主要保护界面的特征和界面的间距，界面的间距意味着传统场所空间局部的形态和意义，其间距得以保护会使街道空间的场所事件得以延续。纵断面上要保护原有界面的连续性，这对维持街道空间形态的纵深性有重要作用（图 5-2、图 5-3）。

图 5-1　建筑界面原真性（四川炭库）

图 5-2　较窄的界面间距（重庆丰盛）

图 5-3　较宽的界面间距（重庆吴滩）

2. 保护街道空间事件的真实性

传统街道空间因为界面、空间和事件融为一体才表现出活力。街道空间与事件相互影响并形成各种形态来表达场所意义，即街道空间要与事件相契合。

①尽量保护传统街道空间中的事件，使其与街道空间界面、形态特征相适应。例如保护传统街道空间的赶场、喝茶、交易、聊天等日常生活事件，使街道空间与日常生活事件发生密切联系，体现出活力。如果传统街道空间的物质元素被妥善保留，但空间场所中的事件已经消亡，被保留下的物质元素也会因无存在的基础而逐渐荒废，即传统街道空间必须以事件为基础形成场所感（图 5-4）。

图 5-4　街道中的聊天（四川老观）

②针对街道空间中不同的次级场所的事件，分类细化保护。传统街道空间大多是线型空间，不同的场所往往会有不同的事件发生，因此各处的场所意义不尽相同。不能将某条街道空间粗放地作为一个简单的场所进行保护，而应该分析不同的街道空间的场所，按照空间位置分别进行研究保

护。从前面对街道空间的分析可以发现，一条街道空间经常包含有不同事件，因此不同位置空间场所也略有差别。交易区、喝茶交流区、居住区可能连续出现在街道空间中，分事件进行分段保护是传统街道空间保护的重要方式。

③重点保护传统街道空间中的节点

节点包括街道中局部的变化处、街道空间的交叉点以及广场，它们是街道空间和事件发生的重要空间场所。保护节点在很大程度上能够使街道空间保持较强的连续性，关键事件的发生往往在节点，并且从节点向街道空间发散。特别是街道空间的转弯处，无论是其自身的弯曲变化还是与其他街道空间相交而变化，都形成了人流、物流的转向，事物像水流一样在此场所形成停留，空间形态为适应这样的变化而出现一定的改变。节点在赶场交易的时候一般表现为容纳的事物多，人流涌动，而在平时常成为老人、小孩娱乐的场所，因此保护节点空间对保护事件有重要的作用（图5-5）。

图 5-5　交叉口节点（重庆松溉）

（二）保护与复建

古镇中的传统街道空间部分损毁，在保护与开发利用之间取得平衡是最好的方式。要注重传统街道空间原有的形态肌理，不能因为开发而去破坏其空间形态。对于局部受到破坏的街道，特别是限定街道的建筑界面已经被破坏，建议分情况进行保护与利用。

1. 原址复建

如果建筑已经坍塌，部分可采取原址复建的方式，特别是重要的公共建筑，因为它们对传统街道空间的影响巨大，一定程度上也属于街道空间的延伸。如在洛带古镇中的湖广会馆，通过修缮恢复并在外部增加云墙，增强了街道空间的文化特征，并形成了节点（图 5-6）。对于民居，如果大面积破损，对街道空间的限定产生影响，则应该参照传统民居的形式进行复建，如果只是局部破坏，对街道空间影响较小，可保留现状形成绿化景观小空间，以增加街道中的活力，也可根据具体情况复建。

图 5-6　湖广会馆（四川洛带）

2. 适当改建

如果传统建筑已经被相对较新建筑替代，可根据当前建筑的类型与形态进行分析。如果是普通民居，将其风貌进行整治，通过对材料、檐口等的改造，使其具备传统建筑的特征，以增强街道空间的传统性。如果是大型较高的现代公共建筑，对街道空间的形态、意义有较大影响，首先应该考虑拆除，在有困难无法拆除的情况下，则应进行坡顶和檐口的改建以弱化其影响（图 5-7）。要根据不同的街道空间特点决定对现存建筑的修复、改建或者拆除，因地制宜，尽力维护原有街道空间的形态特征和场所意义。

图 5-7　街道中现代建筑的改造（四川横江）

3. 事件营造

研究原有街道空间的类型，根据类型判断街道空间的属性和场所意义，在此基础上，将部分传统事件植入空间中，以求传统街道空间表达文化意义。当然，很多传统的事件随着时代的变化已经逐渐消失，但部分事件还可以进行适当营造。有些街道属于传统的商业交易场所，可在此逐渐完善商业店铺，增加商业活动，如果还保留有赶场的习俗，则可充分利用以增加街道空间的活力。有些街道空间属于居住性质的通路，对于仍然还在使用的民居，在形态与空间上保持外观原样，以维护传统街道空间的特征，内部可进行现代化设施的改建。有些街道中会馆云集，此时街道空间有聚集的属性，会馆又是传统文化的符号，可利用当地文化在街道空间发起有聚会属性的民俗活动，以呼应街道空间的意义。传统街道空间的利用不能简单地引入商业开发，而是要根据分类特征将不同的事件引入古镇，促进传统街道空间的保护与发展。

（三）整体整治与打造

对于破坏较为严重的传统街道空间，可以先对街道空间的情况进行评估。如果街道空间形态与格局相对完整，界面和节点破坏严重，可采用全面更新开发的策略，在保证街道空间形态与格局的前提下，将界面复建为传统特征。而街道中的事件此时已经缺少了存在的基础，因此可对街道进行整体更新，开发商业以吸引游人。如果街道空间中以前存在着会馆、寺庙等重要的历史文化节点空间，可将公共建筑或者重要节点复建，以增加街道空间的文化性与场所感，增强人的到达与定位感。如果街道空间形态与格局已经不复存在，可提取传统街道空间的文化与意义，突出地域文化特色，在原址基础上进行全方位的设计开发以形成商业街道空间。

1. 采用传统街道空间方式

例如成都的宽窄巷子采用仿古形式的设计，形成了以宽巷子、窄巷子、井巷子为主干街道空间的历史文化街区。其街道空间的界面形态较为丰富，有可拆卸木板门组成的柔性界面，有砖石形成的硬界面，也有以竹

装饰的植物界面。从空间上看，除了三条主要街道空间，还形成了连通几条主要街道的小巷，形成“依从性”街道。其空间经过设计，硬界面加强了小巷的通过性，减少了滞留性，墙上的画又使人驻足观赏，成为展示空间（图5-8）。在街道空间的局部有广场等小节点，丰富了街道空间的场所功能，在景观上也与传统街道空间意向相吻合。空间上，两侧建筑采用三种形式与街道空间相衔接：其一是建筑内空间与街道空间通过木板门联系；其二是建筑以前部院落与街道空间联系，院落的矮墙成为街道空间的界面，一般为砖石砌筑，上面开传统花窗或者玻璃窗，院落与街道空间在一定程度上得以沟通；其三为传统院落通过大门与街道空间联系，使院落成为街道空间的延续（图5-9、图5-10、图5-11）。一、三两种空间联系方式与传统街道空间组织方式完全一致，在一定程度上说明宽窄巷子是按照传统街道空间组织形态和空间场所来进行商业开发，但其在原有地址上的彻底新建，牺牲了传统街道空间的原真性。

图5-8　宽窄巷子依从性街道（四川成都）

图5-9　宽窄巷子木板门界面（四川成都）

图5-10　宽窄巷子院墙界面（四川成都）

图5-11　宽窄巷子院落大门（四川成都）

2. 以传统文化为基础开发

例如成都太古里，以大慈寺历史文化街区的多个节点为基础，以梁架穿斗符号和大玻璃为主的现代设计手法形成了多层建筑为组团的商业区，成为现代特色为主的街道空间。虽然是现代基调，但街道空间在局部适度弯曲，屋顶的檐口高低错落，以及部分廊空间的运用，一定程度上体现出川渝传统街道空间的特色。大慈寺内部的院落空间也与太古里街道空间连通，形成了商业与文化融合的场所意向，这也是太古里成功的重要因素。但是其现代建筑风格特征与大慈寺传统建筑的形态冲突过大，太古里街道空间中随处可见的高楼大厦使此街道空间的场所意向有所削弱。

只有在符合人们的某些特定需求、具备特别的功能或者一些特殊的艺术特征时，新建的仿古街区才有活力。例如成都的锦里，虽然是全新的仿古景点，但因为其紧靠武侯祠，作为武侯祠空间节点的扩展，开发较为成功，极具人气。锦里的街道空间以川渝地区传统街道的小空间为尺度，形成休闲空间。中间的戏台空间成为前部街道的节点中心，将街道空间引导分成了两部分——通过戏台后的购物休闲空间和绕过戏台的小吃街。两条街道空间平行发展，两者之间通过具备休息功能的小巷联系，最后又汇集在牌坊广场。通过戏台后的购物休闲空间两侧为木板门，使其成为典型的川渝街道空间。因为街道空间短而直，中间以石砌门进行隔断并适当阻挡视线，形成空间分隔，丰富了街道的空间层次（图 5-12）。与购物街平行的小吃街以半边街的空间形态为主，隐喻着某种次要交通空间，主次空间形成锦里整体空间格局。牌坊广场后紧接着是另一个更大的广场，它衔接着锦里的一期和二期。二期街道空间通过一座小桥与广场部分相连，主体街道空间呈现为“L”形，虽然街道不长，但街道的形态不能让人一眼看穿，转折处形成节点。主街道两侧设计了小水沟，水沟在街道空间的局部放大，使街道成为水陆并行的格局，横断面上形成了一定的层次（图 5-13）。而街道背侧临水面又以宽大的柱廊形成了檐廊空间，成为人们休闲的场所（图 5-14）。街道空间中的院落正门联系主要街道空间，后门联系水边檐廊空间，院落成为二者的连接体，属于街道空间的扩展。如果前门或者后门封闭，则成为典型的室内空间，正好体现了川渝传统街道空间“进入”与“认定”的定义。水边廊空间处于边缘地带，成为“空间交接”的地方。在廊空间与主要街道空间之间又设计了一些小路来加以连通，形成了“依从型街道”。因此锦里街道空间实际上形成了点、线、面的空间构成方式，它是川渝传统街道空间的复建。

图 5-12　锦里街道中的门（四川成都）

图 5-13　锦里街道中的水（四川成都）

图 5-14　锦里街道水边廊（四川成都）

三　体系的保护与开发

对传统街道空间体系的保护与开发涉及很多具体的做法，要以整个传统街道空间体系为基础进行综合充分考虑。

（一）空间体系的保护

1. 较完整的街道空间体系

（1）道路体系

道路是川渝传统街道空间形成的前提和基础，街道空间的形成基于道路的运输、交易，这也是川渝传统街道空间形成的最大特点。因此道路原有的格局是必须充分保护的，包括道路的宽度、走向、形态。

道路的铺装材质主要为传统的石材，如果有损坏，则应用石材重新铺装，不能用水泥维修路面（图 5-15）。应充分保护道路两侧的路缘石，路缘石形成了街道的高差，是街道空间划分的重要组成部分，限定了主体空间与边界空间，也是事件的转换之处（图 5-16）。从地界面的角度看，它又是街道空间的重要导向因素，维护好地界面的划分是保护好街道空间格局的重要前提。道路的走向、形态则与两侧建筑关系密切，因此侧界面体系与道路关系密不可分。

图 5-15　维护地界面原有铺装肌理（重庆金刚碑）

图 5-16　保护路缘石形成的导向性与空间划分（四川新溪子）

（2）界面体系

起决定作用的是控制街道空间风貌的建筑侧界面。原生态的街道空间，侧界面材料以木材为主，混以部分砖、石、土等材料，保存大多比较完整。街道空间局部可能混杂着新建筑的形态，这实际上是传统街道空间随着年代的发展在逐步自我更新，属于发展的规律。要保护这种原生态的街道空间，就需要遵从社会发展的规律。局部可采用传统材料贴面弱化侧界面外观的现代化，对少量存在的现代建筑界面可以适当保留，以体现传统街道空间的发展和变化。保护策略一旦实施，街道空间的整体风貌就必须控制，不能再进行大拆大建。局部新旧建筑的交叉呈现，成为这个街道空间历史发展的表达。如果两侧建筑保存完好，应注意建筑界面的保护，以维护传统街道空间的整体风貌景观。

有些街道两侧建筑损毁严重，只剩下沿街界面，此时可利用沿街界面保持街道空间格局与形态的完整，而在侧界面的背后发展新的建筑空间，促进街道空间各种事件的发生，以保持其活力。这类街道空间在保持其原有功能和属性的前提下，需要引入和街道空间相适应的功能，不能过度商业化。以前是商铺的可在界面后新建商店，是居住的可恢复部分居住功能，甚至建设传统客栈。特别要注意的是，部分街道空间本来就是以居住功能为主，界面主要为砖石，相对封闭，一般开普通的门和窗，因此在这类街道空间中要保持其生活气息，要以生活物件配合界面形成居家气氛，例如各家各户门口的洗衣台、洗手池等（图 5-17）。至于半边街，其商业气氛一般较弱，除保护好一侧的原有建筑界面外，一定要保护好另一侧的自然环境，包括河、树、石、山等自然元素。特别是有的半边街山石上有文化遗迹，例如篆刻、栈道留下的孔、堆砌的堡坎等等，属于半边街重要人文因素，应该结合街道空间的氛围进行全面保护（图 5-18）。

有廊的街道空间需要保护两个界面：其一为廊与街道主体空间的交界面。需要保护柱廊空间的列柱，需要保护檐口线和地面高差线，列柱要保护其原有的形态与材质，并与其他柱形成阵列，以保护柱廊的整体性和原真性。柱的材质一般有三种，红砂石、木、砖，木和风化的红砂石比较容易体现出历史的沧桑感，而砖砌柱则体现出近现代感，三种材质的柱在街道空间中同时出现，说明了街道空间在不断发展与更新中。材质、位置和形态使柱廊成为传统街道空间特征的重要体现（图 5-19）；其二，廊内建筑主界面也是重要保护对象。廊作为半公共活动空间，多出现于交易性的街道空间中，建筑界面以虚界面为主，要充分保护与廊连通的以木为主的建筑虚界面，这样才能使建筑空间、廊和街道空间贯通，充分发挥其场所意义。

同时还应充分保护顶部檐口线的形态与特征。檐口线的走向与街道空间的走向高度吻合，随着建筑或者下部檐廊空间的变化，局部檐口线会发生转折。要保护街道空间的传统性，必须要维持檐口线形态的转折变化。两侧檐口线距离决定了街道的空间感，距离越近，街道空间越接近室内场所。要保护檐口线间距的自然变化，从而体现出街道空间场所变化导致的社会事件的发生。

有两种特殊的檐口：其一为像罗城、肖溪那样的柱廊街，廊檐口线组成了船形空间，因此保护檐口线则显得更为重要。狭窄之处两侧廊中间的排水天沟对着上方的檐口线，以利雨水下泻，在这个特定的地方，檐口线不仅仅是空间限

图 5-17　保护好街道两侧的传统生活物件（重庆三倒拐）

图 5-18　保护好街道边上已有的堡坎（重庆三倒拐）

图 5-19　不同材质的柱（重庆板桥）

图 5-20　街道中间的檐口线与排水沟（重庆板桥）

定，还具备特殊的功能（图 5-20）；其二是像中山古镇那样，檐口线大量消失，两侧利用同一屋架，使街道空间成为“室内”意向。这两种檐口线分别扮演着“限定”和“消失”的角色，很大程度上是对灰空间场所的解释。

（3）空间体系

在道路、界面比较完整的前提下，传统街道的空间形态一般都比较完整，不仅要保护其形态上的完整，还要保护与空间形态相关联的事物。传统街道空间中最主要的事件就是交通、交易和日常生活。现代化的交通一般不再利用传统街道空间作为交通路径，因此可以保留非机动交通工具在街道空间中的通行，并可在特定的日期利用传统的交通工具在街道中进行表演，例如鸡公车、轿子、马车等，以表达场所中的意义。在较偏远的地方，很多传统街道在特定日期仍然保留着交易，例如华头、云顶等，这种交易仍然是当地人比较重要的物资获取方式，因此在一定时间段保留这种原生态的事件是必须的。在经济发达地区，这种原始的事件往往不再存在，或者只是少量夹杂在街道空间中。此时可在一定范围内通过商业行为保留这种习俗，使街道空间定期具备较多的交易属性，形成传统场所意义。但商业化不宜过度，同时可充分利用传统街道空间中的部分居住功能，适当缓冲商业化的冲击。街道的生活属性主要体现在世俗性，包括喝茶、打牌、饭后门口的谈天、儿童在街道中的嬉戏等，保留这种传统休闲的生活模式可充分体现出街道空间的原生态。但这种生活事件随着社会的发展受到了严重的冲击，特别是大城市附近的古镇，传统事件的消失导致街道空间场所破坏严重。因此在大城市附近的传统街道空间应以空间形态保护为主，适当改善生活方式，引入商业，提升传统街道活力，以加强对客源的吸引，繁荣经济，以求保护好街道空间的整体格局。

传统街道中的寺庙等公共建筑，是夹杂在世俗中的神圣场所，属于空间中的节点，住民对它们的崇拜或者认同决定了其在街道空间中的地位。部分街道中靠几个节点就可以决定整个空间的走向，也决定了这条街道的场所氛围。节点建筑因为其等级较高，界面的特殊性对街道空间形态有一定的影响，同时节点建筑的院落与街道空间连通，其外在的建筑形态也影响着街道界面。因此，对重要的寺庙、祠堂、会馆等进行界面、空间和形态的保护，也是维护传统街道空间形态与文化意义的重要措施（图 5-21）。

图 5-21　贡井老街的南华宫界面（四川自贡）

街道空间周围的环境属于街道空间的拓展，与街道空间成为一个有机的整体。其主要分为两类：一类为街道外侧的人为农耕环境，农耕与传统街道空间中的文化意义息息相关，是传统街道空间形成与发展的物质、经济基础，它的存在为街道空间场所的发生提供了前提；另一类为街道空间周边的自然环境，包括山、河、树等，为街道空间的发生提供了基本存在条件，特定的环境会决定传统街道空间的形态与特征。所以街道空间周边的自然和人文环境应得到充分尊重和保护。

2. 损毁严重的街道空间体系

（1）道路

道路形态与走向一般变化不大，但铺地肌理需要重新营造，可采用条石进行铺装，适当恢复街道空间的场所感。

地界面可采用横竖铺装的方式，中间采用横铺，两侧采用纵铺，或者采用相对无规则的石材铺地，划分出传统道路的肌理。地界面可根据交通的关系，适当划分高差，与周边建筑出入口形成灰空间，丰富街道空间的层次。

（2）界面体系

道路侧界面材料一般都发生了变化，传统的材料相对较少。在界面的处理上可适当弱化现代的材料，以木构件局部适当装饰，但不宜完全装饰，以适当保留侧界面历史发展的痕迹。对于残存的传统界面应尽量保护，局部可增加檐廊丰富侧界面的层次。

（3）空间体系

虽然建筑或者界面破坏严重，但只要空间体系完整，在传统经济的作用下，传统的交易、生活以及日常的交流也会在街道中发生，只不过在现代生活的冲击下往往显得不够典型。例如传统的交易会利用开启的建筑木板门，而当两侧是现代建筑的时候，建筑空间与街道空间的交流性相对弱化，特定的事件在建筑内部空间发生的可能性较低，事件主要集中在街道的主体空间中。镇中居住的人往往逐渐退出农业活动，而周边从事农业活动的人则会定期来到镇上进行活动，促使事件的发生。

街道两侧界面的间距一般不会发生太大的变化。当前较高的现代建筑破坏了传统街道空间的顶界面，可通过加廊的方式在视线上遮挡相对较高的建筑形态，并丰富街道空间的层次。廊的加入，使街道事件的发生多了一个场所和空间，促使更丰富的事件在灰空间中产生。

廊空间的增加需要分析街道中的几个因素。其一为街道的宽度，只有在宽度达到一定尺寸的前提下才能通过柱廊增加街道空间的层次，柱廊可以双侧或者单侧使用（图 5-22）。对于较为狭窄的街道，可使用无柱廊，利用较大的出檐形成灰空间。其二为街道空间的属性，比如纯粹居住属性的街道就不宜通过加柱廊的方式来体现空间层次，但可通过加檐口形成屋檐交流空间来增加街道中的生活气氛。

图 5-22　单侧加廊的街道空间（四川上里）

（二）开发的意义

川渝地区传统街道空间代表了一个地区的建筑文化与风格，对它们的研究有助于对其进行保护与合理的开发利用。同时传统街道空间主要存在于古镇中，因此对它们的保护与利用有助于历史文化遗产的保护，从而建设美丽乡村与特色小镇。

第一，从最根本上来说，传统街道空间的保护就是文化遗产的保护。川渝地区的传统街道空间在很大程度上体现着这个地区人们的生活空间、生活方式。特有的传统建筑在街道空间中呈现，形成了本土文化的氛围和格局。保护街道空间，有助于维护整个街道空间的形态和建筑体块关系，为传统事物的发生与延续提供了基础，也为传统单体建筑的保护提供了先决条件。同时古镇由多条街道空间组成，保护好街道空间有助于维持整个古镇的空间格局，为历史文化村镇的整体保护提供了保障。

第二，保护传统街道空间能够推进川渝地区美丽乡村的建设。川渝地区历史悠久，文化丰富，形成了大量传统街道空间。它们很多介于村落和城市之间，体现出独特的乡村风貌，保护这些传统街道空间能够充分体现川渝地区的风土人情和文化特征，展现地域文脉特点，成为美丽乡村的重要组成部分。特别是当前还保存完好、具有生活气息的街道空间，诸如川南的木城、罗目、罗坝、华头、止戈等，充分利用现有的资源进行美丽乡村建设将达到事半功倍的效果。

第三，有的传统街道空间被现代化浪潮所破坏，但其基本格局尚存，因此可在街道空间中保持当地文化传统，诸如赶集、交易等传统事件，利用当地的特色文化遗产建设特色小镇。如果说传统街道空间保留完好的古镇本来就属于特色小镇，那么以某种文化形成特色小镇也是当今村镇建设的重要方式。

四　文化结构特征与保护

上面谈到的都是一些具体的措施，实际上所有具体的保护方式都要建立在对文化结构的认知上，并保护建构中的要素和环节，才能起到保护的效果。

在街道分类的时候，谈到了街道空间的建构，它包括环境、建筑和事件的组合。在建构过程中，相互之间的关系非常重要。对应前面建构提出的四个要素，要保护三个方面的结构。

①时间、空间结构。

②事件与其融合场所的结构

③文化景观与街道的结构

这三方面的结构实际上是紧密结合在一起的，最基本、最抽象的表达通过各种层面上的文化景观具体表现出来。文化景观由不同的场景构成，小到局部生活，大到整个街道以至于整个古镇。文化景观内由固定元素、半固定元素和活动元素（主要是人）组成，形成事件。

从第①点来看，在传统街道空间中，人们除了生活在空间中，也生活在时间中，人们常根据时间来组织活动，例如赶场的时间，宗教活动的时间等，从而使街道空间在不同的时间呈现出不同的形象，虽然空间可以对事件进行划分，但时间上安排的随意变化可能会导致街道中更多的矛盾，例如不按固定的时间进行赶场，随之而来的是物资交换的不便和对街道生活的干扰，甚至引起街道住民的反感。街道中的空间变化、边界转折、不同人群的行为引出了活动和交往，但有明显的规则进行控制。规则可以指导人们的行为，决定着人们在街道中的生活方式以及各种角色的区分，街道空间中的习俗是重要的规则之一。街道空间由其本身及其扩展空间组成，它的建构联系了从公共到半公共，再到私密的空间体系。这也要求在恰当的时间发生正确的事件。街道空间包含有很多不同的场景，可以是空间的，也可以是时间的（图 5-23）。

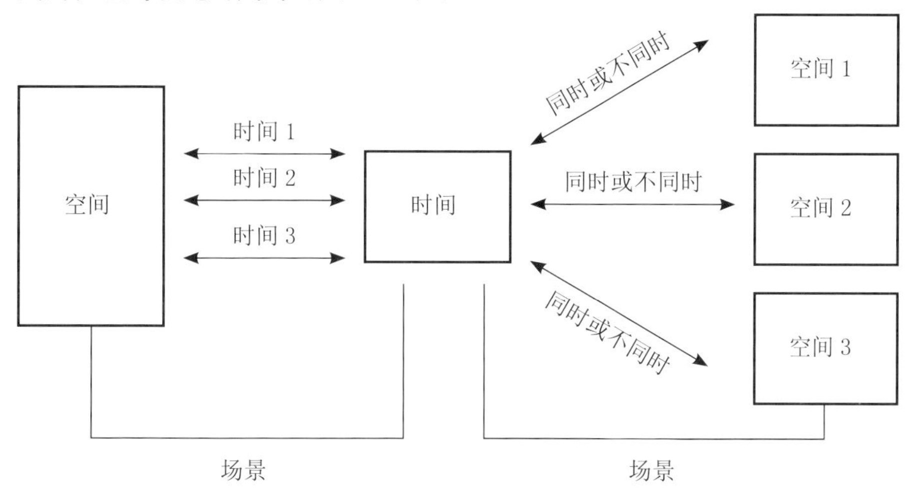

图 5-23　时间、空间结构图

第②点上，街道空间包含的的社会建构决定了行为发生的状态。文化的差异能够形成建构的界限，而事件的不同形成划分的边界，事件可按固定元素（墙、柱、河、石等自然或者人工元素）、活动元素（人）、半固定元素（临时棚架、遮阳、摊位等）划分。固定元素往往形成了明显的分隔，形成功能分区，诸如建筑的外界面区分了室内外，私密场所与公共场所得到了明确的区分，街道空间与建筑空间也因此得以区别，内外事件会呈现出典型的不同。活动元素就是指人，人扮演各种角色在街道中移动会带来事件位置的变化。半固定元素在街道中的出现会限定临时空间与场所，随着他们位置的改变也会导致事件的变化，同时也成为一种事件发生的重要提示。这些街道中的构成与人的行为通过潜在的规则进行联系，场所事件正常的运转得益于清晰稳定的规则。因此街道空间的事件一般在一定的场所按照规律发生进行，例如街道中的水井，常常在一定的时间聚集住民进行交流，成为交流空间，在赶场之日又成为交易空间，街道边的廊平时可作为通路，赶场时也演变成交易空间，说明事件必须在恰当的场所空间发生。规则上临时的转变导致街道空间中活动的巨大差别，街道中的事件根据空间属性选址发生，同时事件在一定程度上塑造着街道空间的形态特征（图 5-24）。

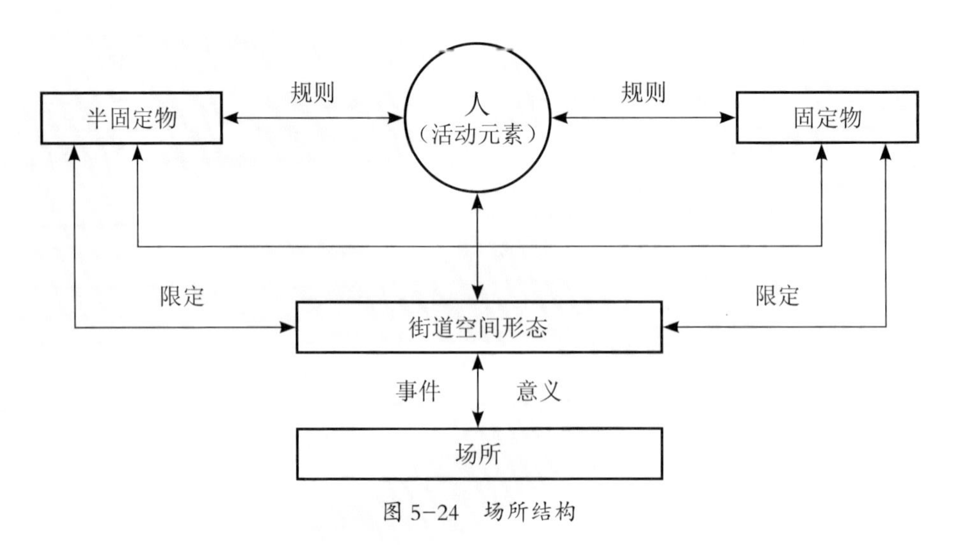

图 5-24　场所结构

第③点上，文化景观实际上是以街道空间为背景，形成的特殊活动，前面谈到的交易、嬉戏和各种特殊的活动都属于文化景观，是街道中人的活动与街道环境相互作用的结果。传统街道空间很大程度上从川渝地区的农耕文化而来，其周边种植的水稻、小麦以及各种经济作物与其居所、林盘和场镇构成了一个统一的体系，成为一种文化景观，这里强调的是街道中行为与街道场所的关联性。传统街道并非按照人为设计而产生，人为设计的空间在其中只是极少数的一部分。多年的沉淀和积累使得赶场成为一种习俗和文化景观，街道空间中的元素有很多为其而存在。而一部分有特殊纪念意义的街道则通过特殊的活动加强了与街道的关系，例如前面谈到的罗城，船形的街道赋予了整个古镇的隐喻，而在街道空间中进行的灵官求雨活动形成了典型的文化景观，与船形街的“水”意向形成呼应，成为典型的文化建构。在阆中的传统街道中，因为三国文化，张飞巡街也是一种典型的文化景观。由此看出街道中的事件实际上与街道一起建构了一种文化景观（图 5-25）。

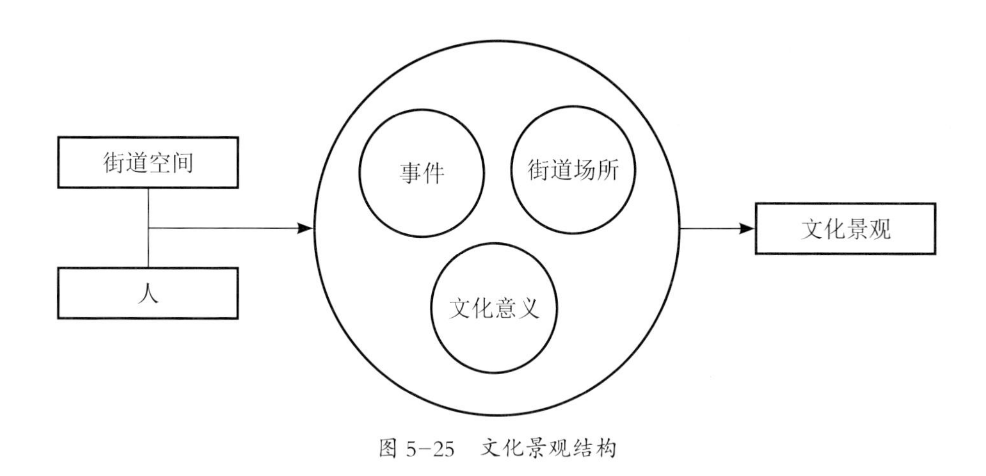

图 5-25　文化景观结构

由此看出三个方面的结构实际上是一种呼应关系，保护这种内在的结构有利于保护传统街道空间文化建构。

小结

从以上保护与开发策略看，除新建的仿传统街道空间外，传统街道空间的保护与开发应该根据街道的具体情况进行。特别要注重街道空间与传统事件的结合，有传统事件的街道空间才真正具有可持续发展的生命力。

对保存完好的街道空间应该保护其空间特征的原真性；局部有损坏的可整体保护，局部修复；整体破坏严重但还存在街道空间格局的可以整体打造。同时对不同类型的传统街道空间应该采用不同的方式进行保护与开发。

从建构过程看，应该保护其内部的结构，首先要明确街道中时间与空间的关系，其次要理解街道场所的结构，最后要认知文化景观的特点，三者相互联系，紧密相扣。

结语

传统街道空间由垂直界面、水平界面、顶、端围合而成。垂直界面以木构为主，兼有石、砖、土等材料，总体形成了有利于交易的特征。街道边的柱廊进一步扩大了交易空间，形成空间交接，成为各种事件交汇的场所。作为道路的水平界面，直接承担着以交通为主的各种事件，通过地面材质肌理的变化，一定程度上区分了街道的功能分区，在街道中间形成主通行功能区，靠近建筑形成通行、交易、私人活动等区域，特别是有高差的时候，形成了相对明显的功能划分。檐口线作为街道空间上部的限定，其间距与形态决定着街道的空间属性，檐口线之间的空间成为街道与天空的联系通路，间距窄或者连接在一起使街道空间演变为特殊的室内空间，间距宽使街道空间与天空交流，因此顶成为街道空间“内”与“外”属性的重要决定因素。街道空间长度上的限定在于端，有的为硬限定，表现为城门、寨门、栅子门，多出现在对外防御性较强的街道中；有的为软限定，表现为街道出入口的小桥、大树等入口空间，多出现在对外较开放的街道空间。端不仅仅成为街道起始或者终末的节点，在一定的条件下分隔了城乡，成为心理上的界限。

传统街道空间由主体空间、灰空间、广场空间、沿街建筑空间、隐秘空间和特殊空间组成。主体空间为街道最主要的组成部分，由长度、宽度、比例等控制，其意义由界面特征、街道包被情况及事件所决定。灰空间主要由檐廊、柱廊、门洞组成，表达出空间交接的属性，是最容易发生事件变化的空间。在川渝传统街道中的广场一般都自发形成，依附于街道，形成各种类型的节点空间，是事件聚集的场所。少数特殊的广场具有象征理念，形成特殊的形态。沿街建筑空间的开敞性常与街道连为一体，成为一种多功能空间，体现出传统街道空间中建筑空间功能的多元性。

在功能与社会学意义的前提下，传统街道空间可以划分为认同型、依从型、行为滞留型、仪式型、进入型、内聚型、居住型通道七类。认同是最重要也是最根本的意义，在认同的前提下，街道空间有了场所的意义，才能进行与传统文化相关的活动，反过来又进一步促进对街道的认同感，行为滞留型与仪式型街道都基于认同某种事件和文化而得以生成。内聚

型街道是一种倾向于街道的建筑内部空间，兼具外部与内部事件的认同性。进入型、依从型和居住型通道他们的认同性相对较弱，交通属性相对较强。

认同使街道获得了场所意义，认同并包含很多小认同，区分了街道中很多小的空间场所，诸如买、卖、观察等领域。因此形成了从“顶位聚集”到“子聚集”的层级结构。川渝传统街道空间在认同的基础上，对环境系统进行整合与集成，物理表现为街道空间横向、纵向和垂直向的定位，同时使事件发生产生定位，即在恰当的地方发生恰当的事情，事件的发生又加强场所属性。定位也具有移动性，随着人的移动，场所也随之改变，诸如交易、聊天、棋牌的地点变更，舞龙行进路线的变更，多样事件的互动定位了街道空间的属性。川渝传统街道空间有刺激、安全、标识性三种重要的表达方式。刺激促进场所生成，川渝街道空间具有相对的安全性，使得各种事件能够发生和延续，不同的街道空间都或多或少有其标识性，例如，板桥镇的廊、罗城的船形街、柏林沟的魁星楼等。定位后的街道被充分利用，传统农耕文化及相关半农半商事件进入到街道中发生，并相互融合，同时根据不同的事件与空间场所又逐步分化，最终成为一种连续性事件的过程，最终事件充分利用了自然环境和文化环境，成为一种文化景观。人生活在传统街道中，经历各种事件，必行会对街道空间进行理解，因为适应其自身的生活，形成潜在的“美感”并形成生活意义上关于天、地、人、神的理解。实施是在理解的基础上，依照川渝地区的文化结构建立街道空间，它实际上与认同、理解、融合等是同时发生的。这个过程实际上是将符号和图式转换成具体的街道空间，统一了神圣与世俗，形成一个有机的组合。在街道空间的形态关系和空间关系上都体现出格式塔的属性，空间格式塔使街道中各种空间相互映衬与咬合，各种活动与事件也因此相互交融，各个空间形成了场所意义的连续与契合。形态格式塔主要通过建筑界面上的构件体现，以木结构为主要特点的穿斗构件是街道空间的具体符号，包括柱、梁、屋顶、穿枋、木板门等，不仅呼应着周边的环境，而且成为川渝传统街道空间的图式语言。

通过对比川渝各个区域的传统街道空间，虽然形态上的大同小异，但街道空间表达出不尽相同的文化属性，但交易文化是其根本。传统街道空间在川南、渝南地区以宽大的柱廊体现出象征、防御的属性，川东、重庆地区以堡寨文化、盐业文化为表达，川北以魁星文化、风水文化为引领，川西以农耕、河运、交易以及茶马古道为特色。

从川渝传统街道空间的保护来看，要从空间和界面两方面进行保护。要特别注重街中现存传统事件的保护，即注重文化的保护与传承。从更深层次看要保护其时空、街道场所和文化景观的建构。

川渝地区地处中国西南，保留了大量有地域文化特色的传统古镇，体现历史文化名镇文化特点的传统街道空间占有极其重要的地位。伴随着西部开发与城镇化建设，许多历史文化名镇的街道空间日渐式微。因此，对典型的川渝地区历史文化名镇街道空间展开系统调查与记录，对于今后本地区历史名镇的保护有着重要参考价值。同时，对川渝历史文化名镇街道空间的社会文化、意义进行解读，对于将来川渝地区新型小镇规划、设计和建设有着重要的指导意义，为建设有地域特色的小镇打下坚实的基础。

我国的城镇建设正处于城市化的巨大浪潮中，历史文化名镇与其内部的街道空间也不例外。在城乡统筹的背景下，新农村小镇如雨后春笋般涌现，但由于缺乏对社会文化、意义的深入把握，各地代表新农村的小镇千篇一律，缺乏地域特色。在此背景下对传统街道空间的文化、意义进行研究，凸显出对于今后新型小镇建设的重要指导价值，有助于建设有地方特色的小镇。

附录一

四川简阳石桥传统街道访谈

在调查简阳石桥传统街道的时候，随机采访了一位茶客，男63岁，姓余。（以下问为笔者，答为当地住民余师傅）

问：请问您是天天到这里喝茶吗？

答：差不多，只要不刮风下雨，基本上天天来。

问：您来这里的目的是什么呢？

答：在屋头不好耍，这里有人，有朋友，可以吹牛，还可以打牌。

问：那您来的时候碰上赶场，会觉得拥挤吗？自己买不买东西呢？

答：不挤，赶场时候还可以碰到熟人，更安逸。一般自己不买东西，有时候熟人会送我一点。

问：家离茶馆远不远呢？

答：不远，走路10几分钟，方便得很。

问：您现在也不上班，家里还有其他人吗？收入来源呢？

答：家里还有婆娘（老婆），她喜欢去跳舞，个人耍去了。我喜欢喝茶，打牌。有两个儿子，都去外地打工了，小儿子个把月回来一次，大儿子一般春节才回来。他们每个月都给我转生活费。

问：您住在新镇还是老镇呢？您喜欢新镇还是老镇？

答：我住新镇里，儿子在新镇买了房子，我就住过去了。但新镇那边朋友少，这个茶馆也是我和几个朋友一直耍的地方，所以一般都到这里来。但是新镇那边房子条件好些，就住那边了。老镇我还有个老屋，漏雨了，很少去住，一般堆点东西。

我实际还是喜欢老镇这个气氛，特别是街上的感觉巴适，就是住的条件不好。我们这里的人都喜欢住新房子，老房子潮湿、漏雨，连上厕所有不方便。如果有人把我的老房子能翻新一下就好了。

问：每天在茶馆待到几点呢?

答：一般待到 12 点左右就回去吃饭了。饭后就在家睡瞌睡，下午一般不再到茶馆了。个别时候朋友约，也去茶馆待会儿，但下午大多朋友些都不在茶馆，我也去得很少。

问：您以前是从事什么工作的?

答：以前就是种地，后来地被占了，就没有种了。你看周边，哪儿还有地哦，镇上的人基本都没种了。

问：那您对目前的生活状态满意吗?

答：就这个样子，反正也不愁吃穿，也过得自在，钱也不多，主要靠儿子收入。泡茶馆也就每天花几块钱。即使打点牌，输赢都在 10 元左右，图个好耍。

通过访谈可以看出，老人对传统街道空间的氛围存在着好感，但对传统街道空间中民居的居住条件不满意。

附录二

重庆中山古镇传统街道访谈

在调查重庆江津中山古镇传统街道的时候，随机与一位住民聊天，姓周，当地农家乐店主。（以下问为笔者，答为当地住民周师傅）

问：请问您是一直住在这老街上吗?

答：是的，和老婆一起经营农家乐。

问：生意怎样?

答：还行，这条老街人气比较旺，住户比较多，又是重庆十大古镇之一，特别到了周末，游客更多，生意更好。

问：这条老街挺有特色的，特别是街上部被屋顶覆盖，您感觉如何?

答：我们这条老街住的人比较多，大家相互之间都比较熟悉，街顶被遮住很好，在街道上活动的时候不会被日晒雨淋，安逸。赶场的时候也不怕下雨了。

问：你们一般在街道上有些什么活动?

答：那多了，平时大家都在街上聊天、麻将。赶场的时候就腾出位置，让一些周边乡坝里的人在街上卖东西。因为他们常来，所以和我们也很熟悉。我们有时候请他们吃东西、喝茶，他们也带点东西送给我们。

我们这里在街道上最有意思的是“千米长宴”，就是大家每年都要在街道上办一次宴会，将就街道的屋顶下举行。因为整个街道长就是一千多米，整个街道都摆满，所以叫千米长宴。

问：举办长宴的方式是怎样的呢？

答：先要杀条猪，把肉都免费分给整个街道上住的人，叫大家做准备，这个也算一种准备仪式。每家人提前几天做几样菜或者小吃，街道中每个人在宴席前几天拿着碗筷到街上走一走，走家串户品尝各家做的菜，随便吃，我们这叫“吃百家饭”。吃后大家可以提建议，但一般都好吃，而且边吃边聊，大家关系好得很。

宴会那天，基本上所有人都把临街房间门打开，在街中间摆桌椅板凳，不够摆的，往街边房间里面摆，因为街上有顶子，所以根本不怕落雨。

问：这个吃饭方式有点意思。所有人都在街上吃饭，那交通都不方便了啊？

答：不存在，所有街上的人都在吃，同时老街本没什么交通了。唯一重要的就是上菜要麻烦点，距离长又不好走。但我们这有个杨师，有传菜的绝活，这里叫“打盒”，主要是头顶很多菜，同时手端菜，穿过拥挤的街道，菜也不会翻，这个绝活也吸引了很多游客来看。

问：那宴席那天这里一定非常热闹啊。

答：是啊，除了本地人一起在街中吃饭，还有很多游客来耍，他们也加入宴席中一起吃，更加热闹了。

通过访谈看出，住民对传统街道普遍存在着亲和感，并将街道作为公共活动空间。“千米长宴”利用街道演变成当地一年一度的民俗。

参考文献

1. 庄林德，张京祥 . 中国城市发展与建设史 [M]. 南京 : 东南大学出版社，2002.
2. 彭一刚 . 传统村镇聚落景观分析 [M]. 北京 : 中国建筑工业出版社，1992.
3. 段进，龚恺，陈晓东，等 . 世界文化遗产西递古村落空间解析——空间研究（1）[M]. 南京 : 东南大学出版社，2006.
4. 段进，揭明浩，等 . 世界文化遗产宏村古村落空间解析——空间研究（4）[M]. 南京 : 东南大学出版社，2009.
5. 李先逵 . 四川民居 [M]. 北京 : 中国建筑工业出版社，2009.
6. 季富政 . 巴蜀城镇与民居 [M]. 成都 : 西南交通大学出版社，2000.
7. 季富政 . 三峡古典场镇 [M]. 成都 : 西南交通大学出版社，2013.
8. 季富政 . 四川民居散论 [M]. 成都 : 成都出版社，1995.
9. 朱文一 . 空间・符号・城市——一种城市设计理论 [M]. 北京 : 中国建筑工业出版社，2010.
10. 王建国 . 城市设计 [M]. 南京 : 东南大学出版社，2011.
11. 沈克宁 . 建筑现象学 [M]. 北京 : 中国建筑工业出版社，2008.
12. 汪原 . 边缘空间——当代建筑学与哲学话语 [M]. 北京 : 中国建筑工业出版社，2010.
13. 费孝通 . 乡土中国 [M]. 北京 : 北京出版社，2005.
14. 费孝通 . 乡土中国与乡土重建 [M]. 台北 : 风云时代出版社，1993.
15. 费孝通 . 乡土中国生育制度 [M]. 北京 : 北京大学出版社，1998.
16. 苟志效，陈创生 . 从符号的观点看——一种关于社会文化现象的符号学阐释 [M]. 广州：广东人民出版社，2003.
17. 梁漱溟 . 中国文化要义 [M]. 上海 : 上海人民出版社，2005.
18. 王铭铭 . 社会人类学与中国研究 [M]. 北京 : 生活・读书・新知三联书店，1997.
19. 王挺之，刘耀春 . 欧洲文艺复兴史：城市与社会生活卷 [M]. 北京 : 人民出版社，2008.

20. 吴良镛 . 人居环境科学导论 [M]. 北京 : 中国建筑工业出版社，2001.
21. 赵之枫 . 传统村镇聚落空间解析 [M]. 北京 : 中国建筑工业出版社，2015.
22. 周沛 . 农村社会发展论 [M]. 南京 : 南京大学出版社 .1998.
23. 贺业钜 . 中国古代城市规划史 [M]. 北京 : 中国建筑工业出版社，1996.
24. 任继愈 . 老子新译 [M]. 上海 : 上海古籍出版社，1985.
25. 孙晓芬 . 四川的客家人与客家文化 [M]. 成都 : 四川大学出版社 . 2000.
26. 丘桓兴 . 客家人与客家文化 [M]. 北京 : 商务印书馆 .1998.
27. 顾朝林 . 中国城镇体系——历史、现状、展望 [M]. 北京 : 商务印书馆，1992.
28. 吴世常，陈伟 . 新编美学辞典 [M]. 郑州 : 河南人民出版社，1987.
29. 王其钧，李玉祥，黄建鹏 . 老房子——四川民居 [M]. 南京 : 江苏美术出版社，2000.
30. 余英 . 中国东南系建筑区系类型研究 [M]. 北京 : 中国建筑工业出版社，2001.
31. 丁俊清 . 中国居住文化 [M]. 上海 : 同济大学出版社，1997.
32. 赵万民 . 山地人居环境科学集思 [M]. 北京 : 中国建筑工业出版社，2019.
33. 陆邵明 . 建筑体验——空间中的情节 [M]. 北京 : 中国建筑工业出版社，2007
34. 王铭铭 . 村落视野中的文化与权力——闽台三村五论 [M]. 北京 : 生活 · 读书 · 新知三联书店，1997.
35. 王铭铭 . 社区的历程——溪村汉人家族的个案研究 [M]. 天津 : 天津人民出版社 .1997.

36. 王一川 . 意义的瞬间生成 [M]. 济南 : 山东文艺出版社，1988.
37. 戴志中，杨宇振 . 中国西南地域建筑文化 [M]. 武汉 : 湖北教育出版社，2003.
38. 李先逵 . 干栏式苗居建筑 [M]. 北京 : 中国建筑工业出版社，2005.
39. 滕守尧 . 审美心理描述 [M]. 成都 : 四川人民出版社，1998.
40. 李德华 . 城市规划原理 [M]. 北京 : 中国建筑工业出版社，2001.
41. 陈凯峰 . 建筑文化学 [M]. 上海 : 同济大学出版社，1996.
42. 沈福煦 . 中国古代建筑文化史 [M]. 上海 : 上海古籍出版社，2001.
43. 汪德华 . 中国古代城市规划文化思想 [M]. 北京 : 中国城市出版社，1997.
44. 武进 . 中国城市形态——结构、特点及其演变 [M]. 江苏 : 江苏科学技术出版社，1990.
45. 胡俊 . 中国城市 : 模式与演进 [M]. 北京 : 中国建筑工业出版社，1995.
46. 杨开道 . 中国乡约制度 [M]. 北京 : 商务印书馆，2015.
47. 赵旭东 . 反思本土文化建构 [M]. 北京 : 北京大学出版社 .2003.
48. 克里斯蒂安・诺伯格 - 舒尔茨 . 建筑——存在、语言和场所 [M]. 刘念雄，吴梦姗，译 . 北京 : 中国建筑工业出版社，2013.
49. 克里斯蒂安・诺伯格 - 舒尔茨 . 场所精神——迈向建筑现象学 [M]. 施植明，译 . 武汉 : 华中科技大学出版社，2010.
50. 克里斯蒂安・诺伯格 - 舒尔茨 . 居住的概念——走向图形建筑 [M]. 黄士钧，译 . 北京 : 中国建筑工业出版社，2012.
51. 约瑟夫・里克沃特 . 城之理念——有关罗马、意大利及古代世界的城市形态人类学 [M]. 刘东洋，译 . 北京 : 中国建筑工业出版社，2006.
52. 芦原义信 . 街道的美学 [M]. 尹培桐，译 . 天津 : 百花文艺出版社，2006.

53. 阿兰·B. 雅各布斯 . 伟大的街道 [M]. 王又佳，金秋野，译 . 北京：中国建筑工业出版社，2012.
54. 斯蒂芬·马歇尔 . 街道与形态 [M]. 苑思楠，译 . 北京：中国建筑工业出版社，2011.
55. 加斯东·巴什拉 . 空间的诗学 [M]. 张逸婧，译 . 上海：上海译文出版社，2009.
56. 卡斯滕·哈里斯 . 建筑的伦理功能 [M]. 申嘉，陈朝晖，译 . 北京：华夏出版社，2001.
57. 塔尔科特·帕森斯 . 社会行动的结构 [M]. 张明德，夏遇南，彭刚，译 . 南京：译林出版社，2003.
58. 爱弥尔·涂尔干 . 宗教生活的基本形式 [M]. 渠东，汲喆，译 . 上海：上海人民出版社，1999.
59. 布莱恩·劳森 . 空间的语言 [M]. 杨青娟，韩效，等译 . 北京：中国建筑工业出版社，2003.
60. 彼得·伯格，托马斯·卢克曼 . 现实的社会建构 [M]. 汪涌，译 . 北京：北京大学出版社，2009.
61. 阿尔弗雷德·许茨 . 社会实在问题 [M]. 霍桂恒，索昕，译 . 北京：华夏出版社，2001.
62. 曼瑟尔·奥尔森 . 集体行动的逻辑 [M]. 郭宇峰，李崇新，译 . 上海：上海三联书店，1995.
63. 欧文·戈夫曼 . 日常生活中的自我呈现 [M]. 黄爱华，冯钢，译 . 杭州：浙江人民出版社，1989.
64. 鲁道夫·阿恩海姆 . 艺术与视知觉 [M]. 腾守尧，朱疆源，译 . 成都：四川人民出版社，1998.
65. 克利夫·芒福汀 . 街道与广场 [M]. 张永刚，陆卫东，译 . 北京：中国建筑工业出版社，2004.
66. 柯林·罗，弗瑞德·科特 . 拼贴城市 [M]. 童明，译 . 北京：中国建筑工业出版社，2003.

67. 莫里斯·梅洛－庞蒂．知觉现象学 [M]. 姜志辉，译．北京：商务印书馆，2001.
68. 阿尔多·罗西．城市建筑学 [M]. 黄士钧，译．北京：中国建筑工业出版社，2006.
69. 凯文·林奇．城市的印象 [M]. 项秉仁，译．北京：中国建筑工业出版社，1990.
70. 布罗尼斯拉夫·马林诺斯基．科学的文化理论 [M]. 黄建波，等译．北京：中央民族大学出版社，1999.
71. 罗伯特·文丘里．建筑的复杂性与矛盾性 [M]. 周卜颐，译．北京：中国水利水电出版社，知识产权出版社，2006.
72. 克劳德·列维－斯特劳斯．忧郁的热带 [M]. 王志明，译．北京：生活·读书·新知三联书店，2000.
73. 马克斯·韦伯．韦伯作品集Ⅵ：非正当性的支配——城市的类型学 [M]. 康乐，简惠美，译．桂林：广西师范大学出版社，2005.
74. 米歇尔·福柯．规则与惩罚 [M]. 刘北成，杨远婴，译．北京：生活·读书·新知三联书店，2003.
75. 安东尼·吉登斯．社会的构成 [M]. 李康，李猛，译．北京：生活·读书·新知三联书店，1998.
76. 马丁·海德格尔．海德格尔选集——筑·居·思 [M]. 孙周兴，选编．上海：上海三联书店，1996.
77.Steven Holl.Anchoring[M].NewYork:Priceton Architectural Press，1989.
78.Christian Norberg-Schulz.Intentionsin Architecture[M].MassM.I.T.Press，1965.
79.Christian Norberg-Schulz.GeniusLoci[M].NewYork:Rizzoli International Publications，Inc,1979.
80. 孙朋涛，杨大禹．历史文化村镇街道网络空间形态研究——以通海县河西古镇为例 [J]. 华中建筑，2014（9）.

81. 周钰，赵建波，张玉坤．街道界面密度与城市形态的规划控制 [J]. 城市规划，2012（6）.
82. 董君，邹广天．基因的重组与更新——中华巴洛克街区的语义网络分析及策划 [J]. 建筑师，2014（6）.
83. 曹凯中，饶小军，陆熹．基于空间句法理论对泉州古城区街道空间组织研究 [J]. 华中建筑，2015（3）.
84. 张天宇，张玉坤．人体安全意向的表达——居住空间生成的原型 [J]. 天津大学学报，2007（1）.
85. 车震宇，保继刚．传统村落旅游开发与形态变化研究 [J]. 规划师，2006（6）.
86. 汪芳，严琳，熊忻恺，吴必虎，等．基于游客认知的历史地段城市记忆研究——以北京南锣鼓巷历史地段为例 [J]. 地理学报，2012（4）.
87. 谢彦君，彭丹．旅游、旅游体验和符号 [J]. 旅游科学，2005（6）.
88. 樊友猛，谢彦君．记忆、展示与凝视：乡村文化遗产保护与旅游发展协同研究 [J]. 旅游科学，2015（1）.
89. 邹统钎，吴丽云．旅游体验的本质、类型与塑造原则 [J]. 旅游科学，2003（4）.
90. 章尚正．徽州文化的基因、特质与解构 [J]，合肥学院学报，2014（5）.
91. 周永博，沙润，杨燕，等．旅游景观意象评价——周庄与乌镇的比较研究 [J]. 地理研究，2011（2）.
92. 李红．聚落的起源与演变 [J]. 长春师范学院学报，2010（6）.
93. 虞大鹏，吕品晶．旧城街道的生与死：北京旧城特色街道空间形态研究 [J]. 建筑创作，2008（3）.
94. 单德启．村溪·天井·码头墙——徽州民居笔记 [J]. 建筑史论文集第六辑，1984(6). 北京：清华大学建筑系．
95. 魏挹澧．风土建筑与环境 [J]. 中国民居学术会议，1988.

96. 阮平南，耿超 . 基于模糊数学对城市魅力系统构建的测度与评价 [J]. 职业时空，2007（5A）.
97. 常青 . 建筑学的人类学视野 [J]. 建筑师，2008（6）.
98. 姜玉艳，周官武 . 可防卫空间与城市公共环境设计 [J]. 重庆建筑大学学报，2005（1）.
99. 田喜洲 . 巴渝古镇旅游开发与保护探讨 [J]. 重庆建筑大学学报，2002（6）.
100. 苑思楠 . 城市街道网络空间形态定量分析 [D]. 天津大学 .2011.

H O U J I

后记

本著作是我主持的国家社会科学基金项目“川渝地区传统街道空间文化和意义研究”（项目号：17BSH037）的成果。

我对川渝地区的古镇研究的多年积累，使我有幸能够主持这样一个项目。在研究期间，我投入了很多精力对川渝传统街道空间进行实地调研，结合自己以往的研究基础和成果，最终形成了这本著作。

自项目开始以来，课题组调研了四川和重庆众多古镇，在调查的各种传统街道中，不乏保存完好的，也有很多开发过度的，还有些处于自然更新的状态中，无论哪种类型都为本项目研究的开展提供了宝贵的资料。通过这次对川渝地区古镇的调研，也摸清了本土古镇的大致分布，为进一步研究打下了坚实的基础。

至今课题组调研还未彻底完成，因为多种原因，还没来得及涉足川东北、渝南，渝西南等少部分地区。这部分缺失将在今后的研究中找机会逐渐补充完善。

在调研、研究和写作的过程中，得到了许多老师、同事和家人的帮助，在此表示衷心感谢。

首先四川大学历史文化（旅游）学院的王挺之教授指引我进入文化人类学的领域，开拓了研究思路和视野。先生严肃的科学态度、严谨的治学精神，精益求精的工作作风，深深地感染和激励着我。先生用独到的学术见解和敏锐的学术洞察力及时指出我研究中的偏颇，并给出中肯的修改意见，使我不致偏离得太远。先生亲切的鼓励使我坚定了自己写作的信心。在此，衷心地向老师致谢，感谢您辛勤的教导和不倦的教诲。

同样要感谢的还有四川大学历史文化（旅游）学院的霍巍教授、何一民教授、徐亮工教授、杨振之教授、石应平教授、石硕教授、陈廷湘教授以及其他老师们，他们的指导让我获益匪浅，为我知识的储备和能力的扩展提供了莫大的帮助。

感谢历史文化（旅游）学院的廖培老师在调研过程中的大力支持。

感谢研究生刘雨朦、苏嘉宁、张云霞、姚雪、李宜晔，他们一入学就参与了此国家课题的调研与研究，给予我很多帮助。

真诚地感谢四川大学出版社的曾鑫编辑，牺牲休息时间审查稿件，并提出了很多建议。同时也感谢四川大学出版社的所有老师，他们的心血换来了我著作的出版。

感谢我的家人。这几年中他们给予我充分的理解和支持、毫无怨言的奉献。

曾经帮助我的人太多太多，要感谢的人也太多太多，在这个桂花飘香的金秋，致上我最真诚的谢意和祝福。

魏　柯

2021 年 10 月于梦追湾公馆

国家社会科学基金项目（17BSH037）参与人员

廖　培，博士，四川大学历史文化（旅游）学院

刘雨朦，四川大学硕士研究生，学号：2020223055179

苏嘉宁，四川大学硕士研究生，学号：2020223055186

张云霞，四川大学硕士研究生，学号：2021223055180

姚　雪，四川大学硕士研究生，学号：2021223059217

李宜晔，四川大学硕士研究生，学号：2021223055179